U0019022

BRAIDING SWEETGRASS

Indigenous Wisdom,
Scientific Knowledge and
the Teachings of Plants

滿溢生命語法的自然書寫！
與萬物建立神聖關係，
創造生生不息的禮物經濟

編織聖草

羅賓・沃爾・基默爾 Robin Wall Kimmerer 著

賴彥如 譯

大自然是不斷流動的循環，
而整個世界，
就是一場你來我往的豐盛餽贈。

獻給火炬的守護者
我的祖父母
我的女兒
還有我尚未加入這個美妙世界的孫子

目錄

02

03

採集聖草 147

04

前言 Preface

伸出手來，讓我放上一把新採的茅香草在你掌心，它蓬鬆飄動，像剛洗好的髮絲。上方的金黃綠部分觸感滑順，莖部接地處帶著紫白色。若把草束湊到鼻子前，那蜂蜜香草的氣息混著河水和黑土的濕氣，你會恍然大悟它的學名是怎麼來的：*Hierochloe odorata*，芳香與神聖之草，我們的語言稱它為 *wiingaashk*，意思是大地之母香香的頭髮。深深聞一下，你會開始想起那些被自己遺忘、卻渾然不察的事情。

將一把茅香草的末端紮起，分成三束，就可以拿來編織。在編茅香草的時候需要用上一點力量——這樣它才會整束滑順有光澤，不枉費草絲原本的特性。就像小女孩的辮子要綁緊，就得稍微用點力拉。當然你可以自己來——把一端綁在椅子上，或用牙齒咬著，從自己的方向開始往後編——不過最輕鬆的方法還是找個人抓著一邊，這樣你們就可以各自往兩端輕拉，保持身體前傾，頭對著頭，說說笑笑，看著彼此的手。一個人抓穩，另一個人則將小把的束線反覆轉移疊加在彼此之上，次序分明。

茅香草串起你們之間的互助情誼；在茅香草連結的兩端，定點不動的人跟編髮的人一樣重要。辮子越到末端就變得越纖細，最後只剩幾個單片的草葉可編，然後你就可以幫它打結收尾。

當我編草的時候，你願意為我握住草束的一端嗎？我們的手因為草葉相連，你我能夠一同俯首，合力編織來向土地致敬嗎？然後在你編織時，我也會幫你握著草束。

我本想遞給你一把編好的茅香草，它厚實亮澤得就像掛在我奶奶背後的髮辮。但它不屬於我，我給不了，你也得不到。茅香草只屬於她自己。所以我用一連串交織如辮的故事來替代，這些故事就是要療癒我們跟世界的關係。辮子由三縷構成：原住民的世界觀、科學知識，以及一位阿尼什納比族女性科學家的敘述，她試圖把三者拼湊在一起，來為最重要的事效勞。科學、靈性和敘事彼此交織——無論老曲或新調，都是修復我們和土地破碎關係的解方。療癒的故事形成藥典，容許我們想像一種不同的關係，人和土地都化為彼此的良藥。

01

種植聖草

茅香草的最佳栽培法不是用種子播種，而是直接將根埋進土裡，這樣這株植物就從某個人的手上進入了土壤，歷經歲月流轉和世代交替，再來到另一個人的手中。適合茅香草的棲地環境是陽光普照又水分充足的草地，它在擾動多的邊緣地帶長得特別好。

Planting Sweetgrass

天空女神下凡來[1]
Skywoman Falling

冬日，厚如毯的白雪覆蓋綠色大地，又到了說故事的時候。說書人開場時，先是召喚原始先祖，祂們的存在比傳承故事給我們的祖輩更早，而我們不過是信使。太初之際，已有天界＊。

＊改編自口述傳統，以及仙納度與喬治的著作，一九八八年。

她像楓樹種子般落下，在秋天微風中旋轉飛揚[2]。光束從天界的破口流淌而出，在無垠闃黑中照亮她的來時路。對她來說，降落得花上不少時間。也許因為害怕或者殷殷期盼，她手上緊抓著一大包東西。

俯衝向下時，她只看到下方的黑水。但空寂之中，許多隻眼向上盯著這道突然從天空射下的光芒。牠們先是看到一個小小物體就像光束裡的微塵，等物體更靠近，才發現原來是個女人，她的手臂張開，長長黑髮在迴旋而下貼著背後飄呀飄。

雁群對彼此點著頭從水裡起身，奏起一波雁之樂章。她感到下方雁群的翅膀拍動，撐托著讓她不致跌落。遠離了熟悉的家園，她在柔軟羽翼的溫暖包圍下終於能喘口氣，被帶著輕輕降落。故事就這麼開始了。

雁群沒辦法支撐這個女人在水上太久，於是召開了委員會來想辦法。她停歇在雁群的羽翼上，各種生物聚攏過來：潛鳥、水獺、天鵝、河狸、各種魚類。一隻大烏龜漂浮在正中央，讓出後背供她歇息。她滿懷感激地從雁群的翅膀上跨向圓圓的龜殼，其他生物明白她需要以土地為家，開始討論如何幫忙。幾個深潛好手聽說水底有泥巴，便打算去找些來。

潛鳥身先士卒，但水面下實在太深，過了好一會兒又浮上水面，一無所獲。其他動物接二連三伸出援手——水獺、河狸、鱘魚——但水又深又暗，水壓對游泳健將來說還是太大，牠們回來時都得大口喘氣，才能呼吸到新鮮空氣，有些則根本沒有回來。最後只剩潛水功力最弱的小麝鼠。在許多動物還在躊躇觀望時，牠已經自告奮勇下水，小腳亂踢一通努力下潛，消失了好長一段時間。大夥等了又等，還是等不到麝鼠歸來，已經做出最壞打算。不久，一串泡泡浮上水面，麝鼠小小又軟塌塌的身軀出現了，牠犧牲了性命幫助這個無助的人類。不

1 譯注：本篇描述的天空女神神話，來自北美原住民易洛魁族（Iroquois）的傳說。她從天空中裂開的洞掉到了地球，受到動物們的幫助，以大烏龜的背上為家，從天上帶來的植物成為良藥。

2 譯注：布魯斯．金（Bruce King，1950 – 2019）來自東威斯康辛州的奧內達印第安保護區（Oneida Indian Reserve），是奧內達部落成員之一。他多以油彩作畫，色彩豐富，意境空靈，描繪原住民族和自然之間的美好關係，是當代美洲原住民藝術相當具代表性的創作者。

過，有的動物發現麝鼠的爪子還緊緊抓著，爪子張開是一小把泥土。烏龜說：「來，把土放在我背上，我來背。」

天空女神彎下腰，把龜殼上的泥土撥散開來。她被動物們的盛情付出給感動了，感激地唱起了歌又跳起舞，雙腳輕巧流轉觸及大地。當她跳著感謝之舞，土地逐漸變大，從烏龜背上的一小撮土變成了整片陸地。這並非天空女神一力所為，而是所有動物的贈予加上深切的感謝淬煉而成。牠們共同打造出我們今日所知的龜島（Turtle Island），也是我們的家園所在。

天空女神是個上道的客人，她可不是空手前來，那一大包東西還握得牢牢的。她從天界的破洞跌落時伸手搆著了生命之樹，把各種植物果實和種子，連同一大叢樹枝給抓了下來。這些果實和種子被灑落在新生的大地，由她細心照料，直到世界由一片焦褐轉為青綠。陽光穿透天界的孔洞照耀大地，種子萌發，遍地都是野草、野花、樹木和各種藥。既然不怕沒東西吃，許多動物便決定留在龜島跟她一起生活。

我們的傳說中提到 wiingaashk，或稱茅香草，是第一個在土地上生長的植物。它的芬芳香氣令人想起天空女神的手，因此被尊為部族的四大神聖植物。深深嗅聞，你會想起那些被遺忘卻渾然不察的事。長輩說，舉行儀式是為了「想辦法記得」，因此茅香草對許多原住民部族來說都是強大的儀式植物，也被用來編織美麗的籃子。茅香草既可入藥也是維繫關係之

物，兼具物質和精神層面。

為心愛的人編髮時動作得多麼輕柔！編的人和被編的人之間除了體貼，還有更多心意透過辮子來傳遞。茅香草微捲如波，長而柔亮，就像女人剛洗好的頭髮，所以我們說它是大地之母的秀髮。編織茅香草，我們也在為大地之母編髮，表達對她的關愛，好讓她知道我們在乎她的容顏和幸福，向她所賜予的一切表示感激。我們部族的孩子們，打從呱呱落地就聽說過天空女神的故事，生來就明白人類和土地之間的責任關係。

天空女神下凡的故事引人入勝，就像一個天藍色的湯碗，可以一飲再飲，裡頭也裝載著我們的信念、我們的歷史、我們的各種關係。細看碗裡有繁星點點，各種影像在眼前迴旋流過，過去和現在合而為一。天空女神的意象不僅象徵著我們從何而來，還有我們將往何處去。

*

我研究室裡掛著一幅布魯斯·金所繪的天空女神肖像〈飛翔一瞬〉（*Moment in Flight*），畫中她帶著滿手種子和花朵翩然降臨，對我的顯微鏡和記錄器感到不以為然。或許這幅畫和儀器的組合很奇怪，但對我來說，她就是其中一部分。身為作家、科學家和天空女神故事的傳承者，我坐在祖輩的腳邊聆聽著他們的曲調。

每週一、週三和週五的上午九點三十五分，我人通常在大學演講廳，娓娓道來植物學和生態學——試著向我的學生解釋天空女神的花園究竟是怎麼運作的，有些人會把這個花園稱為「全球生態系」。某個本應平凡無奇的早晨，我在「普通生態學」的課堂上對學生做了一個調查，我請他們說說怎麼理解人類和環境之間的「負相互作用」[3]。在場約有兩百個學生，幾乎個個信誓旦旦地主張人類和自然之間就是孽緣！這群三年級學生以保護環境為職志，出現這種反應不令人意外。他們熟知氣候變遷的來龍去脈、土地和水中的毒素，還有棲地消失的危機。調查後段，我請他們評價人跟土地的正向互動有哪些，多數人的答案還是「沒有」。

我很錯愕，他們怎麼會受了二十年的教育，卻想不出人跟環境之間的任何互惠？或許這些學生每天都見到一些負面教材——棕地[4]、廠房、郊區蔓延——因此少了體察的能力，看不到人類和土地的良善互動。他們的視野跟土地一樣越來越貧瘠。每當我們談到這些，我發現他們幾乎無法想像人類跟其他物種可以產生什麼樣有益的關聯。要是我們對腳下的路毫無概念，要是我們難以體會雁群的慷慨，那怎麼讓生態和文化永續傳承？這群學生都不是在天空女神傳說的陪伴下長大的。

⁂

在世界某一端，那裡人跟世界的關係是由天空女神決定的，她為眾生蓋了花園；另一端則屬於一個坐擁花園跟樹的女人，但為了一嘗果實的滋味而被逐出花園，大門在她背後噹啷闔上。那位人類兒女的母親只得在荒野中徘徊，憑著刻苦耐勞掙得一頓溫飽，而非藉由低垂枝條上香甜多汁的果實來滿足口腹之欲。她被丟進荒野，為了溫飽而學會了駕馭之道。

同樣的物種、同樣的土地，不同的故事。就如同各地的造物傳說，宇宙論是身分認同的來源，也是理解世界的方法，更讓我們知道自己是誰。無論我們是否意識到，都無可避免地受到宇宙觀的影響。這個故事要人敞開雙臂擁抱真實世界，那個傳說卻把人放逐在外；一個女人是鼻祖級園丁，將美好的綠色大地打造成後代子孫的家，而另一個卻流離失所，在返回天家的曲折路途中，正巧經過了一個奇異世界。

然後他們相遇了——天空女神的後代和夏娃的兒女——我們身邊的土地留下了那次邂逅的傷痕，那是故事的回聲。都說千萬不要得罪女人，我只能想像夏娃和天空女神間的對話：「姐，妳可真倒楣……」

天空女神是五大湖區原住民共同的傳說，也是我們稱為「原初指引」教誨中恆久不變的亮點。不過，這些指引並非戒律或規定，而更像一個提供方向的羅盤，而非地圖。生命的課題就是要為自己創造出那張地圖。每個人遵循原初指引的方式有別，每個時代也各有不同。在過去，天空女神的第一批子民依據著「原初指引」來過活，包括合理狩獵、家庭生活、歲

3 譯注：負相互作用（negative interactions）指兩個物種的相互作用中，至少對一方會產生不利影響的作用，包括競爭、捕食、寄生和偏害等。

4 譯注：都市規劃詞彙，指過去供工商業使用並受到低度汙染的用地，經清理後具有重複使用或開發的可能。

時祭儀的倫理。彼時的關照之道或許不適用於當今的都會生活，畢竟「綠」在城市就像個廣告標語，而非一片真正的草地。野牛不見了，世界也變了，我沒辦法讓鮭魚回到溪流，要是我為了弄個牧場給加拿大馬鹿而一把火燒了庭院，鄰居肯定會報警。

當大地迎接第一個人類時，一切都是嶄新的，現在大地也上了年紀，有些人揣測人類已經變得不受歡迎，因為我們把「原初指引」拋諸腦後。太初之時，有的生物對人類有救命之恩，現在我們也得回報。可是，那些引領我們的故事就算被說了出來，也在記憶中日漸淡薄，它們如今還有什麼意義？我們該如何在當下這個接近尾聲的時刻，解讀世界起源發生的事？物換星移但故事尚存，當我在心裡反覆思索，天空女神彷彿看著我的雙眼問：世界是從烏龜的背上開展，這個贈禮我要怎麼報答？

要記得，第一個出現的女人本身就是移民。她從天界千里迢迢落入凡塵，拋下所有認識、珍愛她的人，從此再也回不去。一四九二年以來，這裡大部分的人都是外來者，抵達愛麗絲島（Ellis Island）[5]時，根本沒有意識到腳下正踩著龜島。我的祖先有部分是天空女神的兒女，另一部分則是後來的移民，有來自法國的毛皮商人、來自愛爾蘭的木匠，還有威爾斯的農夫。我們相聚於龜島，想打造一個家。

身無分文的他們帶著滿腔希望來此，和天空女神的際遇類似——她亦一身孑然，只有手上的種子和言猶在耳的指引：「善用你的天賦和夢想」，我們也把這句話奉為圭臬。她張開雙手接受了來自其他生命的賜予，帶著敬意善加運用，當她落腳在此為家，也給出了她從天界帶來的禮物。

或許天空女神的傳說歷久不衰，是因為我們總是在墜落。每一個人或集體生命都循著她的路徑，無論是躍起或蟄伏，或者原本踏足的世界剛好在腳下崩裂。我們墜落，一路掉進某個未知又陌生的地方。但即便我們對墜落充滿了恐懼，世界的禮物還是等著接住我們。細細思量這些指引，會發現天空女神來到這裡並非一個人，她當時身懷六甲。她知道子孫會繼承她所留下的世界，因此光是自己茁壯還不夠。她懂得互相照顧，和土地的關係收放有度，從此他鄉變故鄉。對全人類而言，在一個地方落地生根，代表著盼望孩子在這裡擁有更好的未來；我們照顧土地，因為土地是你我維生的根本，包括物質和精神層面。

我聽過天空女神的故事被人們當作茶餘飯後的「鄉野奇譚」，但就算被曲解，這個敘事仍然具有力量。我的學生多半沒聽過這塊生養他們的土地的由來，但當我說起這個故事，他們眼中燃起了某些東西。他們，或我們所有人，是否夠能夠不只將天空女神的故事視為過往的舊物，而是一個照亮未來的指引？身為移民國家，我們是否能再次跟隨她的腳步，生於斯長於斯，以此為家？

5 譯注：位於美國紐約州及新澤西州紐約港內的一個島嶼，在一八九二年到一九五四年間作為移民檢查站，是許多歐洲移民進入美國土地的第一站。

看看可憐的夏娃被逐出伊甸園之後留下了什麼：這段關係讓土地變得傷痕累累。不只土地支離破碎，更重要的是，我們和土地的關係也生疏了。如同那邦[6]所描寫的：若沒有「重新說故事」（re-story-ation），就不能產生復原（restoration）的力量。換句話說，除非我們聆聽土地的故事，否則和土地的關係就無法癒合。但，誰來說這些故事？

西方傳統有個公認的生物階層，人類理所當然位於頂端——演化的頂點，造物的寵兒——而植物在最底層。但在原住民的認知體系中，人類經常被視為「萬物中的小老弟」，我們都說人類生存的資歷最淺，要學的東西也最多，因此我們必須以其他物種為老師，他們的智慧就彰顯在生存方式之中，以身為度。他們存在地球的年歲比我們長得多，因而有時間理出頭緒。地上和地下、天界和陸地都有他們的蹤跡。植物知道如何從光和水產出食物和藥，然後贈與他人。

我喜歡想像當天空女神在龜島灑落滿手的種子，也是在為身體、心智、情感、精神種下養分：她為我們留下了許多老師。植物能訴說天空女神的故事，我們要學著好好傾聽。

6 譯注：那邦（Gary Nabhan）是農業生態學家，長期關注墨西哥與美洲原住民農業體系，記錄各群落土地環境及其食物之演變。

胡桃的議事會
The Council of Pecans

熱浪在草上蒸騰，空氣沉滯朦朧，隨著唧唧蟬聲輕輕震動。雖然他們整個夏天都習慣光著腳丫，但小跑步穿過曬枯的草原時，一八九五年九月乾燥的草梗扎腳依然，他們只好踮起腳跟，像在草地上跳舞。跑呀跑，青嫩柳樹拍打著他們褪色的連身褲和光溜溜的上身，露出窄窄胸脯底下的肋骨。他們轉進陰涼的小樹林，腳下草地柔軟涼爽，一群男孩狂跑亂跳飛撲進高高的草叢，在陰影下休息會兒後倏地站起，手心藏著準備用來作餌的蚱蜢。

釣魚竿還留在原地，靠在一棵老楊木上。在他們將魚鉤穿過蚱蜢的背部時，溪底冰涼的淤泥滲進腳趾間。但水不太會流進旱時形成的小渠道，除了幾隻蚊子，沒什麼蚊蟲會來叮咬。過了一陣子，享用鮮魚晚餐的機會似乎變得渺茫，就像被魚線纏著的褪色牛仔連身褲底下乾癟的肚子。看來今天晚餐又只能吃餅乾跟火腿肉汁了。他們不願兩手空空回家讓媽媽失望，但至少有個餅乾填填肚子也好。

加拿大河沿線的土地位在印第安人領地的正中心，這裡是一片窪地上長著樹叢和綿延起伏的疏林莽原，絕大部分從未被開墾，因為沒有人有犁可以耕作。男孩們沿著小河穿過一片樹林，往上游處回到領地上的家園，希望可以找到一個深水潭，卻遍尋不著，直到一個男孩被高大草叢中某個又硬又圓的東西給踢傷了腳趾。

一個、一個、再一個——多到他幾乎沒辦法走下去。他彎身撿起一顆硬硬的綠球，向他的兄弟拋出一個穿越林子的快速球，一邊大喊「堅果！我們把這些帶回家好不好！」這個時節的堅果果實剛好成熟掉落，覆滿了草地。男孩們二話不說把口袋填滿，然後堆起一大落。碧根果很好吃卻不好帶，就像捧著一堆網球，撿得越多就掉得越多。他們不願兩手空空回家，而且媽媽看到這些果實一定很高興，可實在沒辦法撿超過一把的量……

太陽快下山了，氣溫變得涼爽，晚風沉降在窪地，剛好適合回家吃晚餐。在媽媽大聲呼喊下，這些男孩朝家的方向狂奔，細瘦的雙腿上下彈跳，內褲在逐漸黯淡的光線裡晃著白影。他們各自夾帶著一塊開叉的木頭掛在肩頭，看起來就像個牛軛。男孩們把東西扔到媽媽腳邊，咧嘴露出勝利的笑容：細繩綁住兩件破褲子的腳踝處，裡頭裝滿了堅果。

⁜

那幾個瘦巴巴的小男孩中，有一個是我爺爺，他餓到無時無刻都在找食物。他住在奧克拉荷馬草原上的簡陋小屋，當時那裡仍屬「印第安人的領地」，還沒有面目全非。但世事難料，更無法掌握別人在我們離去後怎麼形容我們。他要是知道自己的曾孫子女所認識的他，不是那個一戰後的授勳退伍軍人，也不是新奇汽車的資深技工，而是個赤腳男孩在保留區上的家鄉只著內褲，褲裡還塞滿了碧根果，肯定笑到不行。

碧根果（pecan）這個字——指山核桃木（學名 *Carya illinoensis*）的果實——原是原住民詞彙，後來也出現在英語中。碧根果是一種堅果，或指稱任何核果。我們北方家園的山核桃木、黑核桃木、白胡桃各有獨特的名字，但那些林木和故土已不再屬於我的族人。我們在密西根湖周圍的土地受到拓墾者的覬覦，我們被眾多士兵包圍，在槍口下排著長隊踏上後人稱為「死亡之路」的旅途。

他們把我們帶到新地方，遠離了我們熟悉的湖泊與森林。之後又有人想要那塊地，所以我們只好再度捲起鋪蓋，這回行李少了些。才過了一代，我的祖先就被「趕」了三次——從威斯康辛到堪薩斯，然後到兩地之間，後來又遷到奧克拉荷馬。不知道他們當時有沒有回望湖泊最後一眼，看湖面波光粼粼就像海市蜃樓？他們是否輕撫著樹木緬懷，直到身邊的林木變得越來越少，到後來只剩下草？那條路上，有太多散落佚失的事物了。半數先人的墓塚，語言，知識，名字。我曾祖母的名字沙努特（Sha-note）意指「吹過的風」，被更名為夏洛特（Charlotte）。凡是士兵或傳教士不會發音的字，就不許沿用。

當他們到了堪薩斯發現河邊有核桃林時，應該鬆了口氣吧——雖然不認識這個品種，但它嚐起來可口，數量又多。既然不知道名字，他們索性叫它堅果——*pigan*——後來變成英文中的碧根果，也就是胡桃。我只有在感恩節才會做胡桃派，那時胡桃盛產，可以大吃特吃。雖然我並不特別喜歡胡桃樹，但我想對它表示敬意。用它的果實餵飽一桌客人，令人想到核桃林如何受到我們祖先的愛戴，尤其是在他們孤獨困倦、遠離家園的時候。

男孩們沒帶魚回家，但他們帶回的蛋白質不輸一串鯰魚。核桃就像森林版本的煎吃小魚，充滿了蛋白質和油脂——號稱「窮人吃的肉」，而男孩們的確饔飧不繼。今日我們吃堅果的方法很講究，總是去殼或烤過再吃，但過去的人把堅果跟粥一起煮，油脂會像雞湯一樣浮到表面，把表面浮油撈起後儲放成為果仁奶油——這是適合冬天的食物，卡路里和維他命含量都高，可維持生命必需。畢竟，核果的精華就是要供給胚胎的一切所需，以開展新的生命。

白胡桃、黑核桃木、山核桃木和胡桃都是同科近親（胡桃科）。我們的族人無論遷移到哪都帶著它們，通常都裝在籃子、而不是褲子裡。今時今日，胡桃順著河流越過草原，在肥沃的窪地生長，也就是族人定居之處。我的長屋民族鄰居說，他們的祖先非常喜歡白胡桃，如今便將白胡桃當作舊部落的標記。果然，我家附近的湧泉後方山坡上就有一叢白胡桃樹，這在野地森林並不常見。我每年都去清理新生白胡桃樹的周邊雜草，如果雨水遲來，便舀一勺清水澆灌它們，聊表紀念。在奧克拉荷馬領地上的老家舊址，也有一棵胡桃樹遮蔭在房子的瓦礫堆上。我想像奶奶把堅果倒出準備做菜，一顆果仁滾到了前院角落的迎賓處。或許她是想在花園裡種下一把種子，償還積欠這些樹的債。

回想往事，我發現闖入胡桃木林的那些男孩其實很聰明，他們把搬得動的東西都搬回家了：堅果樹可不是年年收成，其生長週期難以預料，某些年碩果纍纍，大部分的時候卻一無所獲，這種興衰週期稱為「大年結實」，也就是多果季。堅果不像一些多汁的水果和莓類得在腐爛前吃掉，它們擁有近乎石頭般堅硬的內果殼，外頭有一層粗糙強韌的綠色外殼以供自保，堅果樹本就不是讓你可以馬上吃掉果實，還讓汁液順著下巴流淌的食物，因為堅果是屬於冬天的食物，在你需要油脂、蛋白質和高卡路里來保持溫暖時，它們作為艱難歲月的保命物，可謂維生的胚胎。果肉藏在拱頂內，雙層閉鎖，盒中有盒，如此好處甚多，既保護了裡頭的胚胎和食物供給，也確保果仁會被儲藏在安全的地方。

要穿透果殼需要費不少功夫，松鼠不會傻到在戶外坐著啃咬堅果，讓自己淪為老鷹的戰利品。堅果就是要帶到裡頭吃，像花栗鼠把食物藏起來，或存放到奧克拉荷馬小屋的地窖。這些囤積物中，總會有一些被遺忘——然後就會長出一棵樹。

大年結實這樣的物候類型要能長成一片新的森林，每棵樹必須產出很多堅果——多到讓所有種子掠食者也目瞪口呆。假如樹只能每年慢吞吞地生出幾顆堅果，一旦被吃掉，就長不出下一代的胡桃了。但有鑑於堅果的高熱量，樹木無法承受每年這樣消耗——它們得儲存能量，就像每個家族都要為下一次的團聚儲糧。多果季的樹得花上數年產製糖份，然後積草屯糧，以澱粉形式把卡路里儲存在根系裡。只有當戶頭有盈餘，爺爺才能帶上幾磅堅果回家。

對樹木生理學家和演化生物學家來說，這個興衰週期是各種假說的實驗場。森林生態學家假設這種多果季符合以下能量方程式的邏輯是：唯有在能力所及時才結果。這很合理。但樹木生長和累積熱量的速率跟棲地有關，就好比拓墾者如果幸運獲得肥沃的耕地，就可以很快致富且時常豐收，不像其他愁雲慘霧的鄰居苦苦經營卻難有收成。倘若如此，每棵樹也會各按其時節長出果實，而且我們可以根據它們的澱粉儲量來推測結果的時間。但實際上並非如此。

假設某棵樹結了果，所有的樹就會一起結果——沒有誰一枝獨秀。不只樹叢中的單一棵樹產生變化，而是整片樹叢同進退，每個樹叢都參與，甚至整個郡、整個州都一起。樹木不像人類我行我素，而是集體行動，至於它們是怎麼辦到的，我們還沒弄明白，卻已經見到團結的力量。個體命運就是全體命運，一榮俱榮，一損俱損，要想茁壯繁榮，必得共生共好。

一八九五年夏天，印第安人領地所有儲藏蔬菜的地窖都堆滿了胡桃，男孩們和松鼠的肚子也填得飽飽的。對族人而言，這場豐收就像天賜的禮物，食物俯拾皆是，你得搶在松鼠之前到達，要是手腳太慢，起碼冬天還有燉松鼠肉可吃。胡桃樹林付出再付出，如此關照集體的慷慨心意，對比於演化進程總是強調個體的生存，似乎有些格格不入。

但如果我們認為個體福祉可以自外於整體的健康狀態，那可就大錯特錯了。胡桃的豐厚贈予，其實也在嘉惠它們自己。胡桃樹在餵飽松鼠和人類的同時，也確保自己得以繼續生存。

能夠轉化成多果季的基因便能乘著演化趨勢產生下一代；至於欠缺轉換能力的基因則會被吃掉，走上演化的末路。正因如此，那些能夠辨識哪裡有堅果並帶回儲藏的人，方能度過二月的暴風雪，把智慧傳給後代，人類這麼做並非靠著基因轉換，而是透過文化來實踐。

森林科學家以「掠食飽和假說」來形容大年結實的盛況。故事似乎是這樣：當樹產生的果實超過松鼠所需的食物量，有些堅果就可以免於被掠食。同樣地，當松鼠的儲藏櫃總是塞滿了核桃，豐腴有孕的媽媽就會生下更多松鼠寶寶，松鼠數量會迅速增加，這也表示老鷹媽媽會生更多小鷹，狐狸窩也會更滿。但當下一個秋天來臨，好日子就到頭了，因為樹木停止生產堅果，松鼠的儲藏櫃裡沒有東西可存放——畢竟牠們總是兩手空空地回家——所以牠們會再度外出尋覓。此時不僅食物越來越難找，牠們面臨的風險也越高——更多虎視眈眈的老鷹和飢餓的狐狸出現，捕食者和獵物的比例對松鼠非常不利。經過一番飢餓和獵食，松鼠數量急遽下降，森林又沉靜下來，吱吱聲變少了。想像一下，樹在這時對彼此說著悄悄話：「只剩幾隻松鼠在，不正是製造堅果的好時機嗎？」於是整片大地長出了胡桃花，準備再來一次大豐收。樹群總會共同走過風霜，然後一起枝繁葉茂。

⁜

聯邦政府的印第安人遷移政策不僅拆散我們家園中眾多的原住民部族，也讓我輩遠離了傳統知識、生活方式、祖先遺痕，以及過往賴以維生的植物——但即便如此，都還不至於消滅認同。因此政府試行新招，不讓孩子接觸他們的家人和文化，將他們送到遙遠的學校，遠到讓這些孩子忘記自己是誰。

放眼印第安人領地，多有印第安事務官領著大筆酬勞把孩子送到政府開設的寄宿學校，接著再假借選擇之名迫使父母簽下同意書，讓孩子「合法」去上學；家長一旦拒絕就等著進大牢。有些父母或許希望這麼做可以給孩子一個更好的未來，總強過在沙塵暴農場[7]勞苦一生。有時聯邦的食物配給會被取消——取代野牛的食物是長滿象鼻蟲的麵粉和腐敗變質的豬油——除非家長簽字同意讓孩子入學。或許那年的胡桃長得特別好，因此和事務官的交涉便得以暫緩一季。從父母身邊被送走的威脅感，往往導致小男孩半裸著跑回家，褲裡還塞滿食物。大概那年胡桃歉收，因此印第安事務官又上門來尋找晚餐沒著落的棕皮膚瘦弱小孩——或許奶奶就是在那年簽下文件的。

孩子、語言、土地……幾乎什麼都被奪走，在你忙著活下來無暇顧及其他的時刻，什麼都被搬空了。面對失落，我們的族人絕不讓步的，就是土地的意義。在拓荒者眼裡，土地是所有物，是不動產，是資本或自然資源；但對族人來說，土地就是一切，包括身分認同、與祖先的連結、非人類親屬的家園、藥房、圖書館，是我們所有支持的來源。土地是我們對世界負責任的媒介，是神聖所在。土地不屬於任何人，它是禮物而非商品，所以無法買賣。即使我們的族人被迫離開祖輩生活的家園，去到新的地方，也將此銘記在心。不管在老家或被迫遷的新住地，「共同持有土地為人們帶來力量」是我們共同守護的目標。於是——在聯邦政府眼中——這份信念就成了最大的威脅。

歷經千里迫遷和種種失落，後來我們好不容易在堪薩斯州落腳，聯邦政府卻又上門來，希望族人們再度搬家，並保證這是最後一次了，而且大家有機會成為美國公民，可以受到國家力量的保護。我爺爺的爺爺也是部族領袖群的一份子，他們研擬商議後派了代表團去華盛頓磋商。美國憲法顯然沒有力量保護原住民的家園，從迫遷徙一事就已昭然若揭，但憲法確實明明白白保障了個別土地所有權人的權益，或許那便是安家的途徑。

部落領袖面對聯邦政府的「美國夢」提議，也就是擁有個人財產的權力有些心動，因為如此可以免受搖擺不定的印第安政策左右，也不會再被強迫離開家園，不會再有人在跋涉的路途上犧牲，他們唯一需要做的就是放棄堅持共有土地，同意接受私有財產制度。懷著沉重的心情，領袖們整個夏天都坐困會議中，掙扎著該做什麼決定、如何權衡各種選擇，即便選項其實寥寥可數。各家意見分歧，爭議不休，到底要續留在堪薩斯州的共有土地上，但可能失去一切，還是要以個人地主的身分去到印第安人領地，並享有法律的保障？這個歷史性的

7 譯注：一九三〇年代北美發生一系列沙塵暴侵襲事件，美國西部平原由於長期形成的草地被大面積翻耕，裸露的表層土壤被大風揚起，最終形成持續長達十年的巨型沙塵暴，稱為「黑色風暴」或「骯髒的三〇年代」。當時科羅拉多州、堪薩斯州、奧克拉荷馬州、新墨西哥州到德州嚴重乾旱，重創農業與經濟，成千上萬家庭被迫離鄉背井。

部族會議持續了整個炎夏，大夥開會的一方陰涼處，就是如今大家所稱的「胡桃林」（Pecan Grove）。

我們深信，植物和動物也會召開它們的議事會，彼此間有共同的語言，尤其樹木更是我們的老師。但那年夏天，似乎沒人聽得進胡桃的勸說：「要團結一心，同舟共濟，我們胡桃已經學會團結就是力量，落單的胡桃就跟過了季才結果的樹木一樣會被輕易摘取。」胡桃的教導沒有被聽見，也沒有受到關注。

於是，家家戶戶又一次把家當塞進馬車，向西遷移到印第安人領地，也就是所謂的應許之地，成為波塔瓦托米公民（Citizen Potawatomi）。他們一路風塵僕僕對未來懷抱著希望，抵達新土地的頭一夜就遇到老朋友：一棵胡桃樹。他們把馬車停在胡桃樹的樹蔭底下，從這裡重新出發。每個族人都被分配到一塊地，從我爺爺到襁褓中的嬰兒都有，聯邦政府認為這個地塊地足夠讓一個農夫討生活了。只要獲得公民身分，就可以確保每個人分到的土地不會被奪走，當然，前提是這位公民得繳得出稅，或者沒遇上哪個農場主人打算用一桶威士忌酒和大筆金錢來交換，號稱「公平公正」。沒被配給出去的土地都被非印第安墾殖者搶奪一空，有如飢餓的松鼠搶食胡桃。在土地分配時期，有超過三分之二的保留地因而損失。由於犧牲了共有制度轉為私有產權，人人皆有地的「保證」還沒過一代，大部分的地都不見了。

胡桃樹和同類樹種具有協調行動的能力，可以為了超越個體需求的目標而表現出一致性。

它們就是有辦法一起風雨同路，存活下來，至於怎麼辦到的，我們尚不得而知。部分證據顯示，環境中有某些信號會引發結果，像是濕氣重的春日或漫長的生長季節，這些有利的外在條件幫助樹木獲得能量盈餘，因此可以把多的能量投入在堅果上。不過，由於棲地具有個別差異，環境不太可能是造成生長同步的單一因素。

古時候，老人家都說樹木會彼此交談，會出席同夥的議事會，共同擬定計畫。但科學家很早就認定植物又聾又啞，處於無法溝通的孤立狀態，也絕不可能對話。科學總是假裝純粹理性、絕對中立，認為在知識生產的過程中觀察到的現象，不該跟觀察者混為一談。然而，就因為植物缺少動物用來說話的生理機制，便判定植物無法彼此溝通，這種說法完全是以動物的能耐來斷定植物的潛能。直到近年來，也沒什麼人認真探究植物彼此「談話」的可能性。但億萬年來，花粉都靠風來傳播，這便是雄體在跟可孕雌體溝通，以生產出堅果。倘若風連傳宗接代都使得上力，幫著傳遞訊息又有何難？

如今出現了強而有力的證據，顯示老人家所言不虛——樹確實在彼此對話，它們透過費洛蒙來溝通，費洛蒙是隨風飄散的類荷爾蒙化合物，富含大量的訊息。科學家已經辨識出當樹木受到昆蟲攻擊——比方說舞毒蛾狂吃葉子，或者小蠹蟲跑進樹皮內層時，會釋放出特殊的化合物。樹木會發出求救呼喚：「哈囉，有人在嗎？我被攻擊了！我們該枕戈披甲，一起跟進逼者決一勝負。」位在下風處的樹察覺到細微的警告訊息和危險，開始製造防禦性的化學物質準備應敵。由於樹木彼此告誡，入侵者被成功驅逐，不僅個體逃過一劫，整片林子都安全了。看樣子樹木似乎懂得共同防禦，那麼它們也會協商好要同時結果嗎？人類能力有限，實在還有太多未知，比方樹木之間的對話就遠超過我們的想像。

一些多果季的研究顯示，生長同步的機制並非透過空氣，而是地底下的活動。森林裡的樹通常有地下的菌根網絡彼此連結，樹根之間長有菌絲束，菌根共生的現象使得真菌吸收土壤中的礦物質營養後，將之傳遞到樹木內換取碳水化合物。菌根在個別的樹木之間形成真菌橋，因此同一森林中的所有樹木都會彼此連結。這些真菌網絡似乎會重新分配每棵樹的碳水化合物存量，類似俠盜羅賓漢的角色，劫富濟貧，如此所有的樹都能夠同時達到同樣的碳盈餘。它們織出了一張互惠之網，有付出，有回報，因此樹木彼此休戚與共，藉由真菌彼此相連。團結則存，分裂則亡；要想茁壯繁榮，必得共生共好。土壤、真菌、樹木、松鼠、男孩——全都是互惠之網的受益者。

樹木慷慨供給我們食物，意思就是獻出自己，讓我們得以存活，而它們在給予的同時，它們也得以存續；在生命創造生命的循環當中，我們的接納對它們也會產生好處，這就是一連串的互惠。依據「神聖採集」（Honorable Harvest）的準則過活——只取被給予的，善用之，對禮物懷抱感謝並報答之——在胡桃樹身上可見一斑。我們報答贈禮的方式，是照顧樹林使其免於傷害，並種下種子，讓新的樹林為草原遮蔭，並讓松鼠飽餐一頓。

而今，歷經迫遷、土地分配、寄宿學校、離鄉背井的兩代之後，我的家族回到奧克拉荷馬州，那片我爺爺留下的土地。從山頂往下望，仍可看到蜿蜒河畔的胡桃林。夜晚時分，我們在昔時的祭儀場地起舞，古時的儀典是為了迎接日出，玉米湯的氣味和鼓聲瀰漫在空氣中，印第安波塔瓦托米族在迫遷的年代分成九群，四散在美國各處，每年都會聚首以尋找一種歸屬感。波塔瓦托米部落的聚會讓族人能夠再度團聚，過去的「分而治之」政策導致族人四散、難以形成家園，如今透過聚會，被敷上了一劑安撫的解藥。聚會時間由領導人決定，但更關鍵的是，有一種類似菌根網絡的東西把大家凝聚在一起，那就是我們的歷史、家族，以及對祖先與孩子的責任，形成了一種看不見的連結。整個部落開始追隨胡桃前輩的指引，為了全體幸福而團結起來。胡桃的提醒常在我們心上：要想茁壯繁榮，必得共生共好。

今年對我家來說是個豐盛的年，所有成員都來參加聚會，家族開枝散葉，像為未來灑下了種子。如同胚胎受到堅硬的外殼保護，我們已經度過難關，準備一同盛放。我信步走進胡桃林，說不定我爺爺就是在這裡把褲管塞得鼓鼓的，他要是發現我們都在這裡，圍著圈圈跳舞來紀念胡桃，一定很驚訝。

野莓的禮物
The Gift of Strawberries

我聽過伊文・彼得（Evon Peter）——他是哥威迅人（Gwich'in），一個父親、丈夫和環境運動者，也是阿拉斯加東北部小村莊「北極村」[8]的領袖——自我介紹說，他是「河流拉拔長大的男孩」。這個形容就像河裡的石頭一樣被打磨得圓滑妥貼。他是單純說明自己在河邊長大？還是河流曾養育他，教給他生存的方法？河流可曾滋養他的身心？我想兩種意義兼有——兩者互為表裡，哪個都無法割捨。

我算是被野莓和野莓田拉拔長大的，這麼說不是要排除楓樹、鐵杉、白松木、一枝黃花、紫菀、紫羅蘭，還有紐約州北部的苔蘚，但確實是某個春盡夏來的早晨，綠葉露滴下的野莓讓我開始感知到這個世界，還有自己如何立足其中。我家後方有片綿延數哩的乾草田，中間以石牆分隔，這塊地荒廢已久，但還沒長成森林。校車突突突地爬上山坡後，我會把紅色格紋書包一扔，在媽媽交待我任何雜事前換掉衣服，越過小溪，衝進一枝黃花叢裡閒晃。孩子的心智地圖已經內建了所有需要的座標：漆樹下的城堡、石堆、河流、大松樹枝幹的分布均勻，可以像個梯子那樣讓你輕鬆登上樹頂——還有草莓園。

草莓的白色花瓣圍繞著黃色的中心——像朵小小的野玫瑰——也就是「花月」（*waabiguanigiizis*）[9]時，點綴在五月成片的卷草間。我們很清楚這些草莓長在哪裡，常常在急著抓青蛙的路途中偷看它們在三出複葉底下的生長情況。當花瓣掉落，會出現迷你的綠色瘤狀物，假以時日等天氣暖和起來，就會膨脹成為小小的白色莓果，這時的莓果嚐起來很酸，但我們迫不及待地把它們吃下肚。

草莓成熟時，還不用見到本尊就能聞到它的香氣，揉雜著陽光照在濕土的味道。那是六月的氣息。學期的最後一天我們終於自由，「草莓月」[10]也來了。我趴在最愛的園子裡，看著葉下的莓果出落得香甜碩大，每顆小野莓都跟雨滴差不多大小，如蓋的葉片下鑲嵌著種子。從這個角度，我可以只採紅透的那些，把粉色的留給未來。

即使現在已歷經五十多載的草莓月，偶爾發現一片野草莓田，還是令我驚喜又感動，這份有著紅綠包裝的禮物來得突然，如此慷慨仁慈，讓我受寵若驚。「真的嗎？是給我的嗎？

---

8 譯注：北極村（Arctic Village）位於阿拉斯加第二大城費爾班克斯的南邊，面積只有十平方公里。對美國孩子來說，該小鎮為聖誕老人故鄉，每年聖誕節前後，北極村都會收到來自各地寄給聖誕老人的信。

9 譯注：對五月滿月的稱呼，因盛春花團錦簇得名。美國原住民對滿月的暱稱經常與季節變化及農漁牧等日常生活有關。

10 譯注：六月是美國草莓大量採收的季節，因而得名。

噢，你太客氣了。」五十年過去，我還是不知如何回報它們的盛情，有時我覺得這是個蠢問題，因為答案其實很簡單：吃了它吧。

但我知道其他人也有過相同的心思。在我們的創世神話裡，草莓的由來非常重要：她是天空女神的美麗女兒，天空女神從天界落入凡間時正懷著她，於是她就在美好的綠色土地上成長，和其他生物相親相愛。但悲劇不幸降臨，她生下雙胞胎佛林特（Flint）和小樹苗（Sapling）之後就死了。天空女神傷心欲絕，將摯愛的女兒葬在土裡，她的身體長出了我們最敬愛的植物，那是她遺愛人間的禮物：她的心臟處生出了草莓。波塔瓦托米語的草莓是「*odemin*」，意為「心的莓果」。我們把它們視為各種漿果的頭頭，因為它們總是最先開花結果。

草莓啟發了我的世界觀，也就是上天的禮物近在腳下咫尺。禮物跟個人的所作所為無關，它們來去自如，不知不覺就來到身邊。禮物不是獎賞，你無法靠努力掙得或呼之即來，甚至不配得到，但它就是出現了。你唯一要做的是睜大眼睛，保持在當下。恩賜發生在謙卑的時刻，但也需要一點神秘的力量——就像隨機的善舉，我們並不清楚它們是怎麼出現的。

我兒時的那些田園在秋天有著大量的草莓、覆盆莓、黑莓和山胡桃果，還有可以送給我媽媽的野花束，以及禮拜天下午的家庭散步，那是我們的遊戲場、靜心所、野生動物的庇護所、生態教室，也是我們學會把鋁罐射下石牆的地方。一切都免費。也或者是我一廂情願，當時我體會到世界是以禮物經濟的方式運作，商品和服務不是買來的，而是土地的餽贈。當然，我的童年過得太開心，壓根沒有意識到父母得在遙遠他方的工資經濟中，想辦法量入為出。

我的家人送給彼此的禮物幾乎都是自製的。我認為那就是禮物的定義：為某個人親手製作的東西。我們自己製做所有的聖誕禮物：把高樂氏清潔劑的瓶子變成小豬撲滿、壞掉的曬衣夾成為隔熱墊，還有被淘汰的襪子做成的布偶。我媽說，這是因為我們沒有錢去店裡買禮物，但對我來說這樣並不辛苦，反而很特別。

我爸很愛野莓，所以媽媽總會在父親節為他做草莓酥餅。她邊烤脆皮酥餅邊攪動厚厚的鮮奶油，但我們小孩只對莓果有興趣。我們每人拿著一兩個舊罐子，慶生前的週六下午就泡在田裡，花上長長的時間把罐子裝滿，同時也把越來越多莓果直接往嘴裡塞。回家後，我們把蒐集來的莓果倒到廚房的桌上挑蟲，我們肯定沒辦法全數挑乾淨，但爸爸從來不介意補充多出來的蛋白質。

事實上，爸爸認為草莓酥餅是他所能得到的最好禮物，他也讓我們如此相信。這個禮物用錢買不到。雖然我們是吃草莓長大的孩子，卻不曾留意這份莓果禮物是田地贈與，而不是自己掙來的。我們給出的禮物是付出時間、全心全意對待、體貼呵護，還有被梅漿沾紅的手指。果然是「心的莓果」。

來自土地或者彼此贈與的禮物會建立起一種特殊關係，代表某種給予、接受、相互報答的義務。田地給我們的，我們再給爸爸，然後試著回報給草莓。當草莓季結束，它們會長出纖細的紅色走莖，然後是新芽。我很想知道它們如何走遍地表尋找適合的地方生根，因此我會清出一小塊空地讓走莖落地。當然，這些走莖長出細微的根鬚後，在草莓季的尾聲會長出更多新株，準備在下次的草莓月開花。沒有人教我們這些——是草莓親自示範的。因為草莓送了這份禮，我們展開了一段穩定的關係。

我家附近的農夫種了很多草莓，經常雇用孩子過去採摘。我們兄弟姊妹會騎上很遠的腳踏車到克蘭德爾家的農場去幫忙，好賺點零用錢，每摘下一夸脫的草莓就賺一角。但克蘭德爾太太是個吹毛求疵的工頭，她穿著吊帶圍裙站在田邊指導我們採摘，警告我們不要壓到任何草莓，此外還有其他規矩：「這些草莓是我的，」她說。「不是你的。不要讓我看到你們這些小鬼在吃我的草莓！」我知道這其中的差別：在我家後院，草莓不屬於任何人；至於這名女士的路邊小攤，一夸脫草莓賣六十分錢。

這可真是令人印象深刻的一堂經濟學課。假如我們希望回家時腳踏車籃裡裝著草莓，還得花上大部分的工資。當然那些草莓比後院的野莓大上十倍，但滋味遠不及野莓。我們不曾把農場的野莓加進爸爸的酥餅裡，我想那嚐起來味道肯定不太對。

令人費解的是，物品的性質——比方說一顆草莓或一雙襪子——竟然會因為它來到的方式而有差異，例如它究竟是禮物還是個商品。我在商店買的一雙紅灰條紋羊毛襪摸起來暖和舒適，我或許會對生產羊毛的羊跟操作紡織機的工人懷抱感激（希望啦），但我本身跟這些屬於私有財產的襪子商品沒有任何義務關係，除了向店員禮貌地說聲「謝謝」之外，就沒有連結了，我已經付了錢，雙方的互惠關係在我把錢遞給店員的那一刻就結束了。對價關係一旦成立，交換就結束了。一場公平的交換，襪子成了我的財產。我不會寫張感謝字條給彭尼百貨（JC Penney）。

但如果同樣的紅灰條紋襪子是我奶奶織的，她把它送給我當作禮物呢？那麼一切就大不同了。禮物創造了持續的關係，我會寫感謝字條、會好好照顧襪子，假如我是個有禮貌的孫子，當她來訪時，就算我不喜歡這雙襪子，我也會穿上它；奶奶生日時，我一定會做個禮物送她。學者作家海德（Lewis Hyde）指出，「禮物和商品交換有著根本的不同，禮物會創造兩個人之間的情感連結。」

野莓符合「禮物」的定義，但雜貨店的草莓就不然。生產者和消費者的關係改變了一切。身為關注禮物的思想家，如果看到草莓出現在雜貨店，我會覺得被嚴重冒犯了，想把它們全數綁票帶走。草莓不該是拿來賣的，只可以被贈予。海德提醒我們，在禮物經濟之中，某人免費贈送的禮物不該成為另一個人的資產。我想到一個適合的標題：「女子店內偷竊農產品失風被捕。草莓解放陣線承認責任。」

這也是為什麼不該販賣茅香草的原因，因為它被賜給了我們，也只該被賜給其它人。我的好友瓦利・「大熊」・梅西戈（Wally "Bear" Meshigaud）是部落的聖火守護者，他會代表族人使用著大量的茅香草。有些人會幫他採集很多，讓他在運用時不虞匱乏，但即便如此，有時在盛大集會中，他還是會用光所有的茅香草。

印第安慶典和市集都可以看到部落的人在賣編好的茅香草，一束十美元。當瓦利真的因為祭典而需要茅香草時，他可以到隨便一個賣油炸麵包或串珠的攤位跟賣家自我介紹，解釋他的需求，如同他向草地請求准許獲取茅香草。他無法靠錢得到它們，不是因為他沒錢，而是因為茅香草一旦經過買賣，就無法保持其儀式精神。他期待賣家可以慷慨解囊，但不一定總能如他所願，攤位上的小夥子覺得被長者勒索了，「欸，不能白拿東西啊！」他說。但那就是重點，除了某些隨之而來的責任，禮物基本上就是不勞而獲的事物。要保持植物的神聖，就不能買賣它們。不情不願的攤主被瓦利上了一課，但他們絕對無法從他手上賺到錢。

茅香草屬於大地之母，採集者心存敬意適量採摘，供自用或照顧族人。他們回敬給土地的禮物，就是照顧它們。草辮被當作禮物相互贈與，表示尊敬、感謝、療癒或力量的強化。茅香草一直都處於動態之中，當瓦利向火獻上茅香草，代表著禮物的傳遞，隨著每次懷著敬意的交換行為而更加豐富。

那便是禮物的本質：不斷變動，其價值隨著各種經歷而提升。田地產出莓果作為給我們的禮物，我們把莓果當作禮物獻給爸爸。禮物越被分享，價值也越彰顯。對深陷於私有財產觀念的社會來說，這個想法很難理解，因為私有財產根據定義是無法共享的。比方說，布置崗哨以免土地被擅闖，在產權經濟的觀念中合情合理，但在其他的經濟系統中，土地被視為贈予眾人的禮物，這種作為就令人無法接受了。

海德的研究「印第安送禮人」（Indian giver）巧妙說明了這種表裡不一的關係。這個說法在今天帶有貶義，指某人送出物品，然後期待得到回饋，其實它起因於以禮物經濟運作的原住民文化和奠基於私有產權制的殖民文化間一種有趣的跨文化誤解。當北美原住民把禮物送給拓荒者，拓荒者明白這些禮物價值連城，希望留下它們，以為把禮物再送給別人會是一種冒犯之舉，但原住民認為禮物的價值來自於互惠，倘若禮物沒有再循環回到他們手上，那才是真正的冒犯。我們的古老教誨多半這麼建議：不管獲得什麼，都應該再給出去。

從私有產權經濟的觀點，「禮物」是免費的，因為不必花錢就能得到；但在禮物經濟裡，禮物並不是免費的。禮物的精髓，是它創造了一組關係。究其根本，禮物經濟的流通建立在互惠。在西方思維中，私人土地被視為「權利群」[11]，而根據禮物經濟，土地則是「責任群」。

---

11 譯注：權力群（bundle of rights）是產權經濟學中一種關於「總量」的概念，即產權是由許多權利所構成。

我曾有幸在安地斯山脈做生態調查，那時最喜歡遇上當地村莊的市集日，廣場上會出現很多攤販，桌上擺滿大蕉、成車新鮮的木瓜，色彩鮮艷的小攤上成堆金字塔狀的番茄，還有一籃籃帶著絲的木薯根。有的攤販把毯子攤開在地，從夾腳拖到草帽，所有你需要的東西應有盡有。一個身披條紋披肩、戴著海軍藍禮帽的女子蹲在她的紅毯後方，把藥用的植物根莖一字排開，那些根莖上的紋路跟她的皺紋一樣好看。五顏六色、火烤玉米加上萊姆汁的香氣，以及說話的聲音，都成了美好回憶。

我最喜歡的攤位的攤主艾迪塔每天都會來找我，親切的解釋要如何烹調那些我不熟悉的食材，並把藏在桌子下最甜的鳳梨拉出來給我。有一次她甚至還藏了草莓！我知道我付的是「北美妞」[12]的價錢，但豐盛的體驗和情誼讓每比索都花得值得。

不久前我還夢到那個市集，場景栩栩如生。我逛遍了所有攤位，手臂上如往常挽著一個籃子，向右走到艾迪塔的攤子買把新鮮香菜。我們有說有笑，當我遞出硬幣，她把硬幣推了回來，輕拍我的手臂送我離開。「這是禮物」，她說。「非常感謝你，太太。」我回道。還有我最喜歡的麵包師傅總會用乾淨的布蓋著圓麵包，我選了幾條，打開了錢包。攤主再度揮開我的錢，好像付錢很不禮貌似的。我困惑地環顧四周，這個市集我很熟悉，但一切變得不同。不只我——沒有任何購物者在付錢。我懷著亢奮的心情在市集遊逛，感激之情是這裡唯一接受的貨幣。一切都是禮物。就像在我家田裡採草莓：商人只是傳遞土地禮物的中間人。

我看看手上的籃子：兩條櫛瓜、一顆洋蔥、番茄、麵包跟一把香菜。還有一半的空間，但感覺已經滿了，我已得到所需的一切。匆匆一瞥起司攤，正考慮要不要帶些走，但一想到起司是被送而不是賣的，我就決定不用了。很有趣，假如市集中的物品都非常便宜，我可能會用力買好買滿，但當每個東西都變成了禮物，我會克制地不拿太多，而且思考明天要帶些什麼小東西來給這些攤主。

當然，夢會淡去，但夢中一開頭的亢奮和後來的克制感都還在。我常想起這件事，發現我在夢中見證了市場經濟轉變為禮物經濟的過程，從私有財貨變成公共財產。在那樣的轉化裡，關係變得更加滋養，就像我得到的食物一樣。經過一個個攤位和貨毯，暖意與親切流轉其中，一同歡慶我們獲得的豐盈。而且每個菜籃都附餐，公平合理。

我是個植物科學家，擅長清楚準確的掌握概念，但同時我也是個詩人，世界透過隱喻對我說話。當我談到莓果的禮物，並不是說維吉尼亞草莓熬了整夜只為做個禮物給我，想方設法找到我在夏天早晨喜歡什麼。起碼我就目前所知，從沒發生過這種事。不過身為科學家，我清楚我們所知的實在太少。事實上，植物整夜都忙著組合小量的糖跟種子跟香氣跟顏色，

12 譯注：北美妞（gringa）是西班牙人和拉丁美洲人對英美女性的貶稱。

如此方能增加演化的適存度。當它成功誘使像我這樣的動物去散播它的果實，造就好滋味的基因就能傳遞下去，確保子代的出現頻率高於那些果實滋味較差的植株。長成的莓果影響了傳播者的行為，產生自然適應性的結果。

我要說的是，人類跟草莓的關係會因為我們選擇的觀點而有所轉變。人的觀感決定了世界是否成為一份禮物。當我們以這樣的眼光看待世界，草莓和人類都變得不同了，彼此之間滋長的感激和互助會同時提升動植物的演化適存度。能夠以尊重互惠的態度對待自然世界的物種和文化，必定比摧毀自然世界的人更有機會傳承基因給後代子孫。我們所選擇影響自身行為的故事，也會產生自然適應性的結果。

路易士．海德對「禮物經濟」做了徹底的研究，他主張：物品因被當作禮物，方能豐沛不斷。「人類跟自然的禮物關係是一種正式的交換，認知到我們參與且依賴自然增長。我們會將自然當作自己的一部分，而非一個可利用的陌生人或外星人。禮物交換是一種有所選擇的相互交流，此交流與（自然）增長的過程彼此協調，或參與在整個過程中。」

在過往，人們的生活和土地密切相關，很容易把世界視為禮物。秋天來臨之際，天空因為雁群飛過而頓時暗了下來，雁群喧嚷著「我們來了！」讓人聯想到牠們拯救天空女神的創世故事。當人們感到飢餓，冬天來了，濕地擠滿的雁群成了食物。這份禮物，人們懷著感恩、愛和敬意收下了。但當食物不再來自天空中的鳥群，當你不再感覺到溫暖的羽毛在手中漸漸變涼，並且理解到其它生命為了你而犧牲，當我們不再回報以感激的心——食物就無法滿足你了。即便肚皮被餵飽，精神卻仍飢腸轆轆。當食物包著光滑的塑膠套用塑膠托盤呈上來，有些東西就四分五裂了——它本是某個生命的軀體，唯一生存的機會是在狹小的籠子裡。那不是生命的禮物，而是偷竊。

我們該如何在現代世界找到方法，再次認知到土地是一份禮物，以恢復我們和世界之間的神聖關係？我知道無法讓全體人類都從事狩獵和採集——生物世界肯定吃不消——但即便在市場經濟裡，我們能不能「假裝」生物世界是一份禮物呢？

我們可以從聽瓦利的話開始。有些人想把禮物給賣了，但如同瓦利談到販賣茅香草時說：「別買。」拒絕參與是一種道德選擇。水是給予眾生的禮物，不是要拿來買賣的。別買。當食物從土地上被硬扯下來，不僅耗竭地力，還以高收成之名行毒害親友之實，別買。實際上，草莓只屬於它們自己。我們所選擇的交換關係，決定了我們究竟把它們作為共有的禮物來分享，還是當作私人商品賣掉。那個決定很關鍵。在大部分人類歷史中，在現今世上的許多地方，共有資源是律則；但某些人創造了不同的敘事，那套社會建構論會認為所有事物都是等待買賣的商品，這種市場經濟敘事像野火般擴散，不僅造成人類福祉不公，甚至重創了自然。但這不過是我們曾說給自己聽的故事，現在我們大可再說另一個，重溫舊時故事。

這些故事中，有一個能夠維繫你我所仰賴的生命系統；有一個能開放我們的生活態度，對世界的富足慷慨抱著感激的心；有一個我們可以回報的實體禮物，來歡慶我們跟世界緊密依存的關係。選擇權在我們手上。倘若整個世界是個商品，我們會變得多麼窮苦；但當世界成為一個持續流動的禮物，我們將會多麼富有。

置身童年時代的田野等待草莓成熟的那段時光，我常常吃到依然酸澀的白色草莓，有時是因為肚子太餓，不過多半還是因為等不及。我知道自己短視的貪婪會得到什麼後果，但我還是把它們吃下肚了。還好，我們自律的能力會增加，像葉片下的草莓一樣漸漸茁壯，所以我學會了等待（稍微啦）。我還記得躺在田野間看著天上雲朵來去，每隔幾分鐘就向旁邊一滾，看看草莓長得如何了。年幼時，我以為改變會很快發生；現在我老了，知道轉化得慢慢來。商品經濟已經存在於龜島四百多年，將白草莓和各種一切吃乾抹淨，但人們漸漸厭倦了嘴裡的酸澀滋味，強烈憧憬可以再次生活在一個禮物的世界。我可以嗅到這股盼望正在升起，就像成熟的草莓芬芳隨著微風翩然來臨。

獻祭
An Offering

我等曾是獨木舟民族，後來他們逼我們用走的，我們被迫簽字放棄湖畔的小屋，換來簡陋的棚屋和塵土。我等曾是一個圈子，後來各奔東西。我等共享一種可以謝天的語言，後來他們要我們忘記。但我們沒有忘，還沒有。

兒時的夏天早晨，我多半被外面的門所發出的聲音給吵醒——鉸鏈嘎吱作響，然後砰一聲關上。聽著遠處傳來綠鵑和畫眉的鳴唱，湖水輕拍岸邊，最後是我爸幫柯爾曼汽化爐打氣的聲音，我才漸漸清醒。當哥哥、姊姊跟我從睡袋鑽出來，太陽正好來到湖的東邊，湖面上的薄霧被吹散成裊裊長煙。小巧的四人份鋁製破咖啡壺被火燻得焦黑，砰砰作響。我們一家在夏天都會到阿第倫達克山脈划船露營，這份時節每天都是如此揭開序幕。

我猜爸爸正穿著紅色格紋的羊毛襯衫，站在湖邊的岩石上。他把咖啡壺從爐上移開後，早晨的喧囂就停止了。不用提醒，我們都知道此時要集中精神。他拿著咖啡壺站在營地一角，一手用摺疊爐架夾著壺頂，把咖啡倒在地上，形成一道濃稠的棕色小溪。

陽光照在倒出來的咖啡水流上，落入地表成為琥珀色、咖啡色、黑色的條紋，蒸散在涼爽的早晨空氣裡。爸爸面向晨光，邊倒著咖啡，邊向一片靜謐說話：「獻給塔哈武斯（Tahawus）的神。」水流過光滑的花崗岩和湖水融合為一，像咖啡一樣清亮棕褐。我看著它流淌，順著縫隙流入水邊，還夾帶著幾塊蒼白的地衣，濡濕了一小叢苔蘚。苔蘚因液體而膨脹起來，展開葉子面向太陽。只有到了這個時候，爸爸才會倒杯熱騰騰的咖啡給自己，另一杯給爐子前做著煎餅的媽媽。在北方森林的每個早晨都是這樣開始的：那句話先於其他於一切。

我很確定我所有認識的家庭中，沒有一家人會以這種方式展開一天，卻從不曾質疑過那句話的來源，爸爸也沒向我們解釋。那是我家湖畔生活的一部分，但那時的韻律感讓我覺得回到了家，儀式讓我的家人團聚在一起。那句話表達了「我們在這裡」，我想像著大地也聽見我們說了什麼——她喃喃自語，「噢，這就是懂得說謝謝的那群人啊。」

「塔哈武斯」是阿第倫達克山脈最高峰瑪西山（Mount Marcy）的阿岡昆語（Algonquin）[13]，山名「瑪西」是為了紀念一位從未踏足這片野坡的州長。塔哈武斯是它真正的名字，意為「劈雲峰」，令人聯想到它的自然特色。波塔瓦托米族有「公名」和「真名」之分，真名只用於親密的人之間或儀式中。我爸爸多次登頂塔哈武斯，已經熟到以名字來稱呼它，並信手拈來當地的事，以及誰來過。當我們以名字來稱呼一個地方，它就會從荒野轉變為家園。我想像這個心愛的地方甚至在我自己都還不知道的時候，就已知曉我的真名。

有時爸爸會視我們當晚紮營的地點，指定叉湖（Forked Lake）、南埤（South Pond）或布蘭迪溪（Brandy Brook Flow）的神祇。我學到每個地方都有靈，在我們來到之前，或我們離開之後，這裡都是別人的家。當爸爸叫喚著神的名字並獻上第一杯咖啡作為禮物，他正默默教導我們應該尊重其它的生命，以及該如何向夏日清晨表達謝意。

我知道很久之前，我們族人會透過早晨的唱誦、祈禱和獻上神聖的煙草來表示感謝，但我的家族記憶裡沒有神聖的菸草，也不記得那些歌曲——在我爺爺去到寄宿學校的時候，這一切就被剝奪了。但風水輪流轉，這個當下，我們這些後輩來到祖先當年遇見眾多潛鳥的湖邊，回到獨木舟上。

我媽媽有她自己一套表現敬意的務實儀式：將尊敬和念頭化為行動。在我們划船離開前，她讓孩子們擦洗營地，確保一切清潔溜溜，沒有留下用過的火柴或遺漏的紙屑。「讓這裡比你來時還乾淨。」她諄諄告誡，我們照辦了。此外，我們還得為下一個人留下柴火，用一張白樺樹皮蓋住火種和引火柴，以免被雨淋濕。我喜歡想像別的划舟者在天黑之後來到此地，

13 譯注：阿岡昆族（Algonquin）為北美印第安人的一支，現多居於加拿大魁北克。

發現有一堆現成的燃料可以加熱晚餐，該會有多麼高興。我媽的儀式也和他們接上線了。

獻祭必須露天進行，也不能等到我們回鎮上住處才做。每個禮拜天孩子上教堂時，族人就會帶著一群人沿河尋找蒼鷺和麝鼠，一路走進森林尋覓春天新開的花朵或者野餐，當然少不了獻祭的話語。冬天外出野餐，我們會穿著雪靴走上一整個早上，然後用如蹼的腳踩踏出一個圓圈，在中心生火。這時鍋裡盛著燒滾的番茄湯，灑出的第一口就是獻給雪的：「獻給塔哈武斯的神。」——那時我們才會用戴著連指手套的雙手捧著熱氣騰騰的杯子。

不過，到了青春期，獻祭儀式常令我又氣又惱。原本帶給我歸屬感的圓圈完全變樣了，獻詞聽來格格不入，因為我們說的是流亡者的語言，這是個二手儀式。總會有人知道正確的儀典，知曉失落的語言並且叫得出真名，包括我自己的名字。

但每天早上我還是看著咖啡消失在碎裂的棕色腐植質裡，就像回歸它的本體。就像倒在岩石上的咖啡能讓苔蘚的葉子舒展開來，儀式使得原本靜止的事物又恢復了生機，讓我的大腦和心敞開迎向那些我本知道卻已遺忘的事。獻詞和咖啡要我們記得，森林和湖泊是一份禮物。大小儀式都有種力量，提醒我們要在這個世界上清醒地生活，也讓肉眼可見的事物變得不可見，與土壤合而為一。不過，或許這是個轉手過的儀式，即使懷抱著困惑，我發現土地還是把一切一飲而盡，好似什麼都是對的。即便你感到迷失，大地依然懂你。

部落的故事繼續前進，就像獨木舟隨波逐流，越來越靠近起點。隨著我漸漸長大，我的家人再度尋回飽經歷史折磨卻從未斷裂的部族關係，找到那些知道我們真名的人。當我第一次聽到奧克拉荷馬州會在日出小屋向四個方位表示感謝——根據舊時說法，便是獻上神聖的煙草——爸爸的聲音彷彿在我耳畔重現。語言不同，但心意相通。

我們的儀式雖不太一樣，但同樣受到土地的滋養，以尊敬和感激為本。現在我們圍起來的圓圈變得更大了，囊括了彼此歸屬的所有人。獻詞如昔：「我們在這裡。」結尾時我依然聽到大地喃喃自語，「噢，這就是懂得說謝謝的那群人啊。」今天，我爸爸可以用我們自己的語言來禱告，但開頭還是「獻給塔哈武斯的神」，那聲音始終如一。

透過古老的儀式，我才明白我們的咖啡獻祭不是轉手演變來的，它原是儀典的一部分。關於我是誰、我對身分的疑惑，多半都在我爸的湖畔獻祭裡找到了回答。我們以各種版本「獻給塔哈武斯的神」來開始每一天，表示對當天的感謝。作為一個生態學家、作家和母親，以及在科學和傳統知識來回穿梭的人，這些獻詞的力量讓我成長，提醒著我們是誰、我們獲得的禮物，還有我們對這些禮物的責任。儀式只是產生歸屬感的途徑——對家庭、對族人、對土地。

最後，我覺得自己終於明白了塔哈武斯守護神的這場獻祭。對我而言，它代表一件不曾被遺忘、也不會被歷史洪流淹沒的事：知道我們屬於土地，知道我們就是那群懂得說謝謝的人，從血緣記憶深處知道土地、湖泊和神靈都支持著我們。多年後，我心裡已經有了答案，於是問我爸爸：「這個儀式是怎麼出現的？是跟您父親學的嗎？他也是從他父親那裡學來的嗎？是從獨木舟時代就有了嗎？」他沉吟良久，「我不這麼認為。我們就是這樣進行著，因為感覺這麼做蠻對的。」就這樣。

只是，幾個禮拜後當我們再聊起這件事，他說：「我一直想到咖啡的事，還有我們當初是怎麼開始把咖啡獻給土地的。你知道，那可是燒得滾燙的咖啡啊，又不經過濾，假如它沸騰得太厲害，地上會都是泡泡，壺嘴也會卡住，這樣一來你倒出來的第一杯就會堵住土地，然後一切就搞砸了。我想我們一開始這麼做，是為了清壺嘴。」這就像他告訴過我水不會變成酒，那麼整個感恩儀式和紀念事蹟，難道不過就是往地上倒掉不要的東西？「但你知道，」他繼續說，「不總是為了要清壺嘴，一開始的確如此，但後來變成了別的東西。一個念頭，一種尊敬，一種感謝，發生在某個美好的夏日清晨，姑且稱之為樂趣吧。」

我想，那就是儀式的力量吧：將平淡與神聖合而為一。水變成酒，咖啡變成禱文。物質和精神結合，就像土地混入了腐植質，然後產生質變，好似馬克杯飄出的水蒸氣散入晨霧裡。大地擁有萬物，你還能獻給它什麼？除了你自己，還有什麼可以給出？一場自家舉行的儀式，用這場儀式讓一切為家。

紫菀與一枝黃花
Asters and Goldenrod

照片裡的女孩拿著一塊石板，上面的粉筆字寫著她的名字和「七五年畢業生」，她有著鹿皮膚色、長長的黑髮，烏黑難測的雙眼直視著你。那天的事我至今記憶猶新。我穿著爸媽送的方格花紋襯衫，以為那是森林巡護員的代表穿著。後來長大看到照片時，我不懂當時為何那麼想。那時的確興高采烈地準備上大學，但女孩的表情卻一點都看不出來。

甚至在抵達學校前，我就為大一新生面試做了萬全的準備，想留下完美的第一印象。當年森林學院幾乎沒有女生，當然也沒有長得像我這樣的人。指導教授透過眼鏡仔細端詳著我：「那麼，你為什麼想主修植物學？」他的鉛筆就對準在註冊表格上。

我該怎麼回答？該怎麼告訴他，我是個天生的植物學家？如何讓他知道我有好幾個鞋盒裝著種子，床底下有成堆的乾燥壓葉；我會在路邊停下腳踏車，只為了辨識新品種；植物讓我的夢境更多采多姿，還有，其實是植物選中了我？所以我照實說了，我很滿意自己精心準備的答案，任何人都看得出這個答案對一個大一生而言太過超齡，顯示我已經認識了某些植物跟它們的棲地，也能把握它們的特質，完全準備好面對大學課業。我說我選念植物學，是因為想知道紫菀和一枝黃花開在一起時為何這麼美。我很肯定自己當時面帶微笑，笑容映著身上的紅色格紋襯衫。

但指導教授沒有笑，他放下手上的鉛筆，似乎不想記錄我說了什麼。「沃爾小姐，」他帶著失望的微笑盯著我：「我必須告訴妳，那不是科學，那完全不是植物學家關心的事。」但他表示願意糾正我的錯誤：「我會幫妳登記普通植物學這門課，讓你可以好好學習。」於是一切就這麼開始了。

⁜

我喜歡想像它們是我坐在媽媽肩膀上時看到的第一朵花，粉色毯子從我臉上滑開，它們的色彩佔據我的意識。聽說兒童的早期經驗可以讓大腦適應某些刺激，因而能更快而準確地處理這些刺激，當它們一再出現，我們就會記得。這就是所謂的一見鍾情。嬰兒時期視力模模糊糊，它們的光彩成為我警醒的小腦袋中第一個植物突觸，而在那之前，我只依稀對粉紅色的臉龐有印象。我猜大家的目光都集中在我身上，一個被彩旗包裹得小小圓圓的嬰兒，但我的視線卻盯著一枝黃花和紫菀。我生來就有這些花朵陪伴，它們每年都會回來為我慶生，讓我參與這場相互的祝賀。

人們在十月聚集到我家的山坡來迎接激昂的組曲，卻往往錯過九月原野的壯麗前奏。彷佛嫌收穫時節還不夠熱鬧——除了桃子、葡萄、甜玉米、南瓜——田野上還鑲嵌著簇簇金黃和大片深紫色，真是傑作。

若說哪個噴泉會綻放絡黃色的燦爛菊花煙火，那肯定是「加拿大一枝黃花」（Canada Goldenrod）。這種植物每枝三英尺長的莖都像個迷你的金色雛菊噴泉，單看秀氣，群看則生機蓬勃。只要土壤夠濕潤，它們會和老相好「新英格蘭紫菀」（New England Asters）比鄰而立。紫菀可不是花床上的弱者，盡會呈現有氣無力的淡紫或天藍，而是展現出絕對高雅的皇家紫，把紫羅蘭都比了下去。雛菊狀的紫色花瓣圍繞著中心如正午驕陽般明亮的花盤，一團金橙，色調比周圍的一朵黃花更加深沉迷人。它們單獨一株冠絕群芳，一起生長就體現了數大便是美。紫色和金色都是屬於草原帝后的紋章色彩，可謂一場互補色的皇家遊行。我很想知道為什麼會這樣。

它們既然可以獨立存活，為什麼還要長在一起？為什麼這樣配對？田間點綴著許多粉色、白色和藍色，難道紫色金色壯觀地相依偎只是湊巧？愛因斯坦說，「上帝不會擲骰子。」[14]這對組合是怎麼形成的？世界為何如此美麗？事實上，要背道而馳很簡單：花朵就算再醜，也可以達到存在的目的——但它們卻沒有這麼做。這是個值得玩味的問題。

14 譯注：這句話來自愛因斯坦對於量子力學的回應，其含義是：宇宙的本質絕非隨機，而是有規律的。

但我的指導教授說，「這不是科學」，植物學不談論這些。我想知道為什麼某些莖很容易折來做籃子，有些則容易斷掉；為什麼最大的莓果長在樹蔭下，為什麼有些植物可以作藥材；哪些植物可以吃；為什麼那些粉色蘭花只長在松樹下。「這不是科學。」當那位坐在實驗室裡學識淵博的植物學教授這麼言之鑿鑿，應該是對的吧！「你如果想鑽研美感，應該去念藝術學院。」我想起當初選系時，一直在植物學家和詩人這兩種學科訓練之間猶豫不決，因為大家都告誡我魚與熊掌不可兼得，我就選了植物。

教授說科學跟美無關，也不是植物和人類的結合。我無力反駁，鬥志蕩然無存，只剩犯錯的尷尬，無法抗辯。教授幫我登記了課程後，我就被打發去領取註冊要用的照片。當時我並沒多想，但這根本就是我爺爺第一天上學的翻版：被要求放下一切——語言、文化、家人。教授讓我質疑自己的出身和知識，並斷定他的思考方式才是對的，只差沒把我頭髮剪下來。

從森林裡的童年一路到大學，我不知不覺邁向另一種世界觀：從前經歷的是一部經驗的自然史，人類將植物視為老師和夥伴，因為對彼此有責任而相互連結，直到踏入科學領域，科學家問的不是「你是誰？」，而是「這是什麼？」沒有人問植物：「你能告訴我們什麼？」首要問題是「它有什麼用？」我被教導的植物學是化約論、機械論，而且絕對客觀：植物被簡化成物品，而非有意識的主體。植物學被建構和教導的方式，似乎容不下我這種思維的人，我唯一找到的開脫之道，就是斷定我對植物一直以來的認知是錯的。

第一堂植物學課簡直是災難，我勉勉強強拿了個C，提不起勁來背誦植物必需的養分濃度。學期間雖不時萌生退學的念頭，但學得越多，我越著迷於葉片的精巧結構和光合作用的魔法。雖然課堂上沒教過紫菀和一枝黃花的夥伴關係，但我還是當作背詩一樣背下它們的拉丁文，試圖擺脫「一枝黃花」這個名字，改稱它*Solidago canadensis*。我深深愛上植物生態、演化、分類學、生理學、土壤和真菌，身邊被各種植物學老師圍繞。我的導師性格溫暖親切、真心治學，絕對是很棒的老師。不過，有些什麼東西一直輕拍我的肩頭，要我轉過身來，而當我回過頭，卻不知怎麼分辨背後有什麼。

我傾向觀察關係，找出連接一切事物的線頭，讓自己成為其中一員；但科學必須嚴謹地區別觀察者和被觀察者，兩者不可混為一談。為什麼兩種花開在一起會漂亮，這問題就違反了客觀性所必要的區分。我絲毫不懷疑科學思維的重要，科學訓練我區分辨別感知和物理現實，將複雜的事物拆解成最小單位，重視相關證據和邏輯，辨識個體差異，品嘗精準的樂趣。我越是投入，收穫就越多。後來我被世上數一數二的植物學研究所錄取，指導教授為我寫的推薦信幫了大忙，「這位印第安女孩表現十分出色」。

碩士、博士，然後是教職。我很感激他人跟我分享的知識，也很榮幸繼續以科學工具參與這個世界，引領我認識了其他跟紫菀和一枝黃花很不同的植物類群。剛獲得教職時，那種彷彿我終於理解植物的感覺還記憶猶新，我也開始教授植物力學，模仿我所接收到的教法。

這讓我想起我的朋友提貝茲（Holly Youngbear Tibbetts）說的故事。他是一位植物學家，身上總帶著筆記本和裝備，在雨林中調查新的植物物種。他請了一位原住民地陪帶路，年輕的地陪知道這位科學家對什麼感興趣，於是一路留意為他指出有趣的物種。這名植物學家對地陪的能力大為激賞，「唉呀年輕人，你真的都知道這些植物的名字欸。」地陪點點頭，目光低垂：「是的，我學過這些樹叢的名稱，卻還沒學到它們的歌。」

我教的是名字，卻忽略了歌。

⁕

還在威斯康辛州念研究所時，我和當時的丈夫有幸在學校植物園擔任管理員。為了要在草原邊緣的小房子換宿，我們只需值夜班，檢查門戶後才能離開，把靜謐的夜留給唧唧鳴叫的蟋蟀。只有一次園藝車庫的燈沒熄、門沒關，沒有東西損壞，我先生正當四處檢查時，我漫不經心瀏覽了一下布告欄，發現某張剪報上有張巨大的美洲榆樹的照片，這棵樹剛獲得「樹王」之稱，是同種之中體型最大的，它的名字是「老路易榆」（Louis Vieux Elm）。

我的心怦怦直跳，知道世界就要變得不同。我一直知道「老路易」這個名字，如今剪報裡的他正望著我。他是我們波塔瓦托米族的祖父輩，跟我奶奶沙努特一起從威斯康辛州的森林徒步走到堪薩斯州的大草原。身為領導者，他會照顧苦難中的族人。車庫的門沒關，燈沒熄，為我照亮了回家的路。在他們長眠之處長出的樹正對著我聲聲呼喚，開啟了一趟悠長緩慢、落葉歸根的旅程。

既然選擇了科學之路，我便偏離了原住民的知識系譜，但世界依然有辦法引領你的腳步。某天，天外飛來一筆地出現了一個原住民族耆老的聚會邀請，希望一起談談植物的傳統知識。我絕不會忘記——當時在場有個畢生沒受過一天大學植物學訓練的納瓦荷族女性——侃侃而談了幾個小時，句句言猶在耳。她細數自己生活的山谷裡有哪些植物，生長在哪、何時開花、喜歡跟誰伴生以及各種愛恨情仇、誰會吃它、誰會用它的纖維當作巢的襯墊、有什麼藥效。她也分享各種植物的故事，包括它們的身世之謎、名字的由來，以及要告訴我們的事。她談的是美啊。

她的話就像提神的嗅鹽，令我想起從前採草莓時就知道的事，而現在才發覺自己的認知有多麼淺薄。她擁有的知識更加深廣，涵納了所有人類可以理解的方式，有辦法解釋紫菀和一枝黃花的關係。對一名新科植物學博士如我來說，實在令人自慚形穢。過去我曾經放任另一種認知法被科學取而代之，如今我重新找回了它。我感覺自己像個營養不良的難民受邀吃了一頓大餐，每道菜都因為家園裡的藥草而香氣撲鼻。

再回到當初提出的「美的問題」。科學不問那些問題，不是因為不重要，而是以科學作為認知途徑來解決問題，還是太狹隘了。假如我的指導教授是個更優秀的學者，他應該會讚美我的問題，而非等閒視之。他只告訴我情人眼裡出西施這種陳腔濫調，既然科學將觀察者和被觀察者分開來，據此定義，美就不可能是一個合理的科學問題。事實上，我應該要得到的回應是，我的問題比科學所觸及的還來得廣。

⁂

情人眼裡出西施，這點**確實**沒錯，特別是講到紫色和黃色的時候。人類的色彩感知仰賴一組組特化的感受細胞，也就是視網膜裡的桿狀細胞和錐狀細胞。錐狀細胞的功能是要消化不同波長的光線，將之傳遞給大腦的視覺皮質以解讀訊息。彩虹色的可視光線光譜很寬，因此辨識色彩最有效的方法並非由單一錐狀細胞通包，而是由大量的專門細胞來處理，每一種可以吸收特定的波長。人類的眼睛有三種錐狀細胞，一種擅長偵測紅色與其相關波長，一種專精藍色，另一種則擅於辨識兩種光線色彩：紫和黃。

人類的眼睛能夠察覺這些顏色，將信號脈衝傳到大腦。這雖然不能說明為什麼我覺得紫黃兩者搭配起來很美，卻能解釋這個組合吸引了我所有注意力的原因。我問藝術家朋友，紫色和金色有什麼魅力？他們立刻以「色環」來說明：這兩者是互補色，本質差異極大。配色時，把這兩種顏色放在一起可以襯托彼此，只要加入其中一色，另一色就會跳出來。科學家兼詩人歌德在一八九〇年關於色彩知覺的著作寫道：「完全對立的色彩……在視覺上能夠相互引出彼此。」紫色和黃色正是天生一對。

我們的眼睛對這些波長很敏感，因此錐狀感光細胞可能會過度飽和，將刺激外溢到其它的細胞上。一位相熟的版畫家教我，如果你盯著一團黃色良久，然後把目光移到一張白紙上，你會短暫地以為那張紙是藍紫色的。這個現象——色彩的殘影——是因為紫色素和黃色素有強烈的相互作用，這些事一枝黃花和紫菀早就知道了。

假如我的指導教授說得沒錯，令我這種人類感到賞心悅目或許不是花朵的目的，它們真正要吸引的對象是辛勤採蜜的蜜蜂。蜜蜂感知花朵的方式跟人類不一樣，牠們可以感知到更大的光譜範圍，例如紫外光。雖然結果證明，一枝黃花和紫菀在蜜蜂和人類的眼睛看來差不多，無論對誰來說都很美，但它們長在一起時的顯著對比，將成為整片草地最誘人的目標，這是種吸引蜜蜂的信號，相依共生的兩者比起單獨生長更有機會吸引授粉者光顧。這個假設是經得起驗證的，因此這個問題關乎科學，關乎藝術，也關乎美。

它們一起出現為什麼很美？這種現象兼具物質和精神意義，因為我們需要所有的波長，也需要深度知覺。當我用科學的眼睛盯著世界太久，便看到了傳統知識的殘影。科學和傳統知識就像紫和黃，或者，它們就是一枝黃花跟紫菀？兩者一起看時，世界就變得更完整。

關於一枝黃花和紫菀的問題，當然只象徵著我真正想知道的事，也就是如何建立關係和有意義的連結。我想要發現那些維繫著不同事物的閃亮絲線，想知道為什麼我們鍾情於這個世界，為什麼再平凡不過的一小片草皮都能令我們嘆為觀止。

當植物學家走入森林和田野尋找植物，我們都說是要去進行「突襲」；倘若作家也做同樣的事，那應該稱為「另類突襲」，土地上這兩種人皆有，兩種我都們需要；科學家兼詩人羅素（Jeffrey Burton Russell）寫道，「隱喻是深層真相的徵兆，好比一場聖禮。因為真實的博大豐富無法單以直白的陳述來表達。」

印第安學者卡耶特（Greg Cajete）寫道：在原住民的知識體系中，一件事必須被四種面向的存在所認識，我們才會真正了解它，那就是心智、身體、情感和精神。我漸漸理解，在我所接受的科學訓練中，科學只獨鍾其一、至多兩種認知途徑：心智和身體。只怪當時我只是個求知若渴、一心想快速掌握植物的年輕人，並沒有對此提出質疑，其實上述四個途徑，正是全人類共同找到的康莊大道。

曾經有段時間，我侷促不安又顫巍巍地腳踏兩條船——科學世界和原住民世界——但我學會了飛翔，至少試著飛。蜜蜂教會我在不同的花朵間移動，而且兩朵都要吸蜜跟收集花粉。正是這樣異花授粉的舞蹈產出新的知識，一個立足世界的新支點。畢竟並沒有兩個世界，只有眼前這片綠意昂然的土地。

九月的紫黃配活出了對等原則，箇中智慧在於一方的美與另一方相輝映。科學和藝術，物質和精神，原住民知識和西方科學——能是彼此的一枝黃花和紫菀嗎？當我來到它們面前，它們的美也邀我相輔相成，我得成為互補色，讓什麼變得更美來回報它。

學習生命的語法
Learning the Grammar of Animacy

要融入一個地方，得先學會它的語言。

我來到此地諦聽。窩在彎曲的樹根間，周圍是一片柔軟蓬鬆的松針，我靠著白松木的樹身讓腦子漸漸安靜下來，直到開始聽到外在的聲音：風吹過松針的嘶嘶聲，水滴到岩石上，鳾鳥踏地，花栗鼠掘土，山毛櫸堅果掉落，蚊子在我耳邊飛舞，還有其他——某些在我之外的事物，沒有語言可描述，一些陪伴著我們的沉默存在。在識得母親的心跳聲之後，這是我第一個學會的語言。

我可以花上一整天聆聽，外加一整晚。早晨時分，在我沒聽見的時候，或許長出了前晚還未出生的蘑菇，奶油白從松針堆中冒出頭來脫離黑暗迎向光明，身上因為沾著液體而閃閃發亮。「*Puhpowee*」。

在荒野聆聽時，我們是聽眾，見證一場場訴說其他語言的對話。我現在覺得那是一種渴望，想理解當年在林中聽見的語言如何引領我走上科學之路。這些年，我學到把植物學講得頭頭是道的本事，不過這種口才不該被誤認為植物的語言。我的確學到一種科學語言，需要高度的觀察力為每個細微處細心命名。但要能為之命名和描述，你得先看到它，科學使得觀看的天賦變得更加精煉。我敬重這個長年養成的第二語言，但在它豐富的詞彙跟描述的力量下卻少了什麼——某種當你聆聽世界，充斥在你周遭和內在的東西。科學可以是一種帶有距離感的語言，將生命簡化為生存構造，一種客體語言。科學家所用的語言不管多麼精確，都帶有根本上的文法謬誤，也就是嚴重短少本土原住民語言的詞彙翻譯。

我第一次體驗消失的語言，就是讓舌頭發出 *Puhpowee* 這個字，我偶然在一本阿尼什納比民族植物學家吉威蒂諾圭（Keewaydinoquay）的書中發現這個單字，那是一本探討部落傳統上如何運用蕈類的著作。她將 *Puhpowee* 解釋為「讓蘑菇從土裡一夜之間破土而出的力量」。身為生物學家，我很訝異竟有這樣的字彙存在！西方科學有林林總總的專業詞彙，卻沒有類似的語彙和字眼來承接奧秘如斯。你可能以為生物學家比起其他人更擅長描述生命，但在科學語言裡，我們的術語是用來定義認知的界線，在我們掌握之外的事物則尚未被命名。

在這個新字彙的三個音節裡，我彷彿可以看到在潮濕早晨的森林中仔細觀察的整個過程，英文沒有對應的字詞來描述理論是如何形成的。這個字的創造者必定很了解整個生命世界充滿著驅動一切的無形能量。多年來，我把它當作護身符一樣珍愛，我嚮往著可以認識那個為蘑菇的生命力量命名的人。有著 *Puhpowee* 這個字彙的語言，就是我想說的語言。所以當我意識到這個代表「浮現」與「嶄露頭角」的字詞竟是我祖先的語言，它成了我的路標指引。

假如歷史可以重來，我想要講 Bodewadmimwin，或稱波塔瓦托米語（Potawatomi），這是一種阿尼什納比族的語言。但就跟美國三百五十種原住民語言的處境相同，波塔瓦托米語也受到威脅，所謂的威脅來自此刻你正在閱讀的這個語言。同化政策確實發揮了作用，它讓我聽到那個語言的機會，以及你能聽到的機會，都從印地安孩子口中被洗去了，原因是政府的寄宿學校禁止說母語。

像我爺爺這樣的孩子，當年才九歲就被迫離家。歷史離散的不只是我們的語言，還有我們的人民。我現在住的地方離保留區很遠，所以就算我會說那個語言，也沒有人可以對話。但幾個夏天前，我們的年度部落聚會安排了一堂語言課，那時我溜進了帳篷去聽。

⁂

這堂課令人興奮，因為那是部落裡首次讓每一個可以流利說著波塔瓦托米語的人來當老師。當時，所有會講這種語言的人被招呼著靠近折疊椅所圍成的圈圈，他們移動得很慢——拄著拐杖、助行器、坐在輪椅上，只有一些人能夠自主行走。他們坐定後，我數了數人數，九個，九個講得流利的人，全世界只有九個。我們的語言歷經千年孕育，現正停留在這九張椅子上。用來讚頌造物、訴說老故事的詞彙曾讓我的祖先們昏昏欲睡，今日我們則仰賴這九位平凡男女之口，輪流向一小群準學生說話。

一個留著長長灰辮子的男人訴說他媽媽怎麼在印地安事務官上門帶走小孩時，把他藏匿起來。他躲在突出的堤岸下，溪流聲蓋過他的哭聲，讓他逃過了寄宿學校。其他人都被帶走了，用肥皂洗嘴巴，甚至更慘，原因是他們說著「骯髒的印地安語言」。由於只有他一個人留在家裡，按照造物主給的名字來稱呼動植物，因此他今天得以在席間傳承這個語言。同化政策雷厲風行，影響深遠，這位講者目光炯炯有神：「我們是路的盡頭，是少數的倖存者。如果你們年輕人不學，這個語言就會死去，放任傳教士和美國政府迎接最後的勝利。」圓圈裡一位老奶奶把助行器推近麥克風，「消失的不只是語言，」她說，「語言是我們文化的根本，承載著我們的思想、我們看世界的方式，英語根本無法詮釋它有多優美。」

吉姆．桑德，七十五歲，這個裡頭最年輕的講者是個身形豐滿、神情嚴肅又棕膚色的人，他只說波塔瓦托米語。吉姆莊嚴地開場，但講到興致高昂之處，他的音調卻輕得像微風吹過白樺樹梢，讓手勢接著說故事。他越說越激動，最後忍不住站了起來，我們全都凝神靜默，即使沒有人聽懂半個字。他突然停下就像來到故事的高潮，眼裡帶著一抹期待環顧聽眾，背後一位老奶奶掩著嘴咯咯地笑了。

吉姆嚴肅的臉突然笑開，又大又甜像個裂開的西瓜。他欠身笑著，那位老奶奶輕輕擦去捧腹時冒出的眼淚，我們其他人則不明所以，一陣目瞪口呆。當笑聲平息，他最後說了英語：

「當沒人聽得懂某則笑話，這個笑話會怎樣？那些字句會有多寂寞啊，因為它們的力量都消失了。它們接下來該何去何從？大概就是跟那些不會再被說起的故事一樣煙消雲散了吧。」

所以，我的房子裡現在到處充斥著其他語言的亮色便利貼，好像我正在為了要出國旅行而K書。但我沒有要去哪裡，我是要回家。

「*Ni pi je ezhyayen*」（你要去哪裡）？我後門上的黃色小便利貼寫著這個問題。我手上提滿東西，車子也已經發動了，但我還是把包包移到臀部另一側，停下來好好回答：「*Odanek nde zhya*」（我要進城去）。然後我出發了，去上班、上課、開會、去銀行、去雜貨店。我講了整天的話，有時用自幼習得的美麗語言寫上一整晚，全世界有百分之七十的人使用這個語種，堪稱西方世界最實用、字彙最豐富的語言，那就是英語。當我晚上回到安靜的家中，總有一張便利貼貼在衣櫥門上。「*Gisken I gbiskewagen*」（脫外套）！於是我便把外套脫了下來。

我邊煮晚餐，邊從餐櫥裡把標著「*emkwanen*」（湯匙）、「*nagen*」（盤子）的器皿拿出來，開始對著家中物品說波塔瓦托米語。電話響起時，我幾乎看都不看便利貼就*dopnen*（接起）*giktogan*（話筒）。不管是推銷員或朋友，說的都是英語。我在西岸的姊姊大概一週一次會打來說*Bozho*（哈囉）——好像要強調自己的出身似的：不然還有誰會說波塔瓦托米語？稱之為「會說這種語言」，事實上有點誇大了，真的，我們其實只是彼此脫口而出幾個含糊的句子，展開一場滑稽的對話：你好嗎？我很好。進城去。看鳥。紅色。炸麵包好吃。聽起來就像湯頭跟獨行俠[15]的好萊塢電影對話，「偶加油說印地安話！」我們很偶爾才串起一段差強人意的連貫思考，隨興穿插著中學學徒的西班牙語單字來填補空白，自創一套我們稱之為「西班牙瓦托米語」的語言。

在奧克拉荷馬州，每週二和週四的中午十二點十五分，我都會加入午餐時間的波塔瓦托米語言課，在網路上跟部落學堂連線。這堂課通常有十個學員參加，大家住在不同州，我們一起學習算數、學著請別人把鹽遞過來。某人問：「要怎麼說『請把鹽遞給我』？」我們的老師尼利是位致力於語言復興的年輕人，他解釋，雖然有很多詞彙可以用來表示謝謝，卻沒有任何字是表達「請」的。因為食物本該被分享，不需任何繁文縟節，只要有禮貌地詢問就可以。然而，傳教士卻把這種不多過問的作法解讀成粗魯無禮。

多少個夜晚，我本來應該改考卷或付帳單，卻在電腦前複習波塔瓦托米語的習題。幾個月後我精通了幼幼班等級的詞彙，有信心把動物圖片跟族語名稱對應在一起。這讓我想到念圖畫書給孩子聽，「有找到松鼠嗎？兔寶寶在哪？」其實，我一直提醒自己，我並沒有時間做這些事，還有，認不認識鱸魚或狐狸的單字真的沒什麼要緊，反正我們的部落成員已經離散得天各一方，我還可以跟誰對話？

我學到的簡單詞組用來訓練狗再適合不過了，坐下！吃！過來！安靜！用英語喊這些命令時，她沒什麼反應，我就懶得再讓她學雙語了。某次有個崇拜我的學生問我會不會說母語，我實在很想脫口而出：「那當然，我們在家都說波塔瓦托米語！」——家裡有我跟狗跟便利貼。老師要我們不要灰心，而且我們每說一個字，他就感謝我們——謝謝我們讓語言有了生命，就算只有一個字也好。「但沒人跟我對話。」我抱怨，「我們都沒有，」他附和，「但總有一天會有的。」

於是我繼續勤懇地背單字，但就算能把「床」和「水槽」翻譯成波塔瓦托米語，還是覺得摸不著「我族文化的精髓」。學習名詞很簡單，畢竟我已經學過成千上萬個植物的拉丁名和科學術語，我估計背新的字彙不會差太多——不過是一對一的代換嘛，背就對了。不過，書面上可以看到字母還行得通，換成聽就是另一回事了。我們的字母數量較少，對初學者來說，字詞之間的差異非常細微。透過 zh、mb、shwe、kwe 和 mshk 等不同子音群的美妙組合，我們的語言聽起來就像風掠過松樹或水流沖激岩石，過去我們的耳朵或許很適應這些細微的聲音，但現在情況不一樣了。若想重拾這個能力，就得學習聆聽。

當然，如果想要**敘述一個句子**，就需要動詞，我只能叫出物品名字的幼幼班實力到這裡就派不上用場了。英語是一種仰賴名詞的語言，相當適合迷戀物質的文化體系。英語裡只有

---

15 譯注：「獨行俠」這個角色起源於一九三〇年代的廣播劇，被多次翻拍電視劇或電影，講述西部拓荒時期的一位德州騎警約翰．雷德（John Reid）在印地安人搭檔湯頭（Tonto）的幫助下打擊當地犯罪勢力、伸張正義的故事。

百分之三十的字彙是動詞，但波塔瓦托米語的動詞占比多達百分之七十，意味著百分之七十的字都有詞性變化，需要精通不同的時態和使用情境。

歐洲語言通常把性別歸為名詞，但波塔瓦托米語並非把世界二分為男與女。不管名詞、動詞，都分為有生命和無生命。用來形容一個人的字詞跟形容飛機的字詞完全不一樣，代名詞、冠詞、複數形、指示詞、動詞——所有那些中學英語課我從沒搞懂過的語法組合，通通都在波塔瓦托米語裡排排站好，要讓我用各種方式來描述有生命和無生命的世界。不同的動詞組、複數形，組合千變萬化，端賴你所說的事物究竟是不是活生生的。

難怪全世界只剩下九個會講這種語言的人！即使我盡力嘗試，它還是複雜得令我頭疼，耳朵也幾乎無法分辨那些指涉完全不同事物的字詞。一位老師保證，只要練習就會進步，但另一個老人家承認這些相似之處是語言本身的特質，就像知識的傳承者和偉大的老師史都華·金（Stewart King）提醒的，造物主喜歡我們笑，所以精巧地在句法結構中植入幽默感，小小的口誤就能讓「來多點木柴」變成「把衣服脫下來」。事實上，我學到「*Puhpowee*」這個奧妙的字並不只用來形容蘑菇，也可以用於描述其他在夜裡神秘萌發的東西。

某年聖誕，姊姊送給我一組可以吸附在冰箱上的奧吉布瓦語的塗鴉磚，這個語言和波塔瓦托米語很類似。我把它們散落在廚房的桌子上，想要找到近似的字詞，卻越找越擔心：上百個磁鐵磚裡我只認識一個字：*megwech*，謝謝。數個月的學習累積而來的小小成就感瞬間消失無蹤。

當時我翻找她寄來的奧吉布瓦語字典，試圖解讀每塊磚的意思，但不是拼音不合就是字太小，還有單字的變異實在太多，令人想打退堂鼓。我腦中的線路糾結成一團，越理越亂。就在快要對書頁內容視而不見時，我的目光落在一個字上——當然是動詞，「成為禮拜六」。**哼！**我把書扔了出去，禮拜六何時變成動詞了？大家都知道它是個名詞。我抓起字典繼續翻，發現所有東西似乎都是動詞：「成為山丘」、「成為紅色」、「成為一片長長的沙灘」，接著我的手指停在*wiikwegamaa*上——「成為海灣」。「太扯了！」我在腦中大罵，「不用把事情搞得這麼複雜吧！難怪沒人要講。這麼累贅的語言根本沒辦法學，而且還錯誤百出。海灣基本上都是指一個人、一個地方或東西啊——它是名詞，才不是動詞。」我準備放棄，我已經學了一些詞彙，從爺爺傳承而來的這個語言，如今我對它責任已了。噢，寄宿學校的傳教士魂魄肯定會因為我的挫敗而高興得直搓手吧，「她要投降了！」他們說。

然後，我發誓我聽到神經突觸燃起「嚓！」的一聲，一道電流嘶嘶經過手臂來到指尖，幾乎要讓那個字停留著的書頁燒起來。瞬間我彷彿聞到海灣的海水氣味，看著浪拍打岸邊的岩石，聽到淘沙的聲音。我領悟到，只有在一潭死水的狀態下，海灣才是個名詞；海灣作為一個名詞，是根據人類的定義，如果只用來指涉沿岸，字詞本身意義就是受限的。但動詞*wiikwegamaa*——成為海灣——就讓水被解放了出來，變成活生生的。「成為海灣」令人想像此刻活水決定要躲在岸與岸之間，跟雪松木的根系還有一群秋沙鴨寶寶對話；不然它也可以反其道而行——變身溪流或汪洋或瀑布，形容這種情況的動詞也是有的。

要成為山丘、沙灘或星期六，在萬物皆鮮活的世界裡，都是充滿可能性的動詞。水、土地、甚至一整日，語言是一面照見世界生命狀態的鏡子，生命力在萬物之中躍動，在松樹、鳾鳥和蘑菇裡。這就是我在森林聽到的語言，讓我們能夠形容身邊源源不絕的事物。然後，寄宿學校的殘影，還有揮舞著肥皂的傳教士幽靈都變得垂頭喪氣，敗下陣來。

這就是生命的語法。想像你奶奶穿著圍裙站在爐前形容自己：「看，它現在在煮湯，它有灰白的頭髮。」文法的錯誤可能會讓人覺得好笑，但我們也會避開這些錯誤。使用英文時，我們不會把一名家族成員或任何人稱為「它」，這麼做很失禮，抹殺了那個人的自我和社會關係，化約成為物品。因此，波塔瓦托米語和多數原住民語都會用形容和家人的同樣的字詞來形容整個生命世界，因為他們都是我們的家人。

我們的語言所蘊含的生命語法適用於哪些對象？當然，植物和動物都有生命，但我學得越多，越發現波塔瓦托米族對於什麼東西是屬於有生命類群的理解，跟我在植物學課學到的生物特徵列表大相逕庭。波塔瓦托米語的入門課教過：石頭有生命，山、水、火和每個地方也都活著，萬物皆有靈。我們的神聖藥草、歌曲、鼓，甚至傳說，都是活生生的。無生命的名單則似乎短得多，充斥著各種人造物。針對無生命的物體，比方說一張桌子，我們會這樣問：「**它**是什麼？」然後回答 *Dopwen yewe*，它是桌子；但對蘋果就得問：「彼存有是**誰**？」然後回答 *Mshimin yawe*，彼存有乃蘋果也。

Yawe——有生命的。我如是，你如是，她／他如是。談及有生命和靈魂的事物時，必須用 yawe。舊約聖經的「雅威」（Yahweh）[16]和新世界的「雅威」（*yawe*）是怎樣經過語言的匯流，而從信徒口中失落的？難道不再像字面所言，存在、擁有內在生命的氣息，成為創世造物繼往開來的一份子？這個語言的字字句句都在叮囑：我們和宇宙萬物有著密不可分的關係。

英語沒有給我們足夠的工具來對生命狀態表達敬意。英語中，你要嘛是人，要嘛是物品；文法困住我們，將非人類化約成「它」，或硬是勉強區分性別為「他」或「她」。我們究竟有哪些字詞可以用來描述另一個單純的生命存在？我們的「雅威」去哪了？我的朋友尼爾森（Michael Nelson）是個注重道德包容的神學家，他向我提到一位女性朋友是名野外生物學家，關注的都是人類以外的生物，大部分的同伴都不是兩隻腳的，因此她的語言也為了適應這些關係而調整。她沿路跪下檢查麋鹿的腳印：「今天早上有人來過這裡。」「某人在我的帽子裡。」她甩開一隻鹿虻時這麼說。某人，不是某個東西。

在森林裡我這樣教導學生：植物具有哪些天賦，以及如何稱呼植物，都要留意自己用的

16 譯注：舊約聖經由希伯來文寫成，稱呼神為 Yahweh，後來經拉丁化後衍生出「耶和華」的翻譯。其字根是 hayah，意為「存在」或「成為」。

語言，試著讓科學詞彙和生命的語法雙語並行。雖說他們還是得學植物科學和拉丁名，但我希望學生知道，非人類住民也是我們在世上的鄰居。生態神學家貝瑞（Thomas Berry）曾寫下這段話：「我們必須說宇宙是主體的共融，而非客體的集合。」

某天下午，我和生態學的學生一起坐在 *wiikwegamaa*（成為海灣）旁，交換語言擁有生命力的想法。年輕的安迪腳踢著清澈的海水提出了大哉問：「等等，這不就表示說英語、用英語思考，無意中讓我們無視於自然？就因為否定其他生命作為人的權利？如果不說『它』，情況會好些嗎？」他已摸透了語言的箇中差異。

安迪深受震撼地說自己好像覺醒了。我想，應該更像是憶起了什麼吧？我們本就知道萬物有靈，但描述生命的語言卻瀕臨滅絕，這不只是原住民的損失，更是每個人的損失。學步孩子口中的植物和動物就像人一樣擁有自我、念頭跟情感——直到我們教他們不要這樣，而且馬上進行再教育，好讓他們趕緊忘記。我們告訴孩子，樹不是**誰**，而是**它**，楓樹是個物件；我們在彼此之間立起屏障，以免除自身的道德責任，大開利用之門，讓活生生的土地變成「自然資源」。如果楓樹是**它**，我們就可以拿起鍊鋸；但一旦楓樹是**她**，我們就會再想想。

另一個學生反駁安迪的論點：「但我們不該說**他**或**她**，那樣是擬人化。」這些學生都是受過紮實訓練的生物學家，過去被嚴格要求不能把人的特質加諸到研究對象或其他物種身上，如此便犯了失去客觀性的嚴重錯誤。卡拉指出，「這樣對動物也不尊重，我們不應該將自己的看法投射到動物身上，牠們有自己存在的方式——動物又不是披著毛皮的人。」安迪再辯：「可是我們不把動物當作人，也不表示牠們不是生命。假設我們是唯一稱得上是『人類』的物種，會不會其實更失禮？」英語的傲慢在於，要被認可為有生命、獲得尊重和道德關懷的唯一途徑，就是得成為人。

一位我熟識的語言老師解釋，文法只是我們在語言裡標記關係的方法，或許也反映了我們跟彼此的關係。能夠呈現生命狀態的語法，也許能引領我們在世界上找到新的立足之道，視其他物種為獨立自主的人類，如此一來，物種之間以民主相繫，而非單一獨裁。我們對自然和生靈有道義責任，且有法律制度認可其他物種的存在。代名詞說明了一切。

安迪說得沒錯，學習生命的語法可能會讓我們有所約束，不再無意識地剝削土地，但還不止如此，我曾聽長輩給過建議：「你應該跟『站立種族』打交道，或花點時間跟『河狸族』相處」，在在提醒著其他物種都可以是我們的老師，傳承知識並引導我們。想像來到一個有著各種族群的世界：樺樹族、熊族、岩石族——所有我們想得到的生命存在被提起時，就像講到某個人，都是值得你我敬重的群體一份子。美國人對於學習同是人類的外語就已興趣缺缺，更不用說學習其他物種的語言了。但想像一下這個可能，想像我們會因此接觸到更多觀點，透過其他眼光來看事情，因而發掘身邊的智慧。我們不需要靠自己搞懂所有的事情：聰明才智不只由我們獨佔，事實上老師無處不在。這麼一來，世界是不是就不那麼寂寞了？

我每學到一個字，都油然生出一絲對長輩的感激，謝謝他們讓這個語言繼續存在，傳承其中的詩意。我依然在跟動詞搏鬥，而且幾乎沒辦法口說，最擅長的還是幼幼班等級的字彙，但我喜歡早上到草地散步時喚著鄰居的名字來打招呼。當灌木樹叢上的烏鴉對我嘎嘎叫，我會回敬以「*Mno gizhget andushukwe*」我撫過柔軟的草喃喃自語：「*Bozho mishkos*」（哈囉！草兒！）草很渺小，卻帶給我快樂。

我不是主張所有人都應該學波塔瓦托米語、霍皮語（Hopi）或塞米諾爾語（Seminole），雖說這麼做其實也行。移民帶著各種語言的承傳來到這片土地，每一種都該被珍視。倘若我們想融入這個地方，在此落腳生存，並跟鄰居和平共處，所要做的就是學著說生命的語法，如此我們才會由衷感到自在。

我還記得一位夏安族（Cheyenne）的長輩高牛比爾（Bill Tall Bull）說過的話。當時我還很年輕，懷抱著沉重心情惋惜著沒有母語可以跟心愛的植物和地方溝通。「它們的確喜歡古老的語言，」他把手指按在唇上：「但你不必從這裡說。」「如果你從這裡說，」他輕拍胸前，「它們就會聽到了。」

02

照料聖草

綠野間的茅香草在人類的悉心照料之下，生得修長而芬芳。我們拔除雜草、照顧棲地和周圍的植群，茅香草因而更加生機勃勃。

Tending Sweetgrass

楓糖月
Maple Sugar Moon

阿尼什納比族的「納納伯周」（Nanabozho）是我們的始祖，半人半神。納納伯周走過凡間，注意到某些群體生氣蓬勃，某些則否；某些群體遵守原初指引，某些則否。有的村落裡園圃疏於照料、漁網殘破、孩子們不曾被教導如何生活，讓他很沮喪。他沒看到成堆柴火和儲存的玉米，倒是發現人們躺在楓樹下，嘴巴開開的等著楓樹慷慨滲出濃稠香甜的糖漿。人們變得懶惰，把造物者的賜予當作理所當然，也沒有做到該盡的儀式或彼此關照。他深知自己責無旁貸，於是來到河邊汲了幾桶水，把水直接向楓樹倒去，好稀釋那些糖漿。今日楓樹汁液流出的樣子就像帶點甜味的水流，提醒著人們所面對的機會和責任。因此，需要四十加侖的樹汁，才能製成一加侖的糖漿。*

*改編自口述傳統和一九八三年兩位里森塔勒氏（Ritzenthaler）的共同著作。

叮鈴。三月某個午後，冬末的陽光開始變強，每一天都向北前進一度，樹液也流出更多。

叮鈴。我家在紐約費邊（Fabius）有個老農舍，七棵高大的楓樹讓整個院子蓬蓽生輝，近兩百年來為屋舍遮風擋雨。樹形最大的那棵，樹基的寬度就跟野餐桌的長邊差不多。

我們剛搬來時，我女兒很愛在舊馬廄上方的閣樓翻找東西，因為那裡堆滿了近兩個世紀來的家族雜物。某天我發現她們在樹下架起幾個金屬小帳棚，儼然就像個小村莊。「他們要去露營。」她指的是她們的洋娃娃和毛絨動物玩偶，正從帳棚底下探出頭來。閣樓裡滿是這類「帳篷」用來蓋住舊時的樹汁收集桶，好抵擋採收季的雨雪。女孩們發現這些小帳棚的功用後，興起了做楓糖漿的念頭，所以我們擦洗掉上面的老鼠屎，把桶清空，準備迎接春天來臨。

第一年冬天，我仔細研究了整個過程。我們準備好桶子和蓋子，卻忘了還需要汲取樹液的插管——你得把這些噴嘴塞進樹裡讓樹汁流出來。不過，既然我們住在「楓樹王國」[17]，附近的五金行採楓糖的器具一應俱全，要什麼有什麼，例如楓糖葉形狀的模具、各種尺寸的脫水器、長長的橡皮管、浮秤、水壺、過濾器、罐子——我沒有一樣買得起。不過，店裡後方藏放的舊式插管現在幾乎沒什麼人要了，我帶了一整盒回家，一個七十五美分。

採糖在過去這些年變化不小，再也不必清空桶子，在雪天的林中用槌子敲出一桶桶的樹

17 譯注：「楓樹王國」（Maple Nations）範圍介於美國中西部明尼蘇達州到加拿大東南部不倫瑞克省之間，這個區域內的原住民部落多視糖楓為群樹之首，如阿本納奇族、阿尼什納比族、長屋民族、瓦巴　基等自古以來仰賴楓樹林維生。

液；許多地方的採糖製程改用塑膠管，直接從樹上接到煉糖屋。但還是有些純粹主義者特別在乎那聲樹汁**叮鈴**落入鐵桶的聲音，如此便需用上插管。這個插管一端是像吸管，可以塞進樹上鑽出的孔洞，然後另一端連接到一個四英吋長的槽裡，底部有個掛勾可以掛桶子。我買了一個乾淨的垃圾桶來儲存樹汁，一切準備就緒。我覺得我們應該不需要用到所有的儲物空間，但最好還是備著。

長達六個月的冬日裡，我們始終孜孜不倦尋找春天的音信，在決定要製作楓糖漿之後，這份尋覓的心情更加急切。女孩們天天問：「我們可以開始了嗎？」但這完全得仰賴季節來決定：樹汁要能流出，必須是白日溫暖、夜晚寒冷徹骨的天候。「**溫暖**」是個相對的詞彙，當然，三十五到四十二度，這樣陽光曬到樹幹上的雪融化後，樹液才會流動起來。我們看看月曆和溫度計，拉金問：「樹又不會看溫度計，怎麼知道時間到了？」的確，沒有眼睛、鼻子或神經的生物，如何知道該做什麼？什麼時候又是適合時機？樹上甚至沒有葉子可以偵測陽光，除了新芽，樹的每個部分都被包裹厚實的死樹皮裡。只不過，隆冬融雪時，樹還是沒有被騙倒。

其實，楓樹擁有一套極為複雜的系統，比我們更能感測春天的腳步。它身上每個芽苞裡都有數以百計的感光器，充滿能吸收光的色素，稱為「光敏素」，它們的任務就是測量每天的光照。一個個細密捲起的芽苞覆滿了紅棕色鱗片，每個都帶有楓樹枝的胚胎翻版，也都亟待某天能長成成熟的枝枒。葉子隨風沙沙作響，沐浴在陽光下。但如果新芽太快長出，它們就會凍死；太慢則會錯過春天的生長季，所以芽苞自己會拿捏時間。此外，那些幼苗也需要能量才能長成樹枝——就跟所有新生兒一樣始終處於飢餓狀態。

我們天生沒有這種精密的感應器，只好仰賴其他訊號。當樹底周圍的雪出現坑洞，就知道該是採樹液的時候了。深色樹皮吸收了陽光的溫度散發出熱量，讓冬天的積雪漸漸融化。有一圈圈裸地出現的地方，就是第一批楓樹汁會從樹冠間的枯枝滴下來的位置。

我們圍繞著楓樹，用電鑽尋找適合的點位：三英尺高，表面平滑。瞧，樹上還留著以前採樹汁之後癒合已久的疤痕，應該是某個曾在我們閣樓留下樹汁桶的人幹的好事。我們不曉得他們的名字和長相，但當我們的手指落在他們的手指曾停駐的地方，我們很清楚他們在多年前的四月早晨也做著同樣的事；我們也知道他們的煎餅搭配了什麼。我們彼此的事跡因為這一回合的樹汁而產生了連結，這些樹認識彼時的他們，也認識今天的我們。

一把插管裝好，汁液就開始流淌了。第一滴「啪嗒」一聲落在桶子底部，女孩們滑上桶子的頂蓋，回聲變得更加明顯。這種直徑的樹木可以接受六次的抽取採集而不會受傷，但我們不想太貪心，只抽了三次。器具差不多就定位時，第一桶已經響起了不同的調子，另一滴「**叮鈴**」沁入桶底半英寸的楓樹液。一整天就這樣轉換著音調，桶子漸漸滿載，像玻璃杯發出的高低音。**叮鈴**、**叮咚**、**咚隴**——鐵桶和頂蓋迴盪著楓樹汁滴落的聲音，整個院子都在唱歌。

這些聲響跟啼囀不止的北美紅雀一樣，的的確確是屬於春天的樂曲。

女孩們看得出神。每滴樹汁都像水那麼純淨，但比水更濃稠一點，得以捕捉光影。而且這些樹液會懸掛在採糖插管的尾端一下子，等待匯聚成更大的珠滴。女孩們伸出舌頭，用幸福的表情吸溜著楓樹汁，我莫名地感動得哭了。我想起獨自餵養她們的時光，如今她們年輕體健，正在接受楓樹的滋養——猶如受到大地之母哺育，方能長大成人。

桶子滴滴答答了一整天，到晚上就溢得滿滿。女孩們和我把二十一個桶子全拖過來，一一倒進大垃圾桶，直到垃圾桶幾乎全滿。我不知道量有這麼多！女孩們在我生火時重新掛上桶子。我們只能把舊的湯鍋放在烤箱架上當脫水器，架子下是穀倉撿來的一堆堆煤渣磚。加熱一鍋樹汁得花上很長的時間，女孩們很快就不耐煩了。我不斷進進出出，確保兩個地方的火沒有熄掉。那晚把她倆塞進被窩時，她們滿心期待隔天早上的糖漿出爐。

我架起折疊椅，不斷往火裡添柴，好讓寒夜裡的火不間斷。椅子底下的雪被壓得密實。水蒸氣從壺裡蒸騰而上，氤氳飄渺，時不時遮住清朗冷冽的天空。樹汁越熬越濃，每隔一個鐘頭嚐起來就更甜一些，但這個四加崙的湯鍋只會產出鍋底一層薄薄的楓糖，一塊鬆餅都不夠用。熬得越稠，就得把更多桶裡的新鮮樹汁倒入鍋中，期待早上起碼可以得到一杯楓糖。我又加了柴火，然後把自己裹在毯子裡，在下一輪添柴或加樹汁之前瞇一下。

我搞不清醒來時是幾點，但身體已經凍僵在折疊椅上，火成了餘燼，樹汁只剩微溫。我實在累癱了，索性上床睡覺去。早上再回來時，我發現桶裡的樹汁已經凝固。把火再次生起後，我想起以前聽過祖先做楓糖的事。樹汁表面上的冰是乾淨的水，我把冰敲碎丟到地上，像一片破掉的窗戶。

楓樹王國的族人早在使用圓形深底鍋來煮樹汁之前，就已學會製糖。他們收集一桶桶樺樹皮的樹液倒進椴木挖成的木槽，這些木槽的槽面大、槽體淺，有利結冰。每天早上把冰除去後，剩下的就是濃縮的糖液，接著就可以輕鬆地把糖液滾煮成糖。天寒地凍的夜晚，煮楓糖也能發揮和成綑木柴一樣的效果，它們之間有著優雅的連結：楓樹汁都是在這個方法可行的時候，才展開一年一度的流動。

木頭的蒸發皿放在扁平的石頭上，下方的炭火日夜燒個不停。從前，各家都會一起去「楓糖營」，那裡堆著前年儲放的柴火和用具。平底雪橇拖拉過初融的雪地載來了老祖母和新生兒，所有人都會參與這個過程——製糖需要各方知識，也仰賴眾人之力。大部分時間都花在攪拌。冬天，各地楓糖營的人相聚在一起也是很棒的說故事時間，但也會有些忙碌的時候：糖漿到了一定黏稠度就要被攪散開來，才能適當凝固，變成軟蛋糕、硬餅乾和砂糖。女人會把成品存放在樺樹皮做成的盒子，稱為 *makaks*，用雲杉木的根束緊。樺樹有天然抗菌防腐的功能，糖放在裡頭可以保存好幾年。

據說，我們的族人是從松鼠那裡學到製糖的技巧。冬末正是松鼠最飢餓的時候，此時儲藏的核果消耗殆盡，牠們開始到樹頂啃咬糖楓的樹枝，刮擦樹皮讓汁液從細枝流出，喝那些樹液。但真正的好東西要等隔早才會出現，牠們會按前一天的路徑舔舐夜間樹皮上形成的糖結晶，低溫讓這些冬天的樹汁昇華，留下類似棒棒糖的結晶殼，夠讓牠們撐過一年最餓的時間。

我們部落稱這段時間叫「楓糖月」；前一個月則是「雪上硬殼月」，過著最低限度生活的人也稱之為「飢餓月」，儲藏的食物持續減少，獵物稀缺。但楓樹幫助人們捱過這段時光，在人們最需要的時候供給食物。人們得相信大地之母即使在嚴寒深冬，也會找到方法餵養他們——母親的確如此。為了報答，我們會在樹汁開始流動的時候舉辦感恩儀式。

楓樹每年都如實實踐它們應遵循的原初指引：照顧人類，但同時也得顧及自己的生存。感測到季節開始轉變的芽苞正處於飢餓狀態，僅一公釐長的新芽要長成成熟的葉片，就需要食物的支持。當芽感應到春天來臨，會往下送出一個荷爾蒙信號，經過樹幹到達根部，這是一個從光明世界傳到地下世界的呼叫。荷爾蒙會促發澱粉酶產生，這種酵素會分解儲藏在根部的大分子澱粉，成為小分子醣類。當根部的醣類濃度升高，就會產生滲透壓梯度，將水分從土壤吸上來。醣類溶解在春天濕土的水氣裡，跟著上升的樹汁一起為芽部提供養分。

要餵飽人類和新芽需要大量的醣類，因此樹用它的邊材和木質部來傳導。糖類運輸通常只發生在樹皮下薄薄一層韌皮部，但春天時分，在楓樹還沒長好葉子可自行製造醣類之前，木質部也得分擔責任來應付養分的需求。一年中，沒有任何時間醣類會這樣移動，只有在這種真正需要的時候。春天期間的幾個禮拜，醣類向上流動，但等芽苞破開、葉子冒出開始自行產醣，邊材又恢復成輸送水分的角色。

成熟的葉子會製造多於當下所需的糖份，糖流便開始向相反方向流，經由韌皮部從葉片回到根部。因此，原本為芽苞供應養分的根部現在反了過來，整個夏天都仰賴葉子的養分。醣類被轉化成澱粉，儲存在天然的「塊根儲藏窖」。冬日早晨，我們倒在煎餅上的楓糖，其實是夏天陽光化成的金色小河，匯聚在你我的餐盤上。

我一天天熬夜照顧爐火，熬煮那一小壺樹汁。樹汁整天叮鈴叮鈴叮鈴滴進桶子，女孩們放學後跟我一起把它們收集起來。樹滴出樹汁的速度比我熬煮它們還要快，因此我們買了另一個桶來裝剩下的，然後再買一個。最後我們把樹上的插管拔掉，不讓樹汁繼續流淌，也避免糖分浪費。結果，我患上了嚴重的支氣管炎，因為我在三月的夜晚睡在路邊的摺疊椅，身邊還剩三夸脫的楓糖，帶著一點點燃木餘燼的灰色。

每當女兒憶起我們共同經歷的製糖冒險就會大翻白眼，嘟噥著：「實在太麻煩了。」她們一想到要拖樹枝來添柴火，以及搬動沉甸甸的桶子，過程中樹液還會濺到外套上，就會笑我是個壞心眼的媽媽，強迫她們勞動來跟土地建立關係，讓她們年紀那麼小就要做製糖工班。但她們也沒忘記嚐到樹上汁液時的那種驚奇。納納伯周很肯定這項工作絕不輕鬆，他的教誨提醒我們，土地會賜給我們各種禮物，這只是一半的真理；另一半則是：只有這些禮物並不夠，責任並不全在楓樹身上，人類也該共同承擔，因為我們也參與了這場蛻變。最後的芬芳甘甜，是靠你我的辛勤投入還有感激之心才蒸餾而成的。

我夜夜坐在火堆旁，女孩們則安適地躲在被窩裡，燒火的劈啪聲和樹汁啵啵冒泡成了一首搖籃曲。我看火看得出神，差點沒注意到楓糖月在東方升起時天空成了一片銀色。寒夜冷冽，月光皎潔，樹影輕撫屋子——一幅輪廓鮮明的黑色刺繡出現在女孩的窗邊，是那棵孿生樹的影子。它倆的樹圍和樹形完美相合，挺立在房子正前方，投下的樹影包圍著前門，就像是深色的楓樹柱廊。它們很有默契地一直長到屋頂高度才冒出樹枝，像傘一樣朝四周開展。孿生樹和這棟屋子一起成長，在房屋的庇蔭下茁壯成形。

十九世紀中葉有個習俗，是要種下一棵孿生樹來慶祝結婚成家，這兩棵樹距離只有十英尺，讓人聯想到新人手牽著手並肩站在門廊的台階上。前廊和對街的穀倉都籠罩在它倆的樹蔭下，為年輕的新人打造一條可以涼爽來去的小路。我這才意會到，最初來到這裡的農場主人並未承受樹蔭之恩，至少程度不及年輕新人。他們一定希望他們的家人繼續留在這裡。那兩棵樹肯定在長成綠蔭走廊前，就在墓園路上沉睡等待了。現在的我就活在前人想像的蔭涼未來，喝著他們在說著婚禮誓言時種下的樹所採集的樹汁；前人不可能想到好幾代之後的我是誰，如今我卻受到他們的眷顧。他們可以想像我女兒琳登結婚時，會選葉子形狀的楓糖當做婚禮小物嗎？

在孿生樹的守護下，我感到對這些人和樹負有責任，某種無以名狀的事物因此鮮活了起來，形成身體、情感和精神上的連結。它們賜予的禮物遠勝於我能給予的，我無以回報。孿生樹很高大，我幾乎照顧不來，只能在樹底灑些肥料，夏天乾旱時澆澆水。或許我唯一能做的就是愛護它們；我唯一知道的事，就是要為樹、為未來留下另一個禮物，交給將來住在這裡的陌生人。以前聽人說，毛利人做出美麗的木雕之後，會帶著它們走到很遠的森林裡，把木雕留在森林裡，獻給樹當作禮物。於是我在楓樹下種了成百上千株水仙，水仙一片歡欣鼓舞，向楓樹的美致意，也答謝楓樹的賜予。

至今依然，當樹液開始流動，水仙也在腳下長起來了。

金縷梅
Witch Hazel

依我女兒所見所述。

十一月不適合花朵生長，白天太短，天氣又冷。厚厚的雲層害我心情不好，降下的凍雨像咒罵般的碎念讓我決定待在室內——我才不要冒冷外出咧！所以當陽光難得露臉，恐怕是下雪前最後一次出太陽，我說什麼都得把握機會出門。每年這個時候，森林總是特別安靜，葉子都掉光了，也沒有鳥，蜜蜂的嗡嗡聲特別響亮。我好奇地看牠要去哪裡——蜜蜂怎麼會在十一月出來？牠直接飛向禿樹枝，我仔細一看，上頭長著許多黃花，那是金縷梅。花的模樣有些蓬亂：五片長長的花瓣，每片都像一小條勾在枝頭的褪色黃布在風中飄揚。噢，它們應該是在用這點顏色慶祝吧，接下來幾個月就到處都是灰濛濛了，這場冬天來臨前最後的奮力一搏，讓我突然想起多年前的十一月。

她離開之後，那房子就空了很久。貼在窗戶高處的紙卡聖誕老人被夏日陽光照得褪色，桌上的塑膠聖誕紅也披著蜘蛛網，食品櫃電源被切斷，冰庫裡的聖誕火腿黴點斑斑，你會發現有老鼠在櫃子裡大肆翻攪。屋外前廊有隻鷦鷯又在午餐盒裡築巢，等著她回來。垂落的曬衣繩還掛著一件灰色的羊毛衫，下頭的紫苑花開得正好。

我第一次遇見海瑟．巴內特是在肯塔基州的田裡，那時我跟媽媽一起在找野莓。在我們專心採野莓時，聽到灌木叢間傳來高亢的聲音：「妳好、妳好啊！」樹籬邊站著一個女人，我從沒見過那麼老的人，害怕地牽著媽媽的手，走過去跟她打招呼。她靠在樹籬上，旁邊有粉色和酒紅色的蜀葵，頸後梳著一個銀灰色包包頭，滿頭銀絲像是陽光，縈繞著她沒有牙齒的臉龐。

「晚上可以看到妳家的光真好！」她說，「感覺很親切。我看妳們出來散步，就過來說聲哈囉。」媽媽向她自我介紹說，我們幾個月前才搬來。「這個小可愛叫什麼名字？」她問道，一邊傾身靠向鐵絲網，捏捏我的小臉。樹籬壓進她家居服下鬆垮垮的胸部，那衣服已經洗過太多次，上頭粉色跟紫色像是蜀葵的花朵都掉色了。她把臥室拖鞋穿到外頭的花園，媽媽絕對不准我們這麼做。她滿布皺紋的手放在樹籬上，手背浮著青筋，指頭彎彎曲曲，有個像金屬絲那麼細的金戒指套在無名指上。我從沒聽過有人叫做海瑟，但我聽說過俗稱「巫婆榛木」

（Witch Hazel）的金縷梅[18]，而且我很確定她就是巫婆本人。我把媽媽的手牽得更緊了。我猜想，她的名字跟植物一樣，一定有人叫過她「女巫」。而且這樹實在令人匪夷所思，竟在這麼奇怪的時節開花，還會彈出種子——跟午夜一樣黑的閃亮珠珠——到二十英尺遠的地方，掉進秋天的寧靜森林裡，聲音小到像小精靈的腳步聲。

她跟媽媽成了好朋友，兩人常交換食譜和園藝心得。媽媽白天在城裡的大學當教授，總是坐在顯微鏡前寫科學文章。但春天傍晚，她會光著腳丫在庭院裡種豆子，幫我裝滿一桶被鏟子切斷的蚯蚓。我當時熱中於帶牠們到鳶尾花下我蓋的蟲蟲醫院去治療，讓牠們恢復健康。媽媽支持我這麼做，她總說「愛可以治好所有的傷」。

天黑之前，我們常常走過牧場到樹籬邊跟海瑟碰面。「我真的很喜歡看到從妳家窗子透出來的光。」她說，「好鄰居萬歲！」我聽她們討論要把爐灰灑到番茄的植株底部來抑止夜盜蟲，媽媽誇耀我很快就學會認字，「老天，她真是天才兒童！不是嗎？我的小蜜蜂？」海瑟這麼說。有時候她會從口袋掏出一包薄荷給我，用來包裝的玻璃紙舊舊軟軟的。

相互拜訪的活動逐漸從樹籬移到前廊。我們烤東西時會帶過去一盤餅乾，在她家下陷的門廊前一起喝檸檬汁。我一直不喜歡走進她家，裡頭有一大堆亂糟糟的陳年舊物、垃圾袋、菸蒂，現在我知道那是貧窮的氣息。海瑟跟她兒子山姆和女兒潔妮住在一棟小排屋，她形容潔妮很「單純」，她很晚才出世，是海瑟最小的孩子。潔妮人很好、感情豐富，每次都差點把姊姊和我抱得透不過氣來。

山姆是身障人士，沒辦法工作，但可以領軍人福利和礦場退休金，他們一家都靠那個礦場吃飯。生活勉強過得去。山姆狀況好的時候會去釣魚，帶回河裡抓到的大鯰魚給我們。他老是咳個不停，藍眼睛卻炯炯有神，因為去過海外打仗而有著滿肚子的故事。有一次，他帶了一整桶鐵軌沿線採來的黑莓，媽媽婉拒說那一大桶實在是禮太重了，「怎麼會，別傻了！」海瑟說，「那些野莓又不是我的，上天給這些東西，就是要讓我們分享的。」

媽媽熱愛工作，她很享受砌石牆或清理灌木叢。海瑟偶爾會在媽媽堆石頭或劈柴火的時候，來到橡樹下的椅子坐坐。她們總是天南地北地聊，海瑟說好的柴火很難得，尤其是她以前幫人家洗衣服補貼家計時，需要大量柴火來加熱洗衣盆；她在河流下游某個地方當過廚師，憶起當時一次可以端好幾個大盤子，她搖了搖頭。媽媽會聊起她的學生或者某次旅行的經驗，海瑟很好奇搭飛機到底是怎麼一回事。

海瑟以前會在風雪天被叫去接生寶寶，也有人直接到家裡來求藥草，還有某個女教授帶著錄音機來聊天，因為海瑟懂得很多古老的傳統，而那位女教授想要把她寫進書裡。但這位教授後來沒再出現，海瑟也就沒看過那本書。我心不在焉聽她描述在樹下採山核桃或帶午餐

18　譯注：金縷梅（Witch Hazel）是一種北美地區的灌木植物，其葉如榛樹葉，樹枝柔軟靈活，常被用來做探測棒或占卜棒，字面直譯為「巫婆榛木」。Hazel 可為人名，多譯為「海瑟」。

盒給她爸爸的事，她爸爸在河邊釀酒廠製作酒桶。不過，我媽媽倒是對海瑟的故事聽得很入神。

我知道媽媽是個稱職的科學家，但她老說自己生不逢時，她很肯定自己真正的天職是一個十九世紀農婦。她在幫番茄裝罐、燉桃子、捶打麵團做麵包時都會唱歌，也堅持要我學。回想起媽媽跟海瑟的友情，我想她們對彼此的敬重，是因為她倆都是腳踏實地的女子，樂於分擔別人的重擔。我多半把她們的閒聊當作嗡嗡響的背景音，但有次媽媽抱著滿手木頭穿過院子，我看見海瑟把頭埋在手掌裡哭了。「我以前在家裡時，」她說，「也能扛起那麼多東西，唉呀，我可以一手抱著一大叢桃子，另一手抱著小寶寶，輕輕鬆鬆。但現在都沒了，都隨風去了。」

海瑟在肯塔基州的傑薩曼郡出生長大，其實沿著馬路直走就到了，但她形容起來卻好像相隔幾百里那麼遠。海瑟不會開車，潔妮跟山姆也是，因此舊家對她來說就像在大分水嶺[19]另一邊那麼遠。

某年的聖誕前夕，山姆心臟病發，海瑟就搬到現在這個地方跟山姆一起住。她超愛聖誕節——人來人往，可以煮頓大餐——但她在那年聖誕節放下了一切，鎖上門來跟兒子同住以便照顧，自打那時起她就再也沒回過舊家。但你知道她心心念念，每次說起舊家，她的眼神總會飄到很遠的地方。

媽媽很理解海瑟想家的心情。她來自北方，在阿第倫達克山脈的山腳下成長，因為念書和做研究而在很多地方生活過，但總是掛念著家鄉。我還記得某年秋天，她想念楓紅想到哭了。媽媽因為找到理想工作，加上爸爸職業的關係，搬到肯塔基州居住，但她老惦記著族人和家鄉的森林。離鄉背井的滋味，她跟海瑟都深有體會。

海瑟變得越來越老，也越來越傷感，更常說起昔日那些一去不復返的往事，例如她老公羅利以前多麼英挺帥氣、她的花園有多漂亮。媽媽有一次要帶她回去看看老家，但她搖搖頭：「妳真是太好了，但我不想欠人情。反正一切都隨風去了。」她總這麼說：「都過去了。」然而，某個金黃色光線斜照的秋天下午，她來了通電話。

「親愛的，我知道妳忙得很，但要是妳有辦法擠出點時間載我回老家一趟，我會很感激。我得在下大雪前回去檢查屋頂。」媽媽和我接到海瑟後，開車沿著尼可拉斯路往河邊去。尼可拉斯路是一條四線道，跨越寬闊的肯塔基河，而且橋高到讓人渾然不覺底下有湍急的濁流。到了老釀酒廠，那裡的門窗已經被木條封起，裡頭空空如也。我們下了高速公路往前開進一條偏離河道的土路，一彎過去，後座的海瑟就哭了出來。

「噢，好懷念這條路！」她哭著說。我輕拍她的手，我知道該怎麼做，因為媽媽以前帶

19 譯注：大分水嶺（Great Divide）指北美洲的大陸分水嶺，也就是洛磯山脈，是一系列將水系流域大致分隔成太平洋與大西洋及北冰洋出海的山脊。

我經過她小時候的家，也曾這樣哭過。海瑟指引媽媽開過搖搖欲墜的小屋、幾台露營拖車和廢棄的穀倉，最後停在一塊翠綠的沼澤地前，那裡長著濃密的刺槐樹。「到了。我甜蜜的家！」她說的話就像書裡的句子。眼前出現一間校舍，四周有長長的教堂窗戶，正面兩扇門，一個給男孩子進出，另一個給女孩子。整間屋舍是銀灰色的，外牆隔板上有白石灰刷抹過的痕跡。

海瑟迫不及待要下車，我得搶先一步在她跌倒在蔓生的草叢前，趕緊架好她的助行器。她朝著溪流邊的舊雞舍前進，帶媽媽跟我從側門走上前廊。她在大包包裡翻找鑰匙，但手實在抖得太厲害，於是問我能不能幫忙開門。我推開殘破的舊紗門，順利地把鑰匙插進鎖孔，撐著門讓海瑟進去。她蹣跚踏入屋內，腳步停了下來，就只是佇在原地看著。屋裡像教堂一樣安靜，清冷的空氣流過我面前，融進十一月的午後暖意裡。我本想跟進去，但媽媽阻止了我，「讓她待一下吧。」她以眼神示意。

我們面前的房間跟圖畫書裡描繪的舊時代一樣，一個大柴爐靠著後牆，鑄鐵煎鍋吊在旁邊，擦碗巾整齊地掛在木榫上，下方的洗碗槽乾乾的，蒙塵的白色窗簾框圍出外頭的樹林景色；天花板很高，這種空間適合當作舊校舍，上頭還掛著一圈圈藍色銀色的閃亮裝飾，隨著開著的門吹進來的風而搖晃。耶誕卡圍繞在門框周邊，用黃膠帶貼著。整個廚房裝飾成要過聖誕節的樣子，一塊度假印花風的防水布罩著桌子，果醬罐之間的塑膠聖誕紅纏繞著蜘蛛網。餐桌可以容納六個人，盤子上還有食物，椅子拉開的樣子就像吃晚餐時被醫院的來電給臨時打斷了。

「看啊，多好！」她說，「我們來把東西歸位吧。」海瑟突然變得很重視效率，彷彿在晚餐後走進屋裡，發現一切無法符合她的主婦標準。她把助行器放到一邊，開始將長方形餐桌上的碗盤收進水槽。媽媽想讓她放慢腳步，藉機問海瑟可不可以介紹一下這裡，我們改天再過來整理。海瑟帶我們來到客廳，那裡有一棵枯掉的聖誕樹，地上掉了一堆松針，掛在樹上的裝飾品像是禿枝上的孤兒，小紅鼓和銀色塑膠鳥的漆已經脫落，原本的尾巴殘缺不全。那裡本來是個溫馨的房間，有著搖椅和沙發、一張圓角桌和瓦斯燈。一個老橡樹餐具櫃裡有陶瓷水壺和玫瑰圖案的盆子，一條粉紅和藍色十字繡的手織披巾蓋住整個餐具櫃。「我的天！」她用衣角擦掉一層厚厚的灰，「我得把這裡的灰塵清一清。」

當海瑟跟媽媽欣賞著餐具櫃裡的漂亮盤子，我溜了出來探險。推開一扇門，裡頭有一張沒整理的床，上頭堆著凌亂的毯子。旁邊是一個看起來像便盆椅的東西，大人用的，氣味不太好聞，逼得我趕緊撤退，不想被發現我在到處窺探。另一扇門通往的臥室裡有張美麗的百納被，還有更多的金蔥彩帶垂墜在梳妝鏡子上方一盞防風燈的周圍，金蔥全都積了一層煤灰。

海瑟攙扶著媽媽的手，我們一起走到室外的空地繞一圈，她指給我們看從前種下的樹，還有如今雜草叢生的花圃。在屋子後方的橡樹下，有叢光禿禿的灰色樹枝突然冒出了一團細長的黃花。「噢！看這裡！我的藥草老友來迎接我了。」她伸長手去摸樹枝，像要握手那般。

「我幫自己弄了些一直長在這兒的金縷花，有人會特地來跟我要，因為它滿特別的吧。我會在秋天煮樹皮，冬天時用它來揉搓大大小小的痛處、燙傷或疹子——這東西大家都需要。幾乎沒有什麼傷痛是森林治不了的。」

她繼續說：「金縷梅可以外用，也可以內服。老天爺啊，十一月的花。上天給我們金縷梅，就是要告訴我們即使看起來再絕望，也永遠會有好事發生。為你減輕心頭的重擔，就是它的貢獻。」

那次回家之後，海瑟常在禮拜天下午打電話來問：「要不要去兜兜風？」媽媽覺得我跟姊姊應該一起去。那時大概是因為她的堅持，我們學會了烤麵包跟種豆子——一些看起來不太重要的技能，當然現在我的想法已經不同了。我們在海瑟舊家後面撿山核桃仁，在屋外傾斜的廁所前皺起鼻子，趁媽媽和海瑟坐在長廊前聊天，到穀倉裡東翻翻西翻翻。門旁的釘子上掛著一個舊舊的黑色金屬便當盒，盒子是打開的，周圍鋪著襯裡紙，裡頭有個鳥巢。海瑟帶來一個裝著餅乾屑的小塑膠袋，把餅乾屑撒在前廊的欄杆上。

「羅利過世後，一隻小雌鷦鷯每年都在這裡築巢。這便當盒就是羅利的。現在她得依靠我才有地方住，才有家可歸，我不能讓她失望。」海瑟年輕力壯時，應該有許多人很依賴她。她帶著我們沿著她家的路往下開，幾乎遇到每棟房子都停下來，唯獨一戶例外，「這家不是我們的人。」她的眼神撇開了。很多人看到海瑟都歡欣鼓舞。媽媽跟著海瑟去拜訪鄰居，姊姊跟我就追著雞跑或跟狗狗玩。

這些人跟我們在學校或大學聚會上遇到的人很不一樣。一位女士伸手想敲敲我的牙齒，「妳的牙齒好漂釀！」她說。我沒想到連牙齒也會被稱讚，但我的確沒有遇過牙齒這麼少的人。印象中她們都很親切，海瑟和她們同是松樹下小小白色教堂裡的唱詩班成員，少女時期就認識彼此，一起在河邊跳舞時會咯咯笑，講到長大搬離的孩子們，則會難過地搖搖頭。到了下午回家時，我們常帶回一籃新鮮雞蛋或每人一片蛋糕，海瑟整個人都眉開眼笑的。

冬天來臨後，我們就比較少去那兒，海瑟眼裡的光芒似乎也消失了。某天她坐在我們的餐桌前：「我知道不該再跟老天爺多要些什麼，但我實在好希望可以再在家裡過一次聖誕節。但好日子都到頭了，都隨風去了。」這份傷痛，森林也無藥可醫。

那年我們沒有回北方的爺爺奶奶家過聖誕節，媽媽對此耿耿於懷。離聖誕節還有幾個禮拜，但她發現我和姊姊把爆米花和小紅莓串起來裝飾樹木的時候，怒火就上來了，叨絮著她有多麼想念雪和香膏的氣味，尤其思念家人。然後她有了個靈感。

這完完全全是個驚喜。她從山姆那裡拿到屋子的鑰匙，到舊校舍去看看能做些什麼。她打電話到鄉村電力合作社，安排海瑟家的電在那幾天重新接通。屋內的燈一亮起，就看得出來那裡有多髒。因為沒有自來水，我們只好從家裡帶過來幾壺水擦洗物品，這工程實在浩大，媽媽請了一些大學課堂裡需要社區服務學分的男生來幫忙，果然就有一件重任落到他們身上：

清理那尊可比擬微生物實驗室的冰箱。

我們開車在海瑟家的那條路上來來回回，我帶著手寫邀請卡跑進跑出，一一帶給海瑟的老朋友。算起來其實沒多少人，所以媽媽也邀了幾個學校裡的男生和朋友一起來。屋裡的聖誕裝飾還在，但我們另外用捲筒衛生紙的紙捲弄了些紙串和蠟燭。爸爸新砍了一棵樹立在客廳，還把之前那棵枯樹上的燈具移了過來。我們帶來一堆紅雪松刺刺的樹枝好裝飾餐桌，然後把棒棒糖掛在樹上。滿室都是松樹和薄荷的香氣，黴菌和老鼠頓時成了過往雲煙。媽媽和她的朋友烤了好幾盤餅乾。

聚會那天早上，暖氣開了，樹上的燈也亮了，人們一一來到，咚咚爬上前廊的樓梯。姊姊跟我充當招待，因為媽媽要開車去接貴客。「嘿，有誰想去兜兜風？」媽媽一邊說，一邊把海瑟塞進溫暖的外套裡。「什麼？要去哪裡？」海瑟問。一踏入她「甜蜜的家」，屋裡明亮，朋友圍繞，她的臉龐就像蠟燭一樣閃爍發光。媽媽幫海瑟在衣服上別好一朵耶誕胸花——之前在梳妝台上找到的，有著閃亮飾邊的塑膠球。那天，海瑟就像皇后那樣，在她的屋裡走來走去。爸爸和姊姊在客廳表演小提琴版《平安夜》和《普世歡騰》時，我正舀著甜甜的紅色雞尾酒。那次聚會的細節其實已經印象模糊，但我記得海瑟在回程的車上睡著了。

幾年後，我們搬離肯塔基州回到北方。媽媽很開心終於能夠回家，可以擁抱她的楓樹而不是橡樹，但要跟海瑟說再見是件難過的事，所以她拖到最後一刻才去道別。海瑟給了她一份臨別禮物，一張搖椅和一小盒她從前的聖誕裝飾：一個賽璐璐鼓和一隻銀色的塑膠鳥，尾巴羽毛全掉光了。媽媽每年都會把它們掛上聖誕樹，然後再度提起那年的聚會，彷彿那次是她此生經歷過最快樂的聖誕節。搬家幾年之後，我們收到消息說海瑟過世了。

「結束了，都隨風去了。」她會這樣說。

有些傷是金縷梅沒辦法平復的，要治療這種傷痛，就需要彼此的支持。我想，媽媽和海瑟這對令人跌破眼鏡的姊妹花，都從她們所鍾愛的植物身上學了很多——她們做的軟膏慰藉了彼此的寂寞，沏的養生茶舒緩了盼望的折磨。如今當紅葉落下，鵝群無影無蹤，我就會到外頭尋找金縷梅，而且從未空手而歸。那年聖誕節的回憶，還有她們的友誼治癒彼此的力量，始終緊緊相隨。我珍惜有金縷梅的日子，那是冬天讓一切都停擺之際，仍然存在的一抹顏色，一絲透進窗戶的光。

母親的責任
A Mother's Work

我想當個好媽媽，就這麼簡單——大概就像天空女神那樣。這個念頭讓我的涉水褲全都浸滿了咖啡色的池水，本來應該讓人在水裡保持乾爽的一雙橡膠鞋，現在反而成了小鞋池，裡面是我的腳，還有一隻蝌蚪。我感覺另一腳的膝蓋後方傳來震動，喔，那應該是兩隻蝌蚪。

當我搬離肯塔基州、在紐約州北邊找房子，兩個小女兒給了我一張明確的新家願望清單：可以蓋樹屋的大樹，而且要一人一座樹屋；兩旁種滿了三色堇的石板路，像拉金最愛的書裡畫的那樣；一間紅色的穀倉；一個可以游泳的池塘；一間紫色臥室。最後這項要求讓我感到安慰，她們的爸才剛另覓新居，離開美國——也離開了我們。他說再也不想揹著這麼多責任過活，於是就把所有擔子留給我。我很感恩，姑且不說別的，起碼把房間漆成紫色這點我還辦得到。

整個冬天我都在看房，沒有一個符合我的預算或期待。各房地產物件的描述——「景觀三房兩衛加高平房」——很少提到類似像「樹木尺寸適合蓋樹屋」這樣的關鍵資訊。我承認我關心的主要是貸款和學區，還有會不會最後只能住在道路盡頭的拖車公園。但就在房仲載我去看一間被大片糖楓包圍的老農舍時，女兒們的願望清單浮上我心頭，這些楓樹開展的低矮樹枝正適合蓋樹屋。有機會！但房子的窗戶遮板下陷，還有前廊看來已經塌了半世紀之久。至於優點，這座農舍坐擁七英畝大土地，包含了一個被形容為「鱒魚池」的地方，其實那裡只是從前的冰層剛好被樹給包圍了起來。農舍空蕩清冷，無人聞問，但當我打開門走向帶有霉味的房間，比神奇更神奇的事情發生了：角落的臥室竟是春天的紫羅蘭色。這是個信號！這就是我們要落腳的地方。

我們在那年春天搬進去。不久，女兒和我一起在楓樹之間搭起樹屋，一人一座。你可以想像雪融時，我們突然發現長滿雜草的石板一路通往正門時有多麼驚訝。我們認識了鄰居、跑到小丘頂上野餐、種下三色堇，快樂開始生根。要當個好媽媽並身兼父職似乎還在我能力範圍內，夢想家園清單只剩一樣要完成，就是可以游泳的池塘。

土地權狀說這裡有個深水池糖，百年前可能確實如此。一個家族世居於此的鄰居告訴我，這裡是山谷裡最受歡迎的池塘。夏天草皮被曬過之後，男孩子會把馬車停在旁邊，爬上小丘，到池塘來游泳。「我們把衣服一扔就跳了進去，」他說，「池塘座落的方向，不會有女生看到我們光溜溜的。而且水很冰！湧泉讓水一直都很冰冷，收割乾草之後泡一下感覺超爽！接下來我們會躺在草上回溫。」這座位於小丘頂部的池塘就在農舍背面，三邊有高起的斜坡，另一邊的矮蘋果樹可以完全遮住池塘，背後是一片石灰岩壁，建造我家的石頭就是兩百年前在這裡採的。很難相信現在還有誰會去那個池塘一探究竟，我女兒肯定不會。它現在滿是雜草，根本無法分辨草長到哪裡、哪邊開始有池水。

鴨子也沒能幫上什麼忙，真要說有什麼用，大概是牠們是主要的營養來源。鴨子在飼料店裡看起來很可愛——一團黃色絨毛連著特大號嘴喙和巨大的橘色腳丫，在木屑箱裡搖搖擺擺走來走去。那時是春天，復活節就要到了，所有不該帶小鴨回家的理由全都因為女孩們的興奮而煙消雲散。一個好媽媽不就應該收養幾隻鴨仔嗎？池塘不就應該有鴨嗎？

我們把小鴨養在車庫的紙箱，上面掛了一盞保溫燈，小心控制溫度讓紙箱或鴨仔不會過熱。女兒完全承擔了照顧小鴨的責任，盡心盡力餵食和清理。某天下午下班回家，我看到鴨仔漂浮在廚房的水槽裡呱呱叫著玩水，牠們用力甩掉背上的水，女孩們笑得正開懷。見到水槽這光景，我應該要對之後發生的事有心理準備了。接下來幾個禮拜，牠們盡情地吃喝拉撒，不到一個月，我們就拎著一箱六隻毛色光亮的白鴨到池塘邊放生。

鴨群用喙理毛，歡快地拍打水花。頭幾天一切都好，但顯然因為沒有母親的保護教導，幼崽們不具備脫離舒適圈所必要的生存技能，每天都少一隻鴨；剩下五隻，然後四隻，最後只剩三隻，因為牠們終於知道要用什麼來擊退狐狸、擬鱷龜，還有在岸邊逡巡的灰澤鵟。這三隻鴨頭好壯壯看起來很鎮定，滑過池塘的樣子頗有田園風情。但池水變得比之前更綠了。

這幾隻鴨是很棒的寵物，但冬天一到，不良行徑就浮現出來了。雖然我們幫牠們準備了小屋——一間漂浮在水面的A字型棚屋，四周有環繞式前廊——我們也會沿著棚屋周圍灑玉米，像婚禮時灑五彩紙屑那樣，牠們卻還不滿足，開始對狗食還有溫暖的後陽台感興趣。我在一月早晨發現狗碗空了，狗蜷縮在一邊，旁邊有三隻雪白的鴨在長板凳上坐成一排，滿足地搖尾巴。

冬天時，我們的住處變得很冷，真的有夠冷，鴨屎都被凍成一坨坨土堆，就像半成品的陶壺牢牢附著在前廊的地面上，需要拿冰鑿才能清除掉。我把鴨群噓到門廊邊，留下一條可以回到池畔的玉米粒軌跡，牠們就跟著此起彼落走出一條路線。但隔天早上又會回來。

大概是因為天寒地凍以及每天一回的清理鴨屎，讓腦子愛護動物的部分結冰了，我開始盼望牠們乾脆上西天算了，但我無法狠下心趕走牠們。可是我們的街坊鄰居誰會在隆冬時想要鴨子這種奇怪的禮物？就算搭上酸梅醬也不行。我暗忖著要在牠們身上噴狐狸誘餌，不然就是在蹼上綁上幾片烤牛肉，吸引到那些在山脊上嚎叫的土狼。但我還是個好媽媽，我給牠們食物，用力鏟掉前廊地板的硬塊，然後等著春天快來。某日天氣舒適宜人，牠們慢慢晃回池塘邊，然而，不到一個月後竟然全都不見了，留下成堆羽毛，像遲來的雪堆積在岸邊。

鴨群離開了，但牠們的影響猶在。到了五月，水塘成了一池綠藻濃湯，一對加拿大野雁住了進來，佔據鴨群原來的地盤，哺育柳樹下的一窩雛鳥。某天下午我想去看看野雁寶寶長出幼羽了沒，卻只聽到一陣焦躁的嘎嘎聲。一隻毛茸茸的棕色小雁出來游泳，被漂浮的大片藻類給纏住，急得嘎嘎大叫，猛地拍動翅膀想要掙脫。正當我思考著如何營救牠，牠用力一踢躍出水面，然後直接就走在了綠藻上頭。

那一刻我下了決心。池塘應該要歡迎動植物光臨，而不該是個陷阱。要讓這個池塘變得可以游泳似乎機會渺茫，連讓野雁游泳都很難。但身為生態學家，我有信心改變現狀。「生態」（ecology）一字的字根來自希臘文的oikos，意思是「家」。我可以用生態來為小雁和女兒打造一個溫暖的家。

這個池塘跟很多老農場的池塘一樣都有優養化的問題，這是一種因時日久遠、養分累積過多的自然現象。世世代代的水藻、睡蓮、落葉、以及秋天落進池塘的蘋果，共同形成了池裡的沉積物，池底原本光潤的礫石上積了一層腐植土。這些養分加速了植物的生長，然後長出更多植物，生長週期越來越快。很多池塘都像這樣——底部漸漸被填滿，直到池塘變成沼澤，甚至成為草地和森林。池塘會老，我也會。我喜歡生態上的說法，把老化解釋成一個越來越豐富的歷程，而非逐漸衰退。

有時人為活動會加速優養化：施肥的土地或化糞池的徑流來到水體裡，讓藻類呈指數成長。我的池塘沒有這樣的問題——它的水源來自山丘流下來的冷泉，上坡處的大片樹林形成過濾器，捕捉周圍牧場流下來的水裡的氮氣。我的戰鬥對象不是汙染，而是時間。要讓池塘變得可以游泳，除非時間倒流。我也很想讓時間倒轉。女兒長大得太快，我作為母親的時光卻悄悄溜走，我答應要給她們一個可以游泳的池塘，這個承諾尚未實現。

要當個好媽媽，代表要為孩子整理好池塘。豐富的食物鏈或許對青蛙和鷺類有利，卻不適合游泳。最適合游泳的湖泊不是優養狀態，而是水夠冷、清澈，而且是貧養狀態，也就是池中養分不多。

我扛著單人小獨木舟來到池邊，打算把它當作浮台來清除藻類。我想像用長柄耙挖起綠藻，像垃圾打撈船那樣把綠藻堆在獨木舟上，在岸邊清空綠藻後，就能下水好好游個泳。但最後只有游泳這個部分成真——而且感覺不好。撈綠藻時，我發現它們就像掛在水裡的薄薄綠色簾幕，如果你搭的是輕型獨木舟，而且把耙子伸得老遠，想用末端撈起一大塊綠藻，物理學肯定會讓你直接實現游泳的願望。

我的撈綠藻大業最後以失敗告終，這樣做只是治標不治本。我讀了大量關於池塘重建的資料來評估可行作法。要抵銷時間和鴨子累積的影響，必須清除池塘的養分，而不只是撈掉浮在表面的泡沫。我涉水走進淺水區，鴨糞壓進腳趾頭之間，我可以感覺到底下的乾淨礫石形成池塘原本的凹地。或許我可以把鴨糞撈起一籃籃運走。不過，當我帶了最大支的雪鏟把糞泥鏟起浮出表面，就彷彿被一團褐色的雲朵所包圍，但鏟子上只有一小把土。我站在水裡大笑出聲，鏟糞泥就像是要用捕蟲網捉風一樣徒勞。

接著我用舊紗窗做篩子，這樣就可以將它放進底泥後再提起來。但糞便實在太細小了，臨時做的網子撈上來什麼也沒。這可不是一般的泥，底泥裡的有機物呈現微小的粒子狀，那是溶解的養分結塊成小顆粒，好能讓浮游生物一口吃下。顯然我沒辦法把養分跟水分離開來，好在植物還辦得到。成片的綠藻其實就是溶解的磷和氮，經過光合作用的魔法變成固態。我無法鏟掉養分，但一旦它們定著在植物體內，只要一點臂力就可以把它們叉起、折彎，用獨輪手推車載走。

農場池塘裡，一般磷酸鹽分子從被吸離水體、成為活組織的一部分、被吃掉或死掉、分解，然後循環成為另一串藻類的養分，時間不超過兩週。我想中止這種無盡的循環，擄獲植物裡的養分後就把它們扔了，以免又長成綠藻。如此我就可以逐步耗盡池裡儲藏的養分。

我是一名植物學家，自然應該知道這些藻類是誰。恐怕樹的種類有多少，藻類的種類就有多少，如果我不認識它們，很可能傷害它們或影響到手邊的工作。若不知道該種什麼樹，如何復育一座森林？我挖回一大罐綠色黏液，想用顯微鏡看個仔細，而且還把蓋子栓得緊緊的，讓氣味不會跑掉。

我把滑溜的綠色團塊分成一小搓一小搓放進顯微鏡下。這一簇是剛毛藻的長長線狀物，像緞帶一樣閃亮亮。纏繞著它們的是半透明的一串串水綿，螺旋狀的葉綠體就像一座綠色的旋轉梯。鏡頭下整片綠都在動，團藻有如色彩斑斕的風滾草，翻動著的裸藻試圖在線絲中殺出重圍。一滴水裡就存在著這麼多的生命，而且是罐子裡那些先前看起來像浮渣的水。它們都是我在復育之路上的夥伴。

復育池塘的進展緩慢，我只能從女童軍會議、餅乾義賣、露營，還有一份忙到不行的正職工作中擠出少的可憐的時間。每個母親各有妙招來渡過珍貴的獨處時光，例如蜷起身子看書或做針線活，而我則多半去水邊，鳥、風和靜謐正是我所需要的。不知怎地，這個地方讓我覺得有辦法把事情搞定。我在學校裡教生態學，但禮拜六下午，孩子們去朋友家玩的時候，我就得來「**做**」生態學。

獨木舟策略失敗後，我站在岸邊想辦法儘可能把耙子伸遠。拉回的耙齒上覆蓋著剛毛藻，宛若梳子纏上了綠色的長髮。耙子每拉一次，就從底部梳上來一團東西，很快堆成一座小山，於是我得從水裡出來，把土堆移離開池塘。如果把它留在岸上爛掉，腐爛後釋出的養分很快又會回到池塘裡。我把一團綠藻扔到雪橇上——那是我女兒幼時的塑膠雪橇——然後拖著雪橇到陡坡邊，把裡頭的東西全倒進獨輪車。

我實在不想站在糞泥裡，所以穿著舊運動鞋站在池塘邊緣，小心翼翼的動作。雖然我可以想辦法將手伸長，撈起一堆堆綠藻，但還有更多在我搆不到的範圍。後來運動鞋進化成威靈頓雨靴，擴大了勢力範圍，接著我又發現穿雨靴也沒用，乾脆改成高筒防水膠靴。但高筒鞋會給你一種安全感的錯覺，不久前我走得太遠，發現冰冷的池水已經淹進靴頂，且高筒靴進水之後重到不行，然後我就卡在糞便裡了。一個好媽媽不該溺水。下次我乾脆直接穿上短褲。

我已經放棄掙扎。還記得第一次直接走進池裡，水深及腰，卻有一種解放感，我的T恤在水面上漂啊漂，水的漩渦在光溜溜的皮膚周圍打轉，我覺得自在點了。一簇簇水綿搔得腿直發癢，被輕推著的感覺原來只是水綿正好奇地在身邊停駐。現在綠藻簾幕在我面前展開，比垂在耙子末端時可美麗得多，我可以看見剛毛藻在舊耙齒上如何開花，還有龍虱在綠藻游來游去。

我跟泥土建立了新的關係，不再試圖想要丁點不沾身，反倒漸漸覺察不出它的存在，只有在要返家時看到一條條綠藻卡在頭髮上，或者下大雨時，身上滴下的水明顯變成咖啡色，才會注意到。我開始知道糞底下的碎石底踩起來是什麼感覺、香蒲旁邊的土會凹陷，還有底部從淺水處陷落下去的地方陰冷寂靜。如果只是站在池塘邊，偶爾才碰碰水，根本就不會理解這些事。

某個春日，我將耙子拉起，上面掛著一大片綠藻，重到讓竹柄都彎了。我讓它先滴一下水以減輕重量，然後把它甩到岸上。本來還要再打撈一次，但突然聽到了那堆綠藻裡傳來帶著濕氣的啪搭聲，那是濕漉漉的尾巴在拍打的聲音。堆起的藻類表面下有一大團東西正劇烈地跳動。我撥開絲線，在層層密密之中打開一個孔隙，想看看是什麼在裡頭掙扎。然後，我看到一個豐腴的褐色身體；原來是一隻跟我的大拇指差不多大的牛蛙蝌蚪。

蝌蚪可以輕鬆游過網子的孔隙，但網子要是被耙子拉起，就會像圍網一樣坍塌在牠們周邊。我用大拇指和食指捏起這隻蝌蚪，牠摸起來濕軟冰涼，我把牠放回池塘。牠在水裡停留一會之後就游走了。下次耙子又被拉起時，帶起一張滴滴答答的簾幕，上頭再度布滿星星點點的蝌蚪，就像卡在一盤花生脆糖裡的堅果。我彎身下來把它們逐一解開，一隻一隻。

問題來了。要耙的地方那麼多，我大可一口氣撈起綠藻，隨便堆起就完事了，如果不用每次都停下來左右為難要不要撿蝌蚪，我可以做得再快一點。我告訴自己，我無意傷害牠們，只是要改善棲地，而牠們是間接受害者。但如果蝌蚪在肥料堆裡掙扎死掉，我的好意對它們也沒有任何意義。我嘆了口氣，知道該怎麼做了。我基於作母親的本能，決定打造一個可以游泳的池塘，過程中我實在沒辦法犧牲其他母親的孩子，更何況，牠們本來就住在這個池子裡。

如今我不只耙池塘，還拔蝌蚪。我在藻網裡發現了神奇的東西：捕食性的龍虱有尖銳的黑色上顎、小魚，還有蜻蜓幼蟲。我把手指塞進去想解開一條來回扭動的線，突然感到一陣蜂螫般的尖銳刺痛，手抽回來時，指尖上夾著一隻大螯蝦。我的耙子上垂掛著一整個食物網，而那些僅僅是肉眼看得見的生物，牠們只不過是冰山一角，是食物鏈的最頂端。顯微鏡下糾纏的綠藻布滿了無脊椎動物——橈腳類、水蚤、轉個不停的輪蟲，還有更小的生物：絲狀的蟲、球狀綠藻、纖毛整齊劃一拍動的原生動物。我知道牠們在裡頭，卻沒辦法將牠們挑出來，所以便在責任上跟自己討價還價，試圖說服自己，牠們的死是為了成就眾生的利益。

耙池塘的工作讓腦袋有很多餘裕想些大道理。我又耙又拉，突然懷疑起自己原本認定所有生命都一樣珍貴的信念，不管是不是原生動物。理論上，我相信這種說法是對的，但實際意涵卻隱晦不明，精神和實務面彼此衝突。每耙一次，我都發現自己在梳理優先次序：因為我想擁有一個乾淨的池塘，體型小的單細胞生物因此就歸西了。我很高大，有一支耙子，所以我贏了——那不是我所認同的世界觀。然而，這樣的衝突也沒有讓我夜不能寐或停下手邊的事，我只是認可了自己的選擇。我所能做的，就是懷抱著敬意，不要讓那些小生命白白浪費。我盡可能挑出各種有的沒的小蟲，其餘的就進入肥料堆，變成泥土重新開始生命的循環。

一開始，我搬了好幾車剛耙起的藻類，但很快發現要推幾百磅重的水是件苦差事，於是我只站在岸上撈綠藻，讓它把水份滴回池塘。接下來幾天，綠藻在陽光下褪色成薄薄的紙片狀，可以輕易拿起放到獨輪車上。水綿和剛毛藻這類絲狀藻類的養分含量跟高級牧草是差不多的，所以我拖走的，其實是好幾大包優良牧草的養分。藻類一落落疊加上來，積成半球形的肥料堆，準備做成營養的黑色腐植質土。池塘著實滋養了園圃，剛毛藻以紅蘿蔔的形式重生。我開始用不同的眼光看待池塘。要把水面清乾淨還得花上一段時日，但那團毛茸茸的綠毯子一定會捲土重來。

我開始找出其他海綿，處理藻類之外過多養分的問題。池塘沿岸的柳樹將羽狀的紅根伸進淺水裡尋找氮和磷，吸收到根系裡頭後成為葉片和枝條。我帶著樹枝剪，沿岸修剪柳樹，一個枝條接一個地修剪。把成堆樹枝拖走，等同清掉了柳樹從池底吸上來近好幾個倉庫的養分。地上的樹枝越堆越高，我想很快就會被白尾灰兔吃掉，然後化成兔子糞便散布四面八方。柳樹修剪後顯得更加的生機蓬勃，才過了一個生長季，新芽已經直挺挺地抽長，甚至比我的個頭還高了。我想把離水較遠的灌木叢留給兔子和鳴禽，所以只修剪長在岸邊的樹枝，捆起來打算編籃子用，較粗的主幹成為花園棚架的支架，供藤蔓型豆類和牽牛花攀爬。另外，我也沿岸採集了薄荷和藥草。至於柳樹，我修剪得越多，它似乎長回來更多。每清掉一樣東西，池塘就變得乾淨一點。每杯薄荷茶都是去除養份的一小步。

靠著修剪柳樹來清理池塘似乎真的奏效了。我重新燃起熱情，隨興地拿著樹枝剪一路剪剪——喀擦、喀擦、喀擦——柳樹的枝幹落在腳邊，整個堤岸的柳群都被清開了。突然間，出現了什麼東西讓我停了下來，可能是閃過眼角的某個動作，或者一個沉默的請求：最後一根樹幹上站著一個美麗的小鳥巢，那是燈心草和鬚根編成的精巧小杯子，圍繞在樹枝的分岔處——家政的極致表現！我窺看裡頭，發現有三顆皇帝豆大小的蛋躺在一圈松針上。我差點就要在「改善」棲地的滿腔熱血下毀了如此珍貴的事物！附近有一隻黃鶯在灌木叢裡飛進飛出還發出警告聲，應該是牠們的媽媽。我的行動和心思都太魯莽，忘記要先觀察環境，也忘了承認一件事：要為我的孩子打造一個理想的家，會威脅到其他母親建立的家園，而牠們的動機跟我的幾乎沒有分別。

這讓我再次想起，要復育一個棲地，不管動機多麼良善，都會造成傷亡。我們覺得自己是價值的仲裁者，但對善惡的標準卻常受到狹隘的私利所驅使。我把剪下的樹叢堆在鳥巢不遠處，類似剛剛才被我摧毀的掩蔽物，然後躲坐在池塘另一邊的岩石後方，看看母鳥會不會回來。當牠發現我越靠越近，在牠精挑細選的家園上放了一堆廢棄物，威脅到牠的家人，會怎麼想？世上仍有強大的毀滅力量冷酷地朝牠的孩子和我的孩子逼近。文明和進步的壓力襲來，還有想改善人類生活環境的善意動機，威脅到我為孩子選擇的安樂窩，一定也威脅到牠的。一個好媽媽究竟該如何是好？

我繼續清理綠藻，讓泥沙沉澱下來，池子看來好多了。但一個禮拜後，迎接我的又是一大片冒著泡沫的綠團塊。這跟清理廚房很像：把每樣東西挪開，將流理台擦一遍，但在你還沒發現時，已經到處滴下了幾滴花生醬和果凍，然後就得從頭來過。生命的累積，就如同優養狀態。但我已料想到未來我的廚房將會有一段時間保持得太過乾淨，廚房的養分不足，因為沒有女孩們來搗亂。我將會非常想念吃剩的麥片碗，想念過於營養的廚房——那是生命的跡象。

我拖著紅色雪橇到池塘的另一邊，開始淺水區的工作。突然間，我的耙子被一團沉重的雜草卡住，只能慢慢拉到水面。這張綠毯的重量和質感跟之前打撈過滑溜的大片剛毛藻不一樣。我把它放在草上仔細端詳，用手指攤開薄膜，讓它拉伸得看起來像是綠色的魚網襪——這是一個精細的網狀網絡，像個懸掛在水裡的流網。這是**水網藻**（*Hydrodictyon*）。它在我的手指之間撐開，晶瑩發亮，水瀝乾之後幾乎毫無重量。水網藻就像蜂巢般結構整齊，在混濁不清的池塘大雜燴裡簡直就是個幾何奇蹟。它掛在水裡，成了一群細小網子的集合。

顯微鏡下，水網藻的構造是由微小的六邊形構成，成為一個圍繞著網洞、彼此相連的綠色細胞網絡。它有一種獨特的無性繁殖法，可以很快增生。每個網狀細胞內會長出子細胞，自動排列成六角形，跟母細胞長得一模一樣。為了擴散子代，母細胞必須分裂，將子細胞釋放到水裡。漂浮的新生六角形會和其他六角形結合，產生新的連結，編成一張新網。

我望向水面下一大片廣闊的水網藻，想像新細胞被釋放，子代自行拆解分合。一旦作為母親的時光結束，一個好媽媽該怎麼辦？我站在水中，眼裡溢出鹹鹹的眼淚，滴落到腳邊的淡水中。還好，我的女兒不是母親的複製品，我也不用分裂自己來讓她們自由，但我很好奇因為釋放子代而撕裂的大洞，那個結構會如何改變。它會很快復原？還是留下這個空間？子代細胞怎麼建立新的連結？原本的結構會如何再織起來？

水網藻是一個安全的地方，可以孕育魚類和昆蟲，也保護牠們免受捕食，算是池塘裡小生物的安全網。水網藻——拉丁文的意思是「水網」。多妙！魚網可以抓魚，蟲網可以抓蟲，但水網卻什麼都抓不到，抓到的也留不住。母職也很類似，生命的絲線所構成的網，慈愛地環繞著那些無法久留的事物，那些事物終究會從網中流走。然而，當時我的任務是要扭轉演替，讓時光倒流回到可以讓我女兒游泳的水塘。我擦乾眼淚，對水網藻教我的這一課抱著萬分敬意，一邊把它耙到岸上。

我姊姊來拜訪期間，她的孩子本來在乾燥的加州山丘上成長，突然間迷上了水。在我打撈藻類時，他們跟在青蛙後面踩進池裡，盡情地潑水。我姊夫在陰涼處大喊：「嘿！這個大孩子是誰？」這我不否認——我從來沒有因為長大而放棄在泥巴裡玩耍。玩，不就是我們面對這個世界的任務之前的準備工作嗎？姊姊為我辯護說，耙池塘是一場神聖的遊戲。

波塔瓦托米族女人是水的守護者。我們在儀典上使用聖水，並且代表水發聲。「女性和水有種天生的連結，因為兩者都孕育了生命。」姊姊說：「我們的寶寶長在內在的池塘裡，藉著水的力量來到世間，所以我們有責任為了彼此，把水保護好。」一個好媽媽的職責之一，也包含要照顧水。

⁜

每週六早上和週日下午，年復一年我來到孤寂的池塘展開工事。我試過放養草魚或投置麥桿，每種新嘗試都產生不同的效果。這件事永遠沒有休止的一天，只是從一項工作換到另一項。我猜我在尋找一種平衡，而那個目標永遠都在變動。平衡並非一種被動的停歇狀態，我需要費點心力去權衡施與受，拿捏要耙掉什麼，又要加入什麼。

冬天可滑雪，春天有雨蛙，夏天做日光浴，秋天生營火——無論能否游泳，池塘都成了我家的一部分。我在池邊種了茅香草。女兒跟朋友在岸邊平坦的草地生起營火，在帳棚裡開睡衣派對，在野餐桌上享用夏夜晚餐，午後做個長長的日光浴，直到鷺鷥拍翅震動空氣，才用一隻手肘撐坐起來。

我花在這裡的時間早已數不清，不知不覺間，幾個小時就變成了幾年。我的狗以前常跟著我躍上小丘，我在池邊工作，牠就在岸邊衝來衝去。隨著池塘越來越乾淨，牠也變得越來越虛弱，但還是跟著我出門，在陽光下睡覺或到池邊喝水。終於，我們讓牠在附近長眠。這個池塘鍛鍊了我的體魄、供給我材料編織籃子、為花園提供表面的覆蓋保護、讓我有茶可泡、還為牽牛花搭了棚架。我們的生活在物質和精神方面都跟池塘密不可分，這是一種對等交換：我為池塘付出，池塘也為我付出，我們一起打造了美滿的家。

某個春天的週六，我在耙綠藻時，市中心有個呼籲清理奧農達加湖（Onondaga Lake）的集會正在舉辦，我住的城市就在湖畔，奧農達加部落視這個湖為神聖之地，族人在湖畔釣魚、採集活動已長達千年，長屋民族聯盟（Haudenosaunee Confederacy，或稱易洛魁聯盟Iroquois Confederacy）就是在這裡形成的。

今天的奧農達加湖聲名狼藉，是全國汙染最嚴重的湖泊之一。這裡的問題不是生物太多，而是太少。於是，當我撈起一堆沉重的爛泥，感到肩上也背負著重擔。在人短短的一生中該負起什麼樣的責任？我花了無數時間改善半畝塘的水質，站在池邊耙綠藻，讓孩子們可以在乾淨的池塘裡游泳，但對無法游泳的奧農達加湖該怎麼整頓的議題，卻一聲不吭。

作一個好媽媽，要教導孩子愛護這世界，我為女兒示範了如何種出一座園圃、如何修剪一棵蘋果樹。這棵蘋果樹的枝枒伸出水面形成一個陰涼的棚架。春天時，堆堆粉白色花朵傳出縷縷香氣，一路飄到小丘底部，在池面下起花瓣雨。我看著她多年來隨著季節變化，一開始是淺粉紅花朵，花瓣掉光露出逐漸膨大的子房，然後變成酸溜溜的綠色彈珠未熟果，九月再化為成熟的金色蘋果。那棵樹是個好媽媽，幾乎每年都結實累累，吸收世界的能量，轉成養分後再傳承下去。她的子代來到世上時都已做好萬全準備，準備和世界分享甜美的滋味。

我的女兒也生得健康漂亮，她們跟柳樹一起成長，卻也像柳樹的種子，風一吹就飛走了。十二年過去，如今，如果不介意野草撓得腿癢，池塘差不多可以游泳了。大女兒在池塘清理乾淨前早已經離家去上大學了，所以我找小女兒幫忙提著一桶桶細礫石，鋪一個沙灘。糞便和蝌蚪於我已是家常便飯，我也不介意被綠藻纏住手臂，但沙灘形成一個小小的斜坡之後，我可以先慢慢地涉水，然後跳入中央深而清澈的水裡，卻不引起一點騷動。天氣熱時，浸泡在冰冷的泉水裡看著蝌蚪逃竄，感覺超讚！從水中起身時，我一邊打冷顫，一邊把貼在濕皮膚上的小塊綠藻拔掉。女孩們會在池裡游一下，好滿足我的成就感，但其實我並沒有成功讓時光倒轉。

✳

今天是勞動節，暑假的最後一天，值得享受和煦的陽光。今年是最後一個還有一個孩子在家的夏天。黃蘋果從低垂的枝頭撲通掉進水裡，我被落在池塘陰影處的黃蘋果迷住了，圓球的光影舞動旋轉，小丘頂上的微風掠得池裡水波蕩漾，水波從西被吹到東，再回來流成環狀，輕柔到除非盯著果子看，否則不會注意到這些波動。蘋果乘著水流沿著池岸形成一列黃色木筏，快速地從蘋果樹下流向榆樹底部的轉彎處。風把蘋果帶走後，有更多蘋果從樹上落下，整個池面印著不斷移動的黃色弧形，像夜裡一長串的黃色蠟燭。轉呀轉，轉出一個越擴越大的環圈。

寶拉·岡恩·艾倫（Paula Gunn Allen）在她的《亮光祖母》[20]一書中，寫到女性在不同生命階段的角色轉換，就像月有陰晴圓缺。她說，我們都是先從「女兒之路」經歷人生，這是個學習的階段，我們在父母庇護之下累積經驗，然後邁向自立，這時期就是要認識自己在這世上的角色，以前往下一階段的「母親之路」。艾倫提到，這段期間「她的靈性知識和價值都是為了要照顧孩子」。

---

20 譯注：引自《亮光祖母：女巫醫源典》（*Grandmothers of Light: A Medicine Woman's Source Book*）。

生命的開展就像一個不斷擴大的螺旋，當孩子們可以獨立自主，擁有豐富知識和經驗的母親就要面對新的任務。艾倫告訴我們，此時我們的力量所形成的圈子，照料的不只是自己的孩子，而是整個社群。網絡開展得越大，力量圈繼續環繞，祖母們走上「教師之路」，成為讓年輕婦女效法的典範。但艾倫提醒，即使年屆熟齡，我們的任務還沒完成。螺旋越拓越大，一個有智慧的女人所關照的領域範圍除了她自己、家人和社群，還要擁抱這個星球，愛護腳下的土地。

所以，真正會在這個池塘裡游泳的，其實是我的孫子，以及將來的後人。我關心的範圍變得更大，對小池塘的關照擴展成對其他水域的關照。池塘排出的水會一路沿著小丘往下來到鄰居的池塘，所以我的所作所為很重要，每個人都活在他人的下游。池塘的水流向小溪、小河，進入一座重要的大湖。這個水網連結著我們所有人。我曾經在自認母職扮演得不夠格時落下幾滴淚到那道水流裡，但池塘告訴我，一個好媽媽不只是打造一個家、顧好自己的孩子，還要成長為一個有豐富內涵的成熟女人，知道自己的任務是為所有生命開創一個安心生長的家園，方得圓滿。我有孫子要照顧，還有蛙寶寶、鳥寶寶、鵝寶寶、樹苗寶寶跟孢子寶寶。我願意繼續當個好媽媽。

睡蓮的慰藉
The Consolation of Water Lilies

當時我還不認識它且早在池塘可以游泳之前，睡蓮就消失了。我女兒琳登選擇離開小池塘，涉足海洋，到離家遙遠的紅木學院讀書。第一個學期我去找她，我們度過了一個閒散的週日午後，欣賞帕特里克角（Patrick's Point）瑪瑙海灘的奇石。

在岸邊散步時，我發現了一顆帶有紅瑪瑙螺紋的光滑綠色卵石，就跟方才路過看到的某顆石頭差不多。我去沿著海濱往回找，終於將兩顆石頭重新比鄰，陽光下潮濕閃亮，直到潮水湧上來拆散它倆，磨潤它們的邊角，讓體積變得更小。整個海灘對我來說就像一座美術館，美麗的卵石彼此分離，也與岸分離。琳登對待海灘的方法跟我不一樣，她也做排列組合，但她是把灰色和黑色的玄武岩放在一起，而讓粉紅色留在一顆雲杉綠的橢圓卵石旁邊。她的眼光專注在新的配對，我則著眼在舊的組合。

從第一次抱著她那時起，我就知道這天總會到來——彼刻開始，她的點滴成長就是逐漸遠離我的過程。這就是當父母要面對的根本不公：倘若要成為一對好爸媽，就會由得我們最深的牽絆踏出家門揚長而去。作為父母，我們被教導要鼓勵：「好好去玩，寶貝！」但心裡多麼想把孩子拉回安全的地方。我們不能順從演化規律來保護好自己的基因庫，而要把汽車鑰匙交給他們，一併附上自由。這是我們的責任，而我想當個好媽媽。

女兒已蓄勢待發邁向新的冒險，我當然為她開心，但也因必須忍受失去她的痛苦而難過。經歷過的朋友都安慰我說，你不妨回想一下滿屋孩子的那種狀態，就會發現那一點都不令人懷念。我的確是很樂意能不再因為擔心路上積雪而在夜裡輾轉難眠，直到門禁前的一分鐘終於出現了輪胎駛進車道的聲音。還有不必心煩那些老是做到一半的家務，以及莫名其妙空掉的冰箱。

有段時間早上起來時，會有動物催促著我進廚房，一隻三花貓趴著喵喵：「**餵我餵我！**」另一隻長毛的則帶著控訴眼神靜靜站在碗旁邊。狗開心地在我腿邊磨蹭，充滿期待：「**餵我餵我！**」於是我照辦了。抓了幾把燕麥片和小紅莓倒進罐裡，然後用另一個罐子泡熱巧克力。女孩們睡眼惺忪地下樓，來找昨夜的作業本：「**餵我餵我**。」她們也說。於是我照辦了，我把屑屑倒進廚餘桶，這樣明年夏天番茄幼苗說「**餵我餵我**」時，我就可以照辦了。當我在門口親親女兒、跟她們說掰掰，柵欄裡的馬嘶鳴了幾聲，催促稻穀快來。山雀在種子盆前叫著：**餵我我我！餵我我我！**窗台前的蕨類垂下葉子發出靜默的請求。用鑰匙發動車子時，車子乒乓作響：「**加滿加滿**。」於是我也照辦了。去學校的路上，我一路收聽公共廣播電台，幸好那天不是宣誓週。

還記得寶寶第一次趴在我胸前喝奶，從我身體深處的井裡汲引上來的那股強大吸力，這口井不斷被我們之間的眼神交流填注盈滿，那是母親和孩子之間的互惠。我本以為自己會因為不必再哺育或擔憂孩子而感到解放，實際上並沒有。原因應該不是我還是有不少家務要做，實在是那種眼神交流所傳達對彼此的愛，令人難以割捨。我明白，琳登離開之所以讓我這麼傷心，是因為我不知道，不再被當作「琳登的媽」之後，我還能是誰。但這個危機目前稍微得以緩解，畢竟我身為「拉金的媽」的名聲也同樣響亮。但終有一天也會過去。

小女兒拉金離家之前，我們最後一次在池塘邊生營火看星星。「謝謝，」她小聲說，「謝謝妳給的一切。」隔早，她把車塞滿了宿舍要用的傢俱和文具，我在拉金出生前做給她的被子從某個裝滿生活用品的大塑膠盆裡露出了一角。她把所有需要的東西塞進後座，接著幫忙把我的東西裝到車頂。我們把所有東西搬下車、布置完宿舍再去吃午餐，看似一切如常，但我知道自己該走了。我的責任已了，而她的才正要開始。

我看其它女孩都揮著手跟父母道別，但拉金把我送到宿舍停車場，那時還有幾台小貨車在卸貨，各位爸爸都裝得一派輕鬆，媽媽則多半神色焦慮。在大家的注視下我們再度擁抱，又笑著落下幾滴以為已經流乾的淚。我打開車門，而她開始邊往回走邊大叫：「媽，妳要是在高速公路上忍不住崩潰大哭，拜託先靠邊停車！」整個停車場爆出笑聲，然後我們都鬆了一口氣。我不需要舒潔衛生紙，也不用停在路肩，畢竟我沒有要回家，我可以熬得過把她留在學校，但不想回家面對空蕩蕩的屋子。那裡甚至連馬也不在了，家裡的老狗在那年春天也走了。已經沒有迎賓委員會了。

我的車頂上備有一套特製的悲傷抑制系統。之前每個週末我都在參加田徑比賽或辦睡衣派對，幾乎沒有時間去划船。現在我要慶祝重獲自由，而非沉浸在失落中。聽說過閃亮的紅色中年危機「柯爾維特跑車」（Corvettes）嗎？嗯，我的就綁在車頂上。我開上往拉布拉多池塘（Labrador Pond）的路，將新的紅色獨木舟滑入水中。

想起下水時船頭掀起的第一聲浪，那一整天的回憶彷彿都回來了。夏末午後，圍繞著池塘的山丘，一顆金色的太陽映在天青石色的天空，紅翅黑鸝在香蒲上咯咯叫，沒有一絲風來打擾玻璃般的平靜池塘。

前方水域波光粼粼，但我得先穿過周邊沼澤，突破厚到蓋滿水面的梭魚草和睡蓮。萍蓬草六呎長的葉柄從底部淤泥一路伸高到水面上，纏繞住槳，好像要阻擋我前進似的。我把卡住船身的草拉開，可以看到斷掉的莖的內部構造，裡頭是充滿空氣的多孔白色細胞，像保麗龍形成的木髓，植物學家稱之為「通氣組織」。這些氣室是水生植物特有的構造，它能使葉片產生浮力，就像一件內建的救生衣。這種組織會加深划船通過它們的難度。

睡蓮的葉子需要水面上的光和空氣，但位在池底的地下莖跟手腕一樣粗、也跟手臂差不多長。地下莖生長在池塘的無氧層，但說實在的，完全沒有氧氣也活不了，因此通氣組織形成了一串曲折盤旋而充滿空氣的細胞，作為表面和底部的通道，如此氧氣才能慢慢擴散到深埋的地下莖裡。把葉子撥到旁邊，就會看到下方的地下莖。

我深陷在一堆雜草中，決定休息一下。四周都是蓴菜，還有帶著香氣的睡蓮、燈心草、水芋，以及被稱作「黃睡蓮」、「牛頭百合」、「歐亞萍蓬草」（學名 *Nuphar luteum*）、「飛濺船塢」（spatterdock）、「白蘭地酒瓶」等別名的一種奇花。最後一個稱呼鮮少有人聽過，但說不定是最適切的，它的黃花挺立在深色水面上，散發出一股甜甜的酒香。我多麼希望自己帶了一瓶酒。

一旦顯眼的白蘭地酒瓶花完成吸引授粉者的目標，就會彎曲沉入水下好幾個禮拜，在子房膨脹的時候隱遁起來。種子成熟後，莖又再度直立，讓果實長在水面上——果莢呈現奇特的酒瓶狀，帶著一個亮色蓋子，看上去就像一個迷你版、約莫一口杯大小的白蘭地酒桶，恰如其名。我是沒看過，但聽說種子會從果莢裡誇張地爆開落入水面；另一個稱號「飛濺船塢」就是因此得名。我周圍盡是不同階段的睡蓮，有的正在成長，有的沉入水裡、有的再度浮出水面，這簡直是一場難以穿越又充滿變化的水邊風景，但我全力突破重圍，想辦法讓紅船在一片綠中推進。

我賣力向深水區划，對抗東卡卡西卡卡的植物，最後終於掙脫。此刻我的肩膀氣力耗盡，跟心一樣空蕩蕩的，於是待在水上閉目養神，任傷感隨波逐流。可能是一陣風吹過，或一道暗流，或地軸傾斜導致池塘的水潑濺，無論那隻看不見的手是什麼，我的小船開始輕輕搖動，像個水上搖籃。群丘撐托，水波輕搖，微風輕拂臉頰，我把自己交給這股不請自來的慰藉力量。

不知漂了多久，我的小紅船越過了一整個湖，船身周圍窸窸窣窣的聲音把我從沉思中拉回。睜開眼第一個看到的就是睡蓮平滑光澤的葉片，還有「飛濺船塢」咧嘴對著我笑，它生於暗處，卻漂浮在光裡。我發現自己被水上的愛心團團圍繞，盡是發光的綠色愛心。睡蓮似乎有節奏地閃爍，綠色愛心和我的心跳同步。水下的心型嫩葉正在抽高，老葉則停在水面上，有的葉緣被夏天的風和水波給弄得支離破碎，當然，獨木舟槳也脫不了關係。

過去科學家認為，睡蓮僅能依靠緩慢的擴散作用把氧氣從葉片表面送到地下莖，這種分子漂移是從空氣中高濃度的區域，移動到水下低濃度的地方，效率不高。但新的研究顯示，有一種流動方式是我們本來就知道的——如果我們還記得植物的教導。

新葉將氧氣吸收進新生組織中原已密實的孔隙，其密度會創造出壓力梯度；老葉的孔隙就比較鬆，因為葉片受拉扯而破裂，形成一個低壓區，氧氣便可由此處被釋放到大氣中。這種壓力梯度會對新葉吸收進來的空氣產生一股拉力，由於葉子都仰賴充滿空氣的毛細網絡而彼此連結，氧氣會靠著質流從新葉移動到老葉，過程中經過地下莖為其充氧。新與舊，靠著長長的一口氣彼此相連，吸進來的也要呼出去，它倆共同的根因此得到滋養。從新葉到老葉、老葉到新葉、媽媽到女兒，相生相依才會長久。睡蓮幫我上的這一課給了我很大的安慰。

划回岸邊容易多了。當我在暮色中把獨木舟裝回車頂，瞬間被殘留在舟上的池水給澆了滿頭！我忽然覺得自己幻想出悲傷抑制系統很好笑：根本沒有這種東西。我們如何對待世界，世界也將如何對待我們。地球，好媽媽中的翹楚，賜給我們無法靠自己得來的禮物。我沒有意識到自己也來到池畔說著「餵我」，但空虛的心卻被填飽了。我有個好媽媽，她給了我們需要的東西，即便我們沒有開口。我很好奇地球老媽媽會不會累，或者，她會不會厭煩一直在付出。「謝謝，」我輕聲說，「謝謝妳給的一切。」

到家的時候已近天黑，但我打算讓門廊的燈亮著，因為陰暗的房子令人無法忍受。我拎著救生衣走近門廊，掏出鑰匙，突然發現地上有一堆禮物，全都用鮮豔的面紙精心包裝，很像「皮納塔」玩具[21]在家門前爆開過。門檻上有一瓶酒和一個杯子，門廊上剛舉行過告別派對，但拉金沒參與到。「她是個幸運女孩，」我想，「一直都在愛裡成長。」

我端詳這些禮物，想找到什麼標籤或卡片，但沒有任何線索說明是誰送來這份遲來的禮

21 譯注：「皮納塔」（Piñata，西班牙語）是墨西哥流行的節慶或宴會玩具，用色彩鮮豔的紙張糊成玩偶或人物，內部裝滿糖果及小玩具。玩法是先把「皮納塔」用細繩綁在天花板上，讓人蒙著眼用棍棒打擊，打破時玩具與糖果會掉落，將聚會氣氛炒到最高點。

物。外包裝只有面紙，所以我試著找其他線索。我把一份禮物上紫色的面紙壓平，好讀出它下面的標籤，那是一罐維克斯舒緩薄荷膏！一張小紙條從揉成一團的面紙裡掉下來：「放寬心。」我認出那個字跡是我表妹的，我倆情同姊妹。她住得很遠。我的神仙教母留下十八張字條和十八份禮物，每組都代表拉拔拉金長大的每一年。這裡有羅盤：「找到你的方向」，有一包煙燻鮭魚：「因為牠們總是會回家」，有筆：「珍惜能寫作的時光」。

我們每天都收到很多禮物，但這些禮物並非要讓你我獨佔，它們有自己的生命軌跡，彼此各自吐納，終究氣息與共。我們的責任和快樂就是要把禮物傳出去，相信此刻交付給宇宙的，終有一天會回到我們身邊。

感恩誓言
Allegiance to Gratitude

不久前有段時間，我的早晨儀式是在破曉前起床，在喚醒女兒之前，先來點燕麥粥和咖啡。接著叫醒她們，要她們在上學前餵馬，之後我會打包午餐、找齊東丟西落的作業和課本，在校車突突爬上山來時親親她們的粉紅小臉，然後再餵貓狗、找件像樣的衣服穿上，開車到學校的路上一邊預習早上要講的課程內容。那時我可沒什麼心力**反省**。

但我週四早上沒有課，可以逗留得晚一點。我會穿過牧場走到山頂好好開啟這一天，沿路鳥鳴相伴，鞋子被露水浸溼，穀倉上的日出把周圍雲朵染成粉紅，是感恩債的頭期款。某個週四，我本來應該沉浸在知更鳥和剛長出的新葉裡，但前晚女兒的六年級導師打來的電話把我拉回了現實。顯然我女兒拒絕跟班上一起做「效忠宣誓」[22]，老師跟我保證，我女兒不是要搞破壞或不守規矩，她只是安靜地坐在位置上不願加入。但過了幾天，別的學生也開始有

22 譯注：指向美國國旗及美利堅合眾國表達忠誠的誓詞。美國公立中、小學的學生在早晨上課前會全體起立，撫胸面對國旗朗誦此段誓言，是為愛國教育的一部分。

樣學樣，所以老師打電話來說「要讓您知道一下。」

我還記得從幼稚園到中學，我是怎麼以那個儀式來開啟每一天。彷彿指揮棒輕輕點一下，所有注意力就從吵吵嚷嚷的校車和摩肩擦踵的走廊被收了回來。當擴音器傳出聲音揪住大夥的領子，我們便把椅子搬開、將便當放到置物櫃，站在桌子旁面向黑板角落桿子上的國旗，國旗就跟地板蠟和漿糊的味道一樣到處都是。

我們把手撫在心前誦讀「效忠宣誓」。這個誓言令我困惑，我相信對其他同學來說也是。我壓根不知共和國是什麼，也不太曉得上帝是什麼，而且就算你不是八歲印第安小孩，也肯定知道「自由平等全民皆享」是個靠不住的假設。但學校集會時，三百人異口同聲，從頭髮灰白的校護到幼稚園老師一起發出精準的抑揚頓挫，還是讓我覺得自己有種歸屬感，彷彿有那麼一刻，大家都是一條心。可以想像，如果我們要為那捉摸不著的正義發聲，或許也是辦得到的。

不過，如今的我認為，要學生向政治體系宣誓忠誠也太令人匪夷所思了。尤其我們都清楚，到了差不多能推理的年紀，人幾乎不背誦的。看來我女兒已經到了那個年齡，所以我也不打算干涉。「媽，我不想站在那邊撒謊。」她解釋，「如果他們強迫你說，那麼根本就算不上自由，不是嗎？」

她知曉別的早晨儀式，例如她奶奶會把咖啡倒在地上，還有我在家後方小山坡做的那些，對我來說這就夠了。日出儀式是我們波塔瓦托米族向世界表達感謝的方式，以此接受我們被給予的事物，並回敬最高的感謝。世界各地的原住民族雖然各有不同文化，但多半都有個共同點——感恩是我們文化的根本。

我們的老農場座落在奧農達加族（Onondaga Nation）的傳統領域，部落的保留地就在我家丘頂往西的幾個山脊。跟在山這邊的我家一樣，校車會放下一群孩子，他們即使聽到導護人員大喊「用走的！」，也一樣跑個不停。不過，奧農達加族的學校入口外飛揚的旗子是紫色和白色，代表海華沙[23]的貝殼串珠腰帶，那是長屋民族聯盟的象徵物。孩子肩上的亮色背包有點太大了，他們魚貫擠進傳統長屋民族的紫色門框，口中唸著：*Nya wenhah Ska: nonh*，那是祈求健康平安的祝福語。黑髮的孩子在中庭兜圈，穿過灑落的陽光，踏步跨越石板地上雕刻的部族圖騰。

在這裡，每週上課日不是以「效忠宣誓」來開頭和結尾，而是唸誦「感恩語錄」，這些話語跟部族歷史同樣悠久。更精確地說，這個語錄在奧農達加語裡的意思是「先於一切的話語」。這個古老的行事準則視感恩為頭等大事，必須直接向那些跟世界分享禮物的人事物表達感謝。

23 譯注：海華沙（Hiawatha）是美洲原住民傳奇性人物，奧農達加部族頭目，被認為是易洛魁聯盟的創建者之一。

所有班級都站在中庭，每個禮拜由各個年級輪流上台，一起用比英語更古老的語言朗誦。據說奧農達加族人被教導，任何聚會都必須在開始之前先獻上這段話，不管人數多寡。在這個儀式裡，老師會不忘提醒他們，每一天都始於雙足落地之處，我們必須向自然界的所有成員致意並獻上感謝。

今天輪到三年級，總共只有十一個人。他們很努力開了場，中間還傻笑了一下，推了推其他眼光老盯著地上的同學。一張張小臉因太專心而皺在一起，念到卡住時偷偷瞄向老師，希望老師幫忙提詞。他們用自己的語言說出生活中幾乎每天都會聽到的話語。

今天我們齊聚一堂，看看身邊的人，見證生命生生不息。我們對彼此與萬物有責任，以平衡和諧的方式生活。現在讓我們齊心以人類身分，問候且感謝彼此。此刻我們的心已合而為一。*

然後在這裡稍微停一下，其他孩子會發出一陣贊同的耳語。

感謝大地母親提供我們生命之所需，撐托我們行走的雙足，亙古以來撫育你我至今。讓

*感恩語錄的用字因人而異。這段話是一九九三年斯托克斯（John Stokes）和卡納瓦西恩頓（Kanawahientun）廣為流傳的版本。

我們向母親獻上感恩、敬愛和尊崇之情。此刻我們的心合而為一。

孩子們安靜地坐著，專心聆聽，可以看出他們是跟著長屋文化長大的。

至於「效忠宣誓」，在這裡並不重要。奧農達加是主權獨立的領土，周邊雖然是「效忠宣誓」所代表的共和國，卻不屬於美利堅合眾國的管轄範圍。以「感恩語錄」來開始一整天，不僅是身分認同的宣示，也是在行使主權，兼具政治和文化意義。而且還不只如此，「感恩語錄」有時會被誤認為禱詞，但孩子們念的時候不用低頭。奧農達加的長輩說，語錄不只是宣誓、禱詞或一首詩。

兩個小女孩手挽著手向前一步，接續朗誦：

感謝全世界的水為我們解渴，賜予萬物力量和滋養。我們透過瀑布、雨水、雲霧、小溪、河流、海洋、雪和冰，見證了水的大能，感恩水仍存在，並履行對天地萬物的責任。我們是否都同意水對生命至關重要，齊心向水奉上感恩之情？此刻我們的心合而為一。

我聽說「感恩語錄」既是心靈上的感恩祝禱，也是對自然界各種物質的科學盤點。這個致詞的另一說法叫「衷心感謝大自然」，致詞內容會逐一唱名生態系統中每個元素與功能，可謂一堂原住民的科學課。

現在想想水裡的魚。牠們被教導要淨化水質，也奉獻自己成為我們的食物。感激牠們堅守職責，讓我們向魚表示衷心感謝。此刻我們的心合而為一。

現在想想曠野裡的植物。舉目所見，植物生長創造了許多奇蹟，它們支持了各種生命。讓我們齊心感謝植物，盼望世世代代見證它的繁榮。此刻我們的心合而為一。

看看四周，還有莓果賜給我們好吃的。莓果之王就是草莓，它在春天最先成熟。我們能否感激這世上有莓果並獻上感恩、敬愛和尊崇之情？此刻我們的心合而為一。

我很好奇，那時有沒有孩子會跟我女兒一樣反抗著，拒絕站起來向大地說謝謝？不過話說回來，向莓果說謝謝，似乎沒什麼好反對的。

我們同心向園圃中收成的糧食作物表示禮敬與感謝，尤其是慷慨盛產的「三姊妹」[24]。自古以來，穀物、蔬菜、豆類和水果讓人類得以存續，其他物種也從它們身上獲得力量。讓我們齊心向所有糧食作物致上敬意與感激。此刻我們的心合而為一。

孩子們記下每個段落，點頭表示同意，尤其是食物的部分。一個穿著紅鷹曲棍球襯衫的小男生往前一步繼續：

現在說說世上的藥草。它們生來就是為了帶走病痛，總在等待療癒我們的時機。我們很高興還有少數人懂得運用這些植物的療癒力量。讓我們齊心向藥草和藥草的守護者獻上感恩、敬愛和尊崇之情。此刻我們的心合而為一。

看看周圍的樹。地球上有諸多樹種，每一種都有各自獨特的使命和功效。有些為你庇護遮蔭，有些帶來果實、美景和各種實用的贈禮。楓樹是萬樹之王，它在人類最需要的時候給出糖這份大禮。世界許多民族都把樹視為和平和力量的象徵。讓我們齊心向樹表示衷心的謝意。此刻我們的心合而為一。

「感恩語錄」是為了向支撐著我們的一切致意，所以篇幅很長，但也可以用簡化的方式進行，或是更長、充滿更多愛的細節。學校裡唸誦的語錄已經調整到符合孩子的語言程度。

---

24 譯注：美國號稱「菜園三姊妹」的蔬菜搭配法，是將玉米、菜豆、南瓜種在一起。玉米擔任棚架供豆類攀爬，豆類的藤蔓纏繞在玉米的莖稈上，產生強化作用，而南瓜則扮演覆蓋地面的角色，為玉米和豆類的根部土壤遮蔭，也防止雜草滋生。這種種法最初由易洛魁族發展出來，直到今日還被廣泛運用。

它的力量肯定有部分來自向這麼多事物表達謝意所花費的時間，而聽的人所回饋的方式就是專注，把意念集中在需要的地方。你也可以消極地讓話語跟時間白白流過，但每次的呼喚都是回應的機會：「此刻我們的心已合而為一。」你必須全神貫注地聽，這需要一點努力，尤其在這個時代，人們習慣看剪輯過的片段並立即得到滿足，要專注更加不容易。

跟非原住民單位或政府官員開會時，版本頗長的頌詞常令人坐立難安——尤其是律師，他們很想趕快進入下一步，眼神老在屋裡不斷地掃射，努力不要看錶。我的學生則聲稱很珍惜能夠分享「感恩語錄」的體驗，但總不忘嫌個幾句：這語錄實在太長了。「真慘！」我同情道，「有那麼多要感謝的，實在辛苦啊！」

我們齊心向世上所有美好的動物表示衷心感謝，謝謝牠們的陪伴。牠們教會人類許多事情，我們很感激牠們願意跟我們分享生命，而且希望永遠如此。讓我們齊心向動物致上謝意。此刻我們的心合而為一。

想像一下，在一個重視感恩的文化中撫養孩子會是什麼樣子。賈克（Freida Jacques）在奧農達加部落學校工作，擔任部族的族母、學校和社區之間的聯絡人，同時也是一位寬宏大量的老師。她跟我解釋，「感恩語錄」蘊含著奧農達加族跟世界的關係，萬物因為達成了造物主賦予的責任而一一被感謝。「這麼做會每天提醒你，你擁有很多，」她說，「遠超過你真正需要的。用來支持生命所需的皆已俱全，每天都這麼做，會讓我們培養出知足的心，以及對萬物的尊重。」

聆聽「感恩語錄」時，你一定會感受到富足。然後，雖然說出感謝好像有點傻氣，卻是一種革命性的作法。在消費社會，知足是一種極端的主張，認知到自己其實是富有而非匱乏，對於一個必須依靠創造未滿足的慾望才能興旺的經濟體來說，是個很大的威脅。感恩的心會培養一種完滿的感受，但這個經濟體要的是空虛。「感恩語錄」點醒你，你已經擁有所有必要之物；學會感激，就不會讓你到外面去購物找樂子，因為所有來到身邊的東西都是禮物，而非商品。這些觀點完全顛覆了整個經濟體的根基，對土地和人們而言，都是一帖猛藥。

我們齊心感謝所有飛躍頭上的鳥兒。造物主賜予牠們美好的歌喉，每天早晨牠們唱著歌迎接一天的到來，提醒我們要享受、感恩生命。老鷹是百鳥之王，照看世界。我們歡喜感謝所有的鳥兒，從體型最小到最大的。此刻我們的心合而為一。

這套說辭不僅指涉一種經濟模式，也是一堂公民課。芙烈妲強調，每天聽感恩語錄會為年輕人樹立領導者的典範：就像草莓是莓果的先鋒，而老鷹是眾鳥的領袖。「讓他們知道自己值得期待。語錄中提到一個優秀的領導者應該有遠見、要慷慨、為人民犧牲奉獻。楓樹就是表率，領導者要身先士卒獻出手上的禮物。」也讓整個部族明白，領導並非基於威權，而是來自服務及智慧。

感謝所謂「四風」的能量，我們在流動的空氣中聽見它們的聲音，「四風」喚醒我們的活力，淨化你我呼吸的空氣，也帶來四季的變化。讓我們齊心向「四風」致謝。此刻我們的心合而為一。

如同芙烈妲所說，聽再多次的感恩語錄也不為過，人類無法主宰世界，但跟世間萬物一樣，都受制於同樣的力量。對我來說，從學生時代到成人，「效忠宣誓」除了讓我養成憤世嫉俗的性格，也令我見證到國家的虛偽，跟誓詞原本要灌輸的驕傲感背道而馳。隨著我漸漸長大，認識到大地的禮物，就更不能明白「愛國」怎麼能忽略實際的鄉土，只對一面旗子許下承諾就算數？那對彼此、對土地的承諾，又該怎麼辦？

倘若我們在感恩裡成長，並作為跨物種民主政體的一員來與自然界溝通，立誓互依共存，會是怎麼樣的光景？不需在政治上對誰忠誠，只要回答一個不斷重複的問題：「我們願意感恩自己所被給予的一切嗎？」在感恩語錄裡，我聽得見對所有非人類親屬的敬意，不是一個政治實體，而是萬物眾生。當忠誠依傍的對象是沒有邊界且無法買賣的風和水，那麼國族主義、政治疆界又算什麼？

現在轉向西邊，我們的風雨雷電祖父所居之地。伴隨閃電和雷聲，他們帶來雨水讓萬物重生。讓我們齊心向雷神祖父們致謝。

現在讓我們向太陽長兄致意。他每天都從天空的東邊來到西邊，為新的一天帶來光明。他是所有生命能量的來源。讓我們齊心向太陽長兄致謝。此刻我們的心合而為一。

數百年來，長屋民族被公認是談判專家，他們高超的政治手腕能克服萬難，而「感恩語錄」在方方面面都對他們有所裨益，包括外交。絕大多數人都經歷過一個情況：在開始一個複雜的溝通或注定充滿爭議的會議前，緊縮著下巴的那種壓力。你不只一次把手上的文件擺弄整齊，精心準備的論點像軍人一樣在喉間立正站好，準備傾巢而出。但「先於一切的話語」開始流動，而你回答，是的，我們必定要感恩大地之母；是的，每個人都同沐陽光恩澤；是的，我們都對樹充滿敬意；在向月亮祖母致意時，柔婉的獻詞讓原本疾厲的臉色也放鬆了些。

一點一點，互動的韻律像漩渦般包圍住重重的歧見，橫亙在彼此間的障礙從邊緣開始慢慢溶蝕。是的，我們都同意水還在；是的，我們可以齊心向風表示感激。不令人意外地，長屋民族的決策起於共識，而非多數決，他們只有在「我們的心已合而為一」的時候，才會做出決定。進入談判之前，這段話是出色的政治開場白，也是安撫黨派狂熱的良藥。想像一下，如果政府會議都以感恩語錄開場，會是什麼樣子？倘若領導者都是先找共同點，而非針對歧異爭執，事情又會如何？

我們齊心，向照亮夜空的月亮老祖母表達謝意。她引領全世界的女性，也掌理潮汐的變化。我們根據陰晴圓缺來計算時間，她照看孩子降生在地球上。讓我們一起感謝月亮祖母，把感恩層層堆疊後，歡快地拋向高高的夜空讓她知曉。讓我們齊心向月亮祖母表示衷心的感激。

感謝像珠寶一樣散布天空的星星。它們在夜晚出現，幫忙月亮照亮黑夜，為花園和作物帶來露水。當我們在夜間行走，星光引導我們找到回家的路。讓我們齊心向繁星致謝。此刻我們的心合而為一。

「感恩語錄」在在提醒我們，什麼是世界原初的狀態。我們可以比較看看，在方才一一盤點的各種事物被賜予我們之後，對我們又造成了何種影響。生態系的每一塊拼圖都還在崗位上嗎？水還支持著各種生命嗎？鳥還健康嗎？一旦我們因為空氣汙染而再也看不見星星，感恩語錄將點醒我們失去了什麼，驅策我們採取修復的行動。這些話語就跟天上的星光一樣，能引領我們回家。

我們齊心向開悟的老師表示感恩，謝謝他們向世世代代的眾生伸出援手。當我們忘記要與他者和諧共處，他們會提醒我們，身為人該以什麼樣的方式生活。讓我們齊心向這些慈愛的老師表示衷心的感謝。此刻我們的心已合而為一。

雖說這套說辭有清楚的結構和層次，但講者不需一字不落地念誦。有人把它詮釋成幾乎聽不見的竊竊私語，有人則好像在唱歌。我喜歡老湯姆．波特（Tom Porter）在手上拿個碗召喚來一圈聽眾，他讓每個聽眾的臉都亮了起來，不管他吟誦的時間有多長，你都希望再久一點。湯姆說：「讓我們累積感謝的心意，就像在毯子上放上一朵朵花。然後每個人拎著毯子一角用力拋向空中，如此，我們的感恩就會豐盛地灑落，就像世界給我們的禮物。」於是我們站在一起，在如雨的祝福中滿是感激。

現在想想造物主，或偉大的靈，並向萬物致上謝意。我們所需的一切，大地母親皆已滿足。感恩愛時時圍繞著我們，讓我們齊心向造物主獻上最高的敬意與感謝。此刻我們的心已合而為一。

語錄的字句很簡單，但經過各種排列組合，可以成為一種主權宣示、一種政治體制、一種責任法案、一種教育模式、一個族譜、一個生態服務的科學量表，也可以是一份有力量的政治文件、一份社會契約，或一種存在的方式——集各種角色於一身。不過，最根本也最重要的，它是感恩文化的基本信念。

懂得感恩的文化，必然也是一個重視互惠的文化。每個人注定和其他生命有某種相互關係，無論對方是不是人類。眾生對我有責任，我對他們亦然。假如動物犧牲生命讓我飽餐一頓，我就必須照顧牠作為回報；如果溪流賜我乾淨的水，我就應該回敬一個禮物。人類教育的重要一環，便是明白這些職責並履行之。

「感恩語錄」提醒我們，責任和天賦可謂一體兩面。老鷹天生就有千里眼，因此擔負起照看我們的責任；雨水滴落時便盡了它的職責，它的天賦就是滋潤其他的生命。那麼人類的職責是什麼？假設天賦和責任是一體的，那麼問「我們的責任是什麼？」跟問「我們的天賦是什麼？」是一樣的。據說只有人類有感激的能力——這是我們最大的天賦。

這個道理很簡單，但我們都知道感恩的力量會觸發善的循環。如果我女兒帶著午餐奪門而出，卻沒說一聲「謝謝媽媽！」我承認我會有點吝惜再度投入時間跟精力。但是如果我可以得到一個感激的擁抱，就會心甘情願地熬夜烤餅乾，當作她明天的午餐。我們都知道，常懷感恩會帶來更多豐饒，因此對每天都幫我們準備便當的大地母親來說，何嘗不是如此？

身為長屋民族的鄰居，我聽過很各種版本、不同人誦讀的感恩語錄，我總是敞開心胸聆聽，就像抬頭迎向滴落的雨水。但我不是長屋民族的公民或學者——只是一個心存敬意的鄰居和聽眾。因為深怕分享自己聽說的事會失禮越界，我特地徵求他們的同意，讓我在本書中寫下感恩語錄的文字，以及它如何影響了我。常有人說，這些話語是長屋民族獻給世界的禮物。我向奧農達加族的信仰守護者萊恩斯（Oren Lyons）問起這事，他露出招牌式的困惑微笑：「你當然應該寫下來，這本來就是要分享的，不然它要怎麼運作？我們已經等了五百年，希望有人願意聽。如果人們懂得感恩，世界就不會如此混亂。」

長屋民族已經出版了「感恩語錄」並譯成超過四十種語言，現在舉世皆知。那為什麼不在我們自己的土地上實踐呢？我試著想像，如果學校願意把感恩語錄納進早上的作息，會產生什麼效果？我並非不尊重鎮上那些白髮蒼蒼的老兵，他們在國旗經過時會把手放在心上，用沙啞的聲音誦讀「效忠宣誓」，眼裡還噙著淚水。我也愛我的國家，還有它所追求的自由及正義，但我所敬重的疆界遠大於共和國本身。讓我們和眾生許下互相的承諾，感恩語錄就描述了人類和其他物種共同形成的民主政體之間，那種彼此支持的關係。如果希望人民愛國，那就讓土地來激發人們對國家真正的愛；如果希望培養好的領導者，就讓孩子向老鷹和楓樹學習；如果希望養成素質良好的公民，就教給彼此互惠的道理。若渴望平等正義，那麼就讓天地萬物都一起共享吧。

現在終於來到尾聲。我們一一召喚所有事物，不願遺漏任何一位。如果真的漏掉了誰，就留給每個人用他們自己的方式獻上問候與感謝。此刻我們的心已合而為一。

一天天，憑藉這些話語，人們向大地致謝。在語畢的靜默裡，我諦聽，期待有朝一日，我們會聽見大地向人們回應一聲謝謝。

03

採集聖草

茅香草都是在仲夏時節採收，那時葉子長得又長又亮。葉片一一被摘採下來，在陰影處晾乾以保存它的色澤。我們總會留下點什麼，當作給茅香草的回禮。

Picking Sweetgrass

豆頓悟
Epiphany in the Beans

採豆子令我想起了快樂的秘訣。

我翻找纏繞在豆杆帳篷上的螺旋狀藤蔓，掀開深綠色的葉子，為數不多、又長又綠的結實豆莢布滿柔軟的絨毛，本來兩兩一對纖細地掛在枝頭，我把它們一一折下，嚐起來果然是八月的豆味，鮮明爽脆。豆子在夏天盛產，所以採收後一定得放進冰箱，等到盈滿雪氣的深冬時節再拿出來。才找完一個棚架，籃子就滿了。

為了多採點東西回廚房，我走進結實纍纍的南瓜藤和果熟低垂的番茄田間。它們在向日葵底部蔓生，向日葵也因為成熟種子的重量而低垂著頭。我把籃子從馬鈴薯上移開，發現田溝裡露出一群紅皮品種，兩個女兒早上採收到這裡就沒再繼續了。我踢了一些土蓋上，這樣陽光才不會加速它們變綠。她們跟每個小孩一樣嘴上抱怨著還得做園藝活，不過一旦開始，就會迷上柔軟的泥土跟當下的氣味，一待就是幾個小時。這籃豆子的種子，是她們在五月時用手指戳進地裡種下的。看她們種東西和收成，讓我覺得自己就像個好媽媽，教她們如何自給自足。

不過，種子並不是我們自己生出來的。當天空女神把摯愛的女兒埋葬在土裡，植物就從女兒的身體長了出來，成為給人類的禮物。她的頭部冒出菸草，頭髮處生了茅香草，心臟處長出草莓，胸部則是玉米，腹部長南瓜，手部生出串串豆子，就像纖細修長的手指。

在六月的早晨，要怎麼讓女兒知道我愛她們？那就採野草莓給她們吧！二月下午我們堆雪人，然後坐在火堆旁；三月一起做楓糖漿；五月採紫羅蘭；七月去游泳；八月的夜晚，我們把毯子攤開躺在地上看流星雨；十一月時，偉大的柴堆老師來報到——這些都只是個開始。如何向孩子表達我們的愛？每個人各有方法，可能送上一堆禮物，或教給她們排山倒海的東西。

應該是成熟番茄的氣味，或者金黃鸝的歌聲，或某個金色午後光線斜照的角度，還有附近肥碩垂掛的豆子。突然間，一波快樂的感覺讓我大笑出聲，驚嚇到正在向日葵上啄食的山雀，黑白的種子殼像下雨般落到地上，這熟悉的感覺就像九月陽光那麼溫暖明朗，大地也愛著我們，她以豆子和番茄來表達對我們的愛，還有熟玉米、黑梅跟鳥鳴。如禮物如陣雨般落下，而各種課題則如同豪雨滂沱來到。大地供給我們所需，教我們自給自足——好媽媽就是這樣。

環顧菜園，我可以感覺到她很高興能帶給我們美好的覆盆莓、南瓜、九層塔、馬鈴薯、蘆筍、萵苣、羽衣甘藍、甜菜、花椰菜、甜椒、球芽甘藍、紅蘿蔔、小茴香、洋蔥、韭蔥和菠菜，這讓我想到兩個女兒對「我有多愛你？」這個問題是這麼回答的：「這～～～麼多！」她們將雙手大大展開。這正是我讓女兒學園藝的原因——如此一來，在我百年後，她們仍然永遠有媽媽疼愛。

我花很多時間思考和土地的關係，我們被給予了這麼多，可以回報些什麼？我試圖參透互惠和責任的公式，想了解必須和生態系建立長遠關係的原因和理由。原本這些都只是憑空在腦子裡想像，但突然間不再需要探討辯證了！只要感覺到那一籃籃純粹的母愛，那就是終極的互惠關係——愛與被愛。

現在這個坐在我桌前、穿著我的衣服，有時還借我車開的這位植物學家——聽到我宣稱菜園是土地表達「我愛你」的方式之一，可能會感到難為情。不就是增加人工揀選的馴化型基因的淨初級生產量，透過投入勞力和原料來操控環境條件以增加產量，這樣而已嗎？相關的文化行為也一起被抉擇，如生產營養的飲食和增進體能。這些跟愛有什麼關係？就算菜園長得好，它會愛你嗎？要是菜種壞了，你會把馬鈴薯得晚疫病的成因說成是缺愛嗎？甜椒還沒成熟，難道就表示關係出現裂痕？

我有時候得跟她解釋，菜園兼有物質面跟精神面的承諾。這對科學家來說很難理解，因為他們都被笛卡兒的「心物二元論」[25]洗腦得徹底，老是糾結在「呃，那你怎麼知道是愛的問題，而不是土好不好的問題？」她會問，「證據呢？檢測關愛舉動的要素是什麼？」

這簡單！沒人會懷疑我愛我的孩子對吧？下述關愛舉動的列表，就算是研究量化的社會心理學家也絕挑不出毛病：

- 照顧身心
- 保護他，不讓他受傷
- 鼓勵個人成長發展
- 想要待在一起
- 慷慨分享資源
- 為了共同目標一起做事
- 宣揚共同的價值
- 互相依賴
- 犧牲自己成全他人
- 創造美感

25 譯注：「心物二元論」是哲學家笛卡兒著名的學說，認為世界由「心靈實體」與「物質實體」構成，兩種實體獨立自存，各自只能擁有一種本質特性。

如果我們發現人與人之間出現了上述行為，我們會說「她愛那個人。」你或許也會觀察到某個人跟某塊被精心照料的土地之間出現這些關係，然後說「她愛那個菜園。」那為什麼在看到上述列表時，會得寸進尺地希望菜園也愛她呢？

植物和人之間的交換關係形塑了彼此的演化史。種在農場、果園和葡萄園裡的，都是被人類馴化的物種，我們需要它們的產出，因此為它們耕犁、修剪、灌溉、施肥、除草。或許它們也馴化了你我。野生植物開始整齊地排排站，原始人開始在田邊定居、照顧植物——這是一種互相馴服的狀態。我們都身處共同演化的圈子，桃子越甜，我們越常傳播它們的種子、培植下一代，小心呵護不讓它們受傷。可食植物和人類在演化上是彼此篩選的力量，亦即：你好，我就好。對我來說，這聽起來就有點像「愛」。

有一次我在研究所的寫作課上探討人跟土地的關係。學生們都對自然表現出深刻的敬意和情感，認為自然讓他們感受到強大的歸屬感和幸福，毫不猶豫宣稱自己熱愛著大地。然後我問：「那麼，你覺得大地也愛你嗎？」沒有人回答，彷彿我帶了一隻雙頭豪豬進教室。真意外！大夥聽聞這問題竟有如芒刺在背，慢慢地退開了，原來滿室寫手都一腔熱血地沉湎於對自然的單相思。

所以我提出假設性的問題：「如果人類抱持著一個瘋狂的想法，覺得大地也愛他們，那你們覺得如何？」這會兒話匣子打開了，他們都想立刻說上幾句。我們突然跳離了谷底深淵，邁向無比和諧的世界大同境界。一個學生下了結論：「你不會去傷害那些愛你的人。」當你認知到自己熱愛土地，你會願意起身捍衛、保護和慶祝。但當你覺得土地也愛你，彼此間的關係就會從單行道轉化為神聖盟約。

我女兒琳登種出來的菜園，是世界上我最喜歡的菜園。她用薄薄一層高山土養出了各種好吃的東西——各種我只敢想想的東西——例如黏果酸漿和辣椒。她做堆肥也種花，但最棒的不是長了什麼植物，而是她在除草時打電話跟我聊天。我們一起澆水、除草、收成，開心地巡視菜園，就像她小時候一樣，即便如今我們相隔三千英里。琳登忙到不行，我問她，既然種菜這麼花時間，為什麼還要做？她是為了食物，還有辛勤投入之後換得好收成的那股滿足感，她說，而且，讓雙手接觸土地能帶給她安定。我問：「你愛你的菜園嗎？」雖然我本來就知道答案。接著我又試探地問：「你覺得菜園也愛你嗎？」她沉默了一分鐘，面對問題她從來都不浮誇。「我確定它愛我。」她說，「菜園就像媽媽那樣的照顧我。」聽到這話，我可以安心離開人世了。

✳

我曾經愛過一個大半生都住在城市的男人，但當他被我拖到海邊或森林，似乎也很開心——只要有網路訊號。他住過很多地方，我問他對什麼地方最有感覺，他聽不懂我的問題，我說，哪裡讓他覺得最被照顧和支持？哪個地方你最熟悉？你了解它、它也了解你？他沒有多想就回答：「我的車。」他說，「在車子裡，需要的東西應有盡有，而且符合我的喜好：我最愛的音樂、調整到舒服的座位、自動後視鏡、兩個杯架。我在這裡感到安全，而且它會帶我去我想去的地方。」多年後，他企圖自殺——在他的車裡。

他從不曾和土地建立關係，反而選擇孤立在華麗的科技裡，就像種子包裝袋底部某棵枯萎的種子，從來無法接觸土地。我常在想，會不會社會上很多的痛苦都是因為我們容許自己不去愛土地、也不願感受土地對我們的愛。我想這帖良藥，能夠挽救受傷的土地和空虛的心。

拉金以前最愛抱怨除草，不過現在她每次回來都會問可不可以去挖馬鈴薯。我見她跪在地上哼著歌，挖出了地裡的紅皮和育空黃金馬鈴薯。拉金正在念研究所，一邊學習糧食系統，一邊跟都市農夫一起工作，為空地改造後的食物銀行種菜，然後由高危青少年負責耕種、鋤草跟採收。這些孩子很驚訝收成的食物竟然是免費的，以前他們得支付所有吞進肚裡的東西。面對剛從土裡拔起的新鮮紅蘿蔔，他們一開始充滿了懷疑，直到吃了第一根才終於相信。拉金在傳遞這份禮物，中間發生的轉化非常深刻。

當然，用來餵飽我們的東西大半都是向土地強取來的。那種奪取方式一點都不尊重農夫、不尊重植物、也不尊重消失的土地。層層塑膠包裝的食物不管是買來還是賣掉的，都很難被看作是禮物。誰都知道你買不到愛。

菜園裡的食物來自夥伴關係，假如我不撿石頭、拔草，就沒有盡到自己在這樁交易中的責任。我可以用靈活的拇指來操作工具或鏟糞，但我沒辦法變出一顆番茄，或讓豆子爬滿棚架，也無法點石成金，那是植物的責任和本事——讓無生命的東西變得有生命。禮物就在**眼前**。

我常被問到，要用什麼方式來恢復土地和人之間的關係？我的答案千篇一律：「種菜」。土地會變得健康，人也會。菜園是關係的育嬰房，是敬意的培養土，其影響遠超過一方菜園的範圍——只要你和一小塊土地建立起關係，就會為你埋下一顆種子。有些要緊的事是在菜園裡發生的，在這裡，如果不能大聲說出「我愛你」，可以讓種子來說，然後大地會生出豆子來回應你。

菜園三姊妹 The Three Sisters

這個故事應該由它們自己來講。玉米葉一如往常沙沙作響，微風吹拂下，好像紙張在彼此對話。七月某個大熱天——這時節玉米一天可以長高到六英寸——玉米莖部的節與節之間嘎吱嘎吱叫，向著陽光持續抽高。葉片脫離葉鞘時會發出一陣咯咯聲，四周很安靜時，如果充滿水的細胞膨脹得比莖部還大，就會聽到裂開的髓部突然砰地一聲爆開。這些都是生命的聲音，而非明確的語言。

豆子發出的肯定是摩挲聲，柔軟的嫩枝纏繞在粗糙的玉米莖上，帶著小小的嘶嘶氣音，表面彼此輕輕摩擦，捲鬚纏上莖部的振動只有旁邊的金花蟲才聽得到。我曾躺在成熟的南瓜上，聽見被捲鬚拴住的陽傘狀葉子搖來搖去的咿軋聲，風把葉緣吹起又壓下。一顆大南瓜的坑洞形成了擴音器，種子膨脹爆裂、以及橙色外皮下汁液流動的聲音都被放大了。這些都是聲響，而非故事。植物訴說自身的故事不是靠語言，而是靠動作。

如果你是個老師，卻沒有聲音可以傳遞知識，你要怎麼辦？假如你不懂任何語言，但又需要說出某些事，該當如何？不能用舞蹈來表現嗎？用行動來傳達呢？你的一舉一動不就在說故事了嗎？假以時日你會變得善於表達，只要盯著你看，就可以明白一切。這些安安靜靜的綠色小生命也一樣。雕像就是一塊表面經過鑿打的石頭，但那石頭可以打開你的心，讓你因為見過它而有所不同。大自然不必說出任何一個字，也能傳達訊息，但並非每個人都有辦法接收到。好比說，石頭的語言很難，說起來含含糊糊的，而植物的每個呼吸，都是話語的一部分。廣泛來說，植物靠的是一個全世界通用的語言——食物。

多年前，一位切羅基族（Cherokee）作家阿威阿卡塔（Marilou Awiakta）塞了一小包東西到我手上，那是一片被包裹成小袋的乾燥玉米葉，用繩子綁起來。她微笑地告誡我：「春天的時候再打開。」五月時，我打開看到裡頭的禮物：三顆種子。一顆是金色三角形的玉米粒，內凹的表面縮成一個硬硬的白色尖端。充滿光澤的棕色豆子帶著斑點，圓潤光滑，正中央還有稱為「種臍」的白色眼睛，這顆豆子在我的大拇指和食指間滑來滑去，像一粒打磨過的石頭。還有另外一顆南瓜種子，狀似橢圓形瓷盤，邊緣緊壓的閉合處看來就像被餡料填滿而鼓起的派皮。我把原住民農業的黃金組合握在手中，正所謂「菜園三姊妹」——玉米、豆子、南瓜——這幾種植物都能夠養活人、餵養土地、激發想像力，教我們如何活著。

幾千年來，從墨西哥到蒙大拿州，一般都是女性堆起土堆，把這三顆種子放進同樣單位面積的土地裡。殖民地開拓者第一次在麻薩諸塞州沿岸地區看到原住民菜園時，還推論這些野蠻人不懂得如何耕作，因為他們認為菜園應該是一排排的單一作物，而非立體多產的栽種方式。但在他們大飽口福之後，卻不斷要求更多，再更多。

五月濕潤的泥土讓玉米種子可以很快吸收到水分，種皮開始變薄，儲存澱粉的部位「胚乳」會把水吸進來，濕氣使得種皮底下的酵素將澱粉分解為醣類，刺激種子頂部的玉米胚生長。因此，玉米是第一個從地裡冒出來的，纖細的白色尖刺只要接觸光線幾個小時就會轉綠，一片片展開葉子。剛開始只有玉米，但另外兩姊妹已經蓄勢待發。

豆子的種子吸收土壤中的水就會膨脹，帶著斑點的種皮爆開後長出的細根鑽進地下，直到根系穩定，莖部才會彎曲成掛鉤狀，推擠出地面。豆子本身的養分足夠，所以可以從容地尋找光線：最先長出的兩瓣葉片已經內建在種子裡。這對新葉破土後，就準備長成六英寸的玉米。

大南瓜（Pumpkins）和小南瓜（squash）總是慢慢來——它們是三姊妹中動作最慢的。得等上好幾個禮拜，待葉子撐開縫隙長出來，第一批莖部才會脫離種皮，竄出地表。聽說祖輩在耕作時，會在播種的一個禮拜前，把南瓜種子放在鹿皮袋子裡，加上一點水跟尿，好讓它們長得快一點。但每種植物都有自己的節奏和發芽順序，它們的生長次序之於彼此的關係很重要，也影響到收成的好壞。

玉米最先萌發，而且生得直挺挺，它的莖部總是一節節向上，長紋葉片一片接一片，很快就抽高了。玉米莖必須生得強壯，才能對豆子妹妹有用。豆類莖部的殘枝正好長出一對心型葉，然後又一對、再一對，都很接近地面。豆子努力長葉，玉米則拚命長高。等玉米長到膝蓋高度，豆苗又改變心意了，就像老二常見的狀況，它不再努力長葉，而是讓自己抽長成為藤蔓，變成有任務在身的纖細綠線。

此時豆子尚處在青少年階段，生長激素使得莖部頂端飄在空中畫圈，這個過程稱為「迴旋轉頭運動」。這個尖端部位一天可以移動一公尺，彷彿踮腳跳著奇特的旋轉舞步，直到找到目標，例如某根玉米莖或其他垂直的支座。藤蔓上的觸覺受器引導它優雅地向上盤旋，包圍住玉米莖。此時它們暫不長葉子，全心放在環繞玉米上，企圖追上玉米的身高。如果玉米不早點開始長，就會被豆子的藤蔓勒住，但如果時機搭配得正好，玉米可以帶著豆子一起長高。

同時間，大器晚成的家族成員南瓜正不斷向地面匍匐延伸，遠離玉米和豆子，長出的寬淺裂葉像一支支的傘，在空心葉柄的末端搖曳。南瓜的葉片和藤蔓都有明顯的絨毛，令人想到啃食中的毛毛蟲。葉子變得越來越大之後，可以為玉米和豆子底部的土壤遮蔭、保濕，也避免其他植物在此生長。

原住民稱這種栽種方式叫作「菜園三姊妹」。雖然眾說紛紜，但他們一致把這些植物視為女性，姊妹嘛！有個說法是某個漫長的冬天，部落的人已經餓到發昏，突然出現了三個美麗女人在一個下雪的夜晚來敲門。第一個女人個子很高，穿著一身黃色，長髮飄逸；第二位穿綠色；第三位身著橘色長袍。三個女人進入室內烤火避寒，雖然食物短缺，但這幾位不速之客還是受到殷勤的款待，分享著族人所剩無幾的東西。為了答謝族人盛情，這三姊妹透露了自己真正的身分——玉米、豆子和南瓜——她們化身為一包種子交給這些族人，這樣他們以後不會就再挨餓了。

盛夏時分，無論是明媚的漫漫長日抑或雷電風雨浸濕大地的日子，「互惠哲學」充分展現在三姊妹的菜園。它們的枝莖上銘刻著一副世界藍圖，一面平衡又和諧的圖譜。玉米高八英尺，一波波的綠色長條葉片自莖部捲曲向四面八方爭取陽光。沒有一片葉子長在另一片之上，誰也不會為了吸收光線而遮擋到誰。玉米的莖桿被豆子纏繞，它們蜿蜒在玉米葉之間，不干擾玉米的生長。在沒有玉米葉的地方，攀藤的豆子發了芽，長成向外伸展的葉子和芳香的花簇。豆子葉片下垂，靠近玉米桿。

至於在玉米和豆類腳下蔓延開來的，則是一層又大又寬的南瓜葉，足以獲得玉米桿之間的光照。這三種植物的分層結構有效率地利用日光——來自太陽的禮物——一點也不浪費。各種形式的有機對稱構成一個整體，每片葉子的位置和形狀彼此協調，在在傳遞著一個訊息：相互尊重、彼此支持，把自己的天賦獻給世界，也接收別人的禮物，如此便足夠分享給所有人。

夏末，一串串沉甸甸的豆子包藏在光滑的綠色豆莢裡，根根玉米從莖桿上斜長出來，在陽光下顯得白白胖胖，腳邊的南瓜也膨大起來。一畝一畝，三姊妹菜園生出更多食物，比單個姊妹獨自生長產出的更多。

你可以看得出她們是姊妹：一個自在地纏繞著另一個，輕鬆環抱彼此，貼心的小妹慵懶地躺在她倆腳邊，有點黏又不會太黏——合作，而非競爭。我以前也在人類家庭的姊妹互動裡看過這種關係，因為我家裡就有三個女生嘛。大女兒知道自己得掌控一切，她高挑、直接、正直、有效率，總是以身作則，她就是玉米大姊。但一山不容二虎，兩個玉米無法同住一個屋簷下，所以夾在中間的老二就會想辦法適應，豆子二姊學會靈活變通，找到主結構之外的空間來獲取所需的光照。可愛的小妹可以自由選擇想要的路，因為姊姊們已經滿足了各種期望。她大可不必證明什麼，只要找到自己的方向，來為全體作出貢獻。

少了玉米的支撐，豆子會散亂地纏在地面，容易被愛吃豆的掠食者發現。雖然看起來很像她在菜園裡搭順風車，靠著玉米的身高跟南瓜的遮蔭得到好處，但根據互惠條款，你給出多少，就會獲得多少。玉米負責創造光照，南瓜減少雜草，那豆子呢？要知道她的天賦，得往地下探尋。

三姊妹在地表透過葉子的分布位置來合作，小心不干擾彼此的空間，而地下的狀況也是如此。玉米這種單子葉植物基本上是會蔓生的禾本植物，擁有發達的鬚根系。如果把泥土抖落，看來就像一條條拖把頭長在玉米桿的末端。它們的根不會鑽得深，而是形成淺根系，如此才能優先吸收落下的雨水。玉米根系吸飽水後，水會蔓延開來繼續向下走，此時豆類在地下深處的主根已經準備好要吸收水份了。南瓜跟兩個姊姊的距離較遠，自有一套辦法。碰觸到土壤的南瓜莖會伸出一簇不定根，從遙遠的玉米和豆類根鬚吸收水份。她們共享土壤跟共享陽光的方式一樣，每個人都能各取所需。

但有個東西是她們三個都需要、卻永遠不夠的，那就是氮氣。「氮氣不足會限制生長」的說法是一種「生態悖論」，因為大氣中有百分之七十八都是氮氣，真正的問題是，大部分植物都不知道如何運用空氣中的氮。它們需要礦物氮、硝酸鹽或銨。大氣裡的氮對快餓死的人來說也是看得到吃不到。但有些方法可以轉換氮氣，其中一種最佳解就是「豆子」。

豆類是豆科家族的成員，擅長吸收空氣中的氮，並將之轉化為可用的養分。但這過程並不是靠豆子自己就能完成。學生來找我時，手裡拿著一把豆類剛出土的根，上頭掛著一些小小的白色球狀物：「這樣是生病了嗎？」他們問。「這些根是不是有什麼問題？」我回答，其實這個樣子再對不過了。

這些亮晶晶的小結節中是**根瘤菌**，具有固氮的功能。根瘤菌只能在某些特殊的環境條件下轉換氮氣，它的催化酵素沒辦法在有氧時運作。由於一把泥土裡平均有超過一半是空氣，因此根瘤菌需要躲在某處才能工作。幸好豆類挺身而出，當豆子的根在地下遇到微小的桿狀根瘤菌，就展開了彼此間的化學溝通及諸多協商。豆類會發育出不含氧的瘤來收容根瘤菌，而根瘤菌則以氮素養分作為回報。豆類和根瘤菌共同產生的氮肥進入土壤後，也有助玉米和南瓜生長。這個菜園裡堆疊著一層又一層的互惠關係，發生在豆類和細菌之間、豆類和玉米之間、玉米和南瓜之間，最後還有它們跟人類之間。

想像這三姊妹是刻意攜手合作的感覺很不錯，或許她們也有意如此。不過，這段合作關係美就美在彼此各司其職，希望自身能長得更好，也因此個體繁榮了，整體就跟著興旺。菜園三姊妹的關係帶出了我們部族最重要的基本信念：我們要認識到最重要的事，就是自己獨特的天賦，以及如何在這個世界運用天賦。為了整體的繁盛，個體必須被珍惜與滋養，惟有讓每個人都能做自己、充滿信心發揮天賦，才可能與他人分享。三姊妹讓我們親眼見識到：當所有成員都充分了解並分享自己的天賦，一個社群將如何地發展壯盛。對等互惠，使得我們的精神和肚皮一樣飽足。

⁂

多年來，我在演講廳教授「普通植物學」，都是用投影片、圖表和植物的故事來上課，要點燃一群十八歲年輕人的熱情，讓他們知道光合作用有多神奇，這些實際案例應該不會失手。他們要是學到植物根系是如何穿破土壤，怎麼可能會不興奮？而且肯定坐在椅子邊角，想再多聽點關於花粉的事吧？但從他們一片茫然的神色中，我發現大部分人只把一切當作看草如何長高而已。當我滔滔不絕講述豆類幼苗如何在春天破土而出，只有第一排的人會熱烈地點頭跟舉手，其他人大多睡著了。

我感到挫敗，於是請大家舉手答題：「有多少人曾經種過任何東西？」前排的人都舉起手來，後面幾個人則心不在焉地搖搖手，某人的媽媽種了一株非洲紫羅蘭剛枯死。突然間，我理解他們為何一副百無聊賴的樣子了，我是憑著回憶來教學，談的是多年來自己見過的植物印象，但那些我以為所有人共享的植物經驗，我的學生們並不具備，原因是超市取代了菜園。第一排學生見過這些植物，而且很想知道每天的奇蹟是如何發生的，但課堂上大部分人連碰觸種子和泥土的經驗都沒有，也從沒看過花如何變成蘋果。他們需要的是一位新老師。

所以現在每年秋天的課，我都選在菜園裡開始，這樣他們就可以遇到我認為最棒的老師——漂亮三姊妹。整個九月下午他們都跟三姊妹待在一起，測量產量和生長情況，漸漸發現了這些餵飽他們的植物究竟長什麼樣子。我要他們先用看的，觀察並畫出這三種植物的生長關係。一位藝術家學生越看越興奮，「看那個構造！」她說，「就像美術老師今天在畫室說過的設計要素，有統一、有平衡、有色彩，太完美了！」我看著她筆記本裡的素描，她應該是把它當作油畫來看待，長葉、圓葉、淺裂又平滑的黃色、橘色、綠色帶點黃棕色。「你們看懂它們是如何組成的嗎？玉米是垂直元素，南瓜是水平的，所有東西被豆子彎曲的藤蔓綁在一起。美極了！」她誇張地驚嘆。

其中有個女生的穿著太勾人，適合上舞廳，卻不太適合植物戶外課。她小心翼翼避免沾到泥土。為了讓她融入課程，我建議她負責比較不會弄髒的項目，跟著南瓜藤的一端走到另一端，把開花的位置標在圖上。藤蔓遠處的嫩端開著橘色的南瓜花，像她的裙子一樣帶著皺摺又鮮豔顯眼。我指著花在授粉後脹得膨大的子房，這就是成功引誘的結果。她穿著高跟鞋忸怩小心地踏著碎步，跟著藤蔓走向後方源頭處，早開的花已經凋謝，一顆小南瓜長在原本花的雌蕊部位。越靠近植物，南瓜就越大顆，從花還未落、硬幣大小的結節，到十英寸的熟透南瓜都有，就像呈現懷孕的過程。我們撿起一顆成熟的奶油南瓜切開來，讓她看看裡頭的種子腔。

「你是說，南瓜是從花長出來的？」她看著藤蔓的進展，懷疑地說。「我喜歡這種感恩節的南瓜。」「是的，」我說，「這是第一朵花的成熟子房。」她驚訝地瞪大了眼，「難道我這些年吃的都是子房？好噁！我再也不要吃南瓜了啦。」

菜園裡的性表現很樸實，大部分學生都被果實吸引。我讓他們小心地切開一根玉米，但不去動到尾端冒出的玉米鬚。首先把粗糙的玉米殼去掉，然後把內葉一層層剝下，每向內一層都比外面還薄一點，直到最後一層內葉出現，很薄地貼在玉米上，露出一顆顆玉米粒的形狀。當最後一層也被拔掉，玉米穗飄出甜甜的乳香，上頭是一排排黃色的玉米粒。我們湊近想把一縷玉米鬚看個仔細，玉米外殼棕色捲曲，內部則無色平整且多汁，好似裡頭充滿了水。每絡玉米鬚都連接著殼內各個顆粒和外在世界。

玉米穗軸是一種巧妙的花，上頭的鬚就是雌蕊伸長的花絲。一端的絲鬚在風中飄盪以收集花粉，另一端則連接到子房。這些絲線是充滿水的導管，玉米鬚捕捉到的花粉粒會釋出精子，精子再沿著絲狀管游向乳白色的核心部位——子房。玉米粒只有在授精後才會變黃變豐滿，而玉米穗是幾百個小孩的媽，玉米粒有多少顆，小孩就有多少個，每個的爸爸可能都不同。不然她怎麼會被稱為「玉米之母」[26]？

豆類也像嬰兒生長在子宮裡。學生們心滿意足嚼著新鮮的豆子，我要他們打開一個細瘦的豆莢，看看自己在吃些什麼。杰德用指甲劃開一顆豆莢，看到十個一排的豆子寶寶。每顆小豆豆都有一條細細的綠絲連接著豆莢，也就是「珠柄」，它只有幾公釐長，功能類似人類的臍帶，母株透過這個組織來哺育下一代。學生湊近了看，杰德問：「那表示豆子也有肚臍囉？」大家都笑了，答案很明顯，每顆豆子都有一個胚珠柄留下的痕跡，這塊種皮上的有色區域是「種臍」。每粒豆子確實都有肚臍。這些植物母親提供我們食物，留下她們的種子孩兒，日後一次又一次地餵養我們。

⁂

八月，我喜歡舉辦菜園三姊妹的「一人一菜」聚會。我在楓樹下的桌子鋪上桌巾，在每張桌子的玻璃罐裡都放上一把野花，朋友們陸續帶著一道菜或一籃東西抵達，桌上擺滿一盤盤的金黃玉米麵包、三豆沙拉、圓豆餅、黑豆醬，還有夏日南瓜砂鍋。我朋友小李帶了整盤的奶油玉米南瓜盅來。有人帶來了一鍋三姊妹燉湯，顏色有綠有黃，還有一片片夏南瓜浮在湯面上。

彷彿東西不夠吃似的，我們有個儀式是要一起走到菜園，等大家都到齊後，再一起採摘更多。玉米裝了滿滿一籃，小孩被指派去剝玉米殼，父母們負責採綠豆裝進碗裡，最小的孩子則在帶刺的葉子下尋找南瓜的花。我們小心地舀起一匙起司和玉米粉做成的麵糊，放進每朵花的咽喉處，在它閉合之後炸到酥脆。它們從盤中消失的速度，幾乎跟製作它們的速度一樣快。

三姊妹的妙處不僅止於她們的生長過程，還有在餐桌上彼此互補的關係。三者一起吃下肚令人備覺可口，黃金三角的營養素更支撐了一整個族群。各類玉米都是絕佳的澱粉來源，它們把整個夏天的陽光轉換成碳水化合物，如此一來，冬天人們就可以從食物中獲得能量。但人類無法單靠玉米存活，營養不夠，因此豆類在菜園裡跟玉米互補，在飲食上也是如此。由於豆類具有固氮能力，蛋白質含量高，因此可以補充玉米的營養缺口。人可以靠豆類和玉米的飲食過活，光憑一種都不夠。但豆類跟玉米都沒有南瓜的維他命，因為南瓜外皮帶有豐富的胡蘿蔔素。三姊妹再一次證明了團結力量大。

---

26 譯注：玉米是美洲的重要糧食作物，原住民的傳說以「玉米之母」（Corn Mother）比喻播撒育養眾生的種子。

晚餐後，我們已經飽到吃不下點心，雖然還有印地安布丁和楓糖玉米煎餅等著享用，但我們只是坐著俯瞰山谷，孩子們到處跑來跑去。下方的土地大多種植玉米，長方形的田野跟上方林地相接。一排排玉米沐浴在午後的天光下影子交疊，勾勒出山丘的輪廓，遠看就像書頁上的一行行字，長排的綠色文字寫滿了山頭。我們和泥土的關係法則都書寫在土地上，比任何一本書描繪的都清楚。我在山丘上讀到一件事：有些人重視一致性和生產效率，於是讓土地服膺於機械化的耕作，以迎合市場需求。

原住民部落的農業觀是調整植物來適應土地，因此我們的祖先培植了各種玉米，全都可以在不同的環境生長。然而仰賴巨大引擎和化石燃料的當代農業則採取了不同的策略：調整土地來適應植物，而且種苗都相似得驚人。事實上，一旦你把玉米當作姊妹，就很難不認出她，但傳統田地的長排玉米看來完全是另一回事，關係消失了，個體被千篇一律給淹沒，這時要在穿制服的群眾裡找到自己深愛的臉孔可不容易。數大的田地美是美，但自從經歷過三姊妹菜園的陪伴，我很好奇這些玉米會不會覺得寂寞。

此處應該有上百萬株玉米並肩站著，沒有豆類、沒有南瓜，也幾乎看不見雜草。這裡是我鄰居的田，我見過牽引機在此出出入入，整理出如此「乾淨」的田地。牽引機上的噴灑機播灑著肥料，春天時你會聞到肥料飄在田間的氣味。豆子不再相伴，因為硝酸銨已取而代之。牽引機回頭又噴上除草劑，來抑制那些已經將南瓜葉淹沒的雜草。

過去當山谷還是三姊妹的菜園時，當然也有蟲和雜草，但三姊妹不用靠殺蟲劑也可以長得很好。相較於單一作物，田裡有多種植物的多元栽培比較不易受到蟲害。多樣的植物型態為眾昆蟲提供了棲息環境，像玉米蟲、豆甲蟲和南瓜藤蛀蟲都吃作物維生，但植物的多樣性也吸引了這些蟲的獵食者，比如菜園裡一定有捕食性甲蟲和寄生蜂，將吃作物的蟲控制在一定的數量內。菜園不只養活人，還讓大家能夠雨露均霑。

三姊妹給了我們一個新的隱喻來說明原住民知識和西方科學之間的關係，因為這兩者都是紮根於大地。我把玉米想成傳統的生態智慧，其物質和靈性架構能指引有如豆子雙螺旋般纏繞糾結的怪奇科學，而南瓜則創造了一個共生共榮的倫理環境。我期盼著有一天，互補知識的多元栽培法會取代聰明的單一栽培科學，如此眾生都將得到滿足。

法蘭拿出一碗打發的鮮奶油搭配印地安布丁。我們挖出柔軟的布丁，淋上糖漿和玉米粉，然後一起看著日頭在田間落下。旁邊還有個南瓜派。我希望藉著這頓大餐讓三姊妹知道我們聽到了她們的故事。她們說：用自己的天賦來照顧彼此、合作並進，如此眾生都將得到滿足。

三姊妹的天賦都上了餐桌，但她們並非獨自完成這件壯舉，反而點出了另一個共生關係的夥伴——她也坐在餐桌前，整個山谷的農舍都有她的身影，她會注意到各個物種如何存在，以及彼此共生。或許我們該考慮將稱這裡為「四姊妹」菜園，因為種植者也是重要夥伴。她翻土、嚇走烏鴉，把種子壓進土裡。我們就是種植者，整地、拔草、除蟲，冬天留存種子，隔年春天再把她們種下。我們作為作物的助產士，讓她們的天賦得以發揮。我們不能沒有作物，而作物也不能沒有我們。玉米、豆類和南瓜是完全馴化的作物，依靠我們創造出一個可以生長的環境，因此你我也是這層互惠關係中的一部分，只有在我們承擔起責任時，她們才會履行自己的職責。

放眼所有來到我生命中的老師，沒有人比她們更有說服力了——葉藤沉默不語，卻體現了關係的智慧。單獨來看，豆類不過就是藤，南瓜則是大號的葉子，只有在跟玉米站在一起，才會形成一個超越個體的整體。比起孤軍作戰，她們的天賦在共同培育時更能充分展現。成熟的穗和膨脹的果實告訴我們，所有禮物都會在關係中成倍增加。世界就是這樣不斷的前進。

黑梣木籃子
Wisgaak Gokpenagen

咚，咚，咚。靜默。咚，咚，咚。

斧頭背面碰上木頭，譜成低沉的音樂。長柄斧落在同一處三次，約翰的目光稍微下移，接著繼續砍。**咚，咚，咚**。他把斧頭高舉過頭，向上拉高時手滑開，往下時手又合在一起，條紋襯衫下的肩膀繃緊，每敲一次，他的細辮就跟著上下彈動。他連著三次使勁重擊，朝木頭一路打到底。

他跨坐圓木一端，把手指伸進砍開的裂縫用力拉扯，慢慢剝下一條斧頭寬度的木塊，包進厚絲帶裡。接著拿起斧頭大力砍了幾英尺，**咚，咚，咚**，然後抓緊木條底部沿著擊打的痕跡撕下，一條條分解這塊木頭。在砍最後一段時，他拆下了一段八英尺長的薄木條，那是一塊明淨的白色木頭。他湊近鼻子聞到新木的香氣，然後傳給我們看。約翰把它盤成一個整齊的圈，綁緊，掛在附近樹梢上。「該你了。」他將斧頭遞了過來。

在這溫暖夏日，我的老師約翰．皮金（John Pigeon）來自波塔瓦托米族知名的皮金家族，擅長籃子編織。從第一次受邀來砍木頭，我就很感恩能參加黑梣木籃子的課程，跟皮金家族的多代成員一起上課——史提夫、基特、艾德、史蒂芬妮、珍珠、安吉，還有其他人的子孫輩——每人手上都拿著薄木條。他們都是優秀的製籃匠、文化的傳承者和慷慨的老師。木頭也是個好老師。

要讓長柄斧重複又平均地落在圓木上，看來簡單做起來難。如果某個點被打得太用力就會破壞它的纖維，如果太小力，木條就斷不乾淨，留下一段薄層。我們這些初學者做出來的模樣千奇百怪，有人把長柄斧高舉過頭落下清脆的敲擊音，有人則像釘釘子那樣敲出低沉的聲響。擊打的聲音因人而異，高音有如野鵝鳴叫，咆哮聲像受驚的土狼，隱隱約約的捶擊倒像松雞振翅的擊鼓聲。

約翰還是個小孩時，敲擊木頭的聲音總是響遍整個部落。放學回家路上，他可以從揮舞的聲音分辨出誰在外頭工作：切斯特叔叔是快又有力的**啪**、**啪**、**啪**；樹籬對面的貝兒奶奶是緩慢的**砰**、**砰聲**，中間還會停下來喘會兒氣。但現在部落越來越安靜了，老人家逐漸凋零，比起敲木頭，孩子似乎對打電動更有興趣。因此約翰收學生來者不拒，希望傳授他從長輩和樹木身上學到的一切。

約翰不僅是編籃大師，也是傳統文化的承襲者。皮金家族的籃子可以在史密尼森

（Smithsonian）[27]和全世界的博物館跟藝廊欣賞到，在每年波塔瓦托米部落聚會的家族攤位上也會出現。桌上總是擺滿多采多姿的籃子，每個都長得不一樣，有鳥巢大小的花俏籃子，也有採集籃、馬鈴薯籃跟玉米清洗籃。約翰一家都懂編織，而且來參加聚會的沒人不想帶上一只皮金籃回去。我每年都會帶一個走。

跟家族裡的其他成員一樣，約翰也是大師級專家，致力於分享世世代代流傳下來的事物。前人給予他的，如今他又給了出去。我參加過幾堂編籃課，剛開始都是在乾淨桌上放著一堆收得整整齊齊的材料，但約翰不贊成用現成薄木條來教授籃子編織──他教的是籃編創作，從活生生的樹開始。

黑梣木（學名 *Fraxinus nigra*）喜歡腳下濕濕的，多生長在沖積平原森林和沼澤邊緣，常和紅楓、榆樹和柳樹混生。它並非常見樹種，只會零零星星的出現，所以可能要花上一整天在泥濘裡跋涉才能找到。放眼潮濕的森林，你可以根據樹皮的樣子找到黑梣木。楓樹的樹皮是堅硬的灰色板塊，榆樹有辮子狀的軟木脊，柳樹則有道道深溝，這些都先不論，我要找的是黑梣木交錯的脊線和瘤狀物形成的精細圖樣。用手指壓住這些樹瘤，會有一種海綿感。沼澤

27 譯注：史密森尼美國藝術博物館（Smithsonian American Art Museum）位於美國華盛頓特區，展出各種美國藝術品，其所隸屬的史密森學會是美國一系列博物館和研究機構的集合組織。

裡還有其他種類的梣樹，所以最好也看看頭上的葉子。所有梣樹——綠色、白色、藍色、南瓜色、黑色——都有複葉對生在結實的軟木細枝上。

不過，只找出黑梣木是不夠的，還要找到對的樹，也就是已經準備好可以變成籃子的那棵樹。要做編織，理想的梣樹樹幹要又直又乾淨，而且下半部沒有長出分支，因為樹枝會生節，如此就會破壞木條的直線紋理。適合的樹約莫是手臂張開的長度，樹冠飽滿繁茂，表示這是一棵健康的樹。直接向光生長的樹多半生得直挺挺又紋理細密，只有那些需要蜿蜒找光的樹，才會出現曲曲折折的紋理痕跡。有些製籃匠只選擇那些長在沼澤裡小山上的樹，有些則避開長在雪松旁的黑梣木。

樹在幼苗時期受到的影響，跟童年之於人的影響差不多。當然，樹的歷史可以從年輪窺之一二，好年長得厚，壞年就長得薄，環紋的圖案之於編籃也很重要。

年輪在四季循環間形成，樹皮和新生木質部之間有一層層脆弱的細胞會隨著季節甦醒跟休眠，叫做「形成層」。把樹皮剝掉時，會感覺到形成層濕濕滑滑，這裡的細胞永久處於胚胎階段，它們不斷分裂，導致樹的腰圍逐漸加粗。春天時，新芽感測到白日變長，樹液上升到形成層，增生大量細胞，大的廣口輸送管可以把水帶往葉片，我們就是數算這一條條大導管來判斷樹的年齡。

這些導管長得很快，所以細胞壁通常很薄，林業學家稱這部分年輪為春材或早材。到了春夏之際，養分和水變少，形成層就改生成體積小而壁厚的細胞以度過匱乏時期，這些密集排列的細胞稱為晚材或夏材。當白日變短，葉子紛紛落下，形成層就開始準備在冬天休眠，細胞停止分裂。但當春天來臨，形成層會再度活躍起來，生成體積大的春材細胞。從去年的小細胞晚材突然變成春天的早材，過程中所產生的線條，就是年輪。

約翰判斷木材已經很有經驗了。但有時為了確認，他會用刀子切一塊楔子下來看環紋。他偏好找年輪數在三十到四十之間的樹，每環的寬度跟五分幣差不多寬。當他找到對的樹才會開始伐木，但不是用鋸子，而是靠對話。

傳統伐木工會把每棵樹當作一個獨特的人來看待，一個非屬人類的森林人物。樹不是被奪取來，而是請求來的。砍樹者帶著敬意解釋來意，然後請求樹同意讓他採伐。有時得到的答案是不行，或許線索就在周圍的環境——枝頭上有綠鵑的巢，或樹皮抗拒有問題的刀——這表示樹不願意，或有某種難以言說的原因將他拒之於外。倘若得到樹的准許，砍樹者便祝禱一番，留下煙草當作回禮。樹木會被細心砍伐，也避免在倒下時傷到自身或周圍的人。有時伐木者會在地面鋪上一層雲杉木樹枝當作倒地的緩衝。伐木結束後，約翰和兒子把圓木上肩，準備走上一大段路回家。

約翰的家族做了很多籃子。他媽媽喜歡搗木材，雖然約翰跟兒子們總會在她關節炎發作時直接把這活兒搞定。他們整年都做編織，但某些季節特別適合採伐。樹被砍下後木頭還是濕潤的，此時立刻搗碎木材是個不錯的作法。雖然約翰也說，可以把木材埋在溝渠裡蓋上濕土來保鮮。他最愛的時節是春天，此時樹液上升，「大地的能量開始流進樹裡」；還有秋天時，「能量會流回地裡」，他說。

⁜

今天約翰先剝去海綿質樹皮，好讓長柄斧的力量不致偏移，接著開始工作。他把第一片木條的邊緣拉開，就能看到發生了什麼：擊打木材破壞了早材的薄細胞壁，使其破開與晚材分離，木材從春材和夏材的邊界裂開，因此剝下來的木條，正是兩道年輪間的木質部。

樹木都有各自經歷的歷史和獨特的輪圈圖案，一條拆下的木質部可能是五年、也有一年的，而隨著又敲打木頭又剝木條，製籃匠也在時間中穿梭。樹的生命從他手中一層層展現，這廂木條圈的數量累積得越多，那廂木材就變得越纖細，不出幾小時就成了一條細瘦的杆子。「來看，」約翰展示道：「我們已經把所有外層都剝掉，回到它還是樹苗時期的樣子。」他指著我們堆起的一落薄木條，「別忘了，你們堆在那裡的，是那棵樹的一生。」

木條厚度不一，因此下一步就是把木條按照構造層次分開，讓年輪被分隔開來。厚木片可以用來編織洗衣籃或捕獸用的背籃，而最精細的花俏籃子則只能用一年以下的木材來編織。約翰從他新的白色皮卡的後車斗拉出劈木機：兩塊木頭用一個夾具接合，看來像個巨大的曬衣夾。他坐在椅子前沿，膝蓋夾著劈木機，這樣一來，劈木機露出的腳在地上，尖端會從他的大腿處升起。他把一片整整八英尺長的木條穿過夾具的上方固定住，彈開折刀，把刀片挪到木條要切割的那一側，沿年輪邊緣來回調整，切出開口。他剝開的木片滑順平均，就像兩片長長的草葉。

「大概就像這樣，」他的眼神對上我並帶著笑意。我把薄木片穿過夾具，試著用大腿平衡劈木機，開始切割木條。我很快發現，必須用腿緊緊夾住劈木機，但我實在辦不到。「沒錯，」約翰笑說，「這是傳統的印地安式邀請法——夾腿專家！」完成後，我的木片看起來就像被花栗鼠咬了一邊。約翰是個很有耐心的老師，但他不會幫我完成，只是笑著把被我磨損的那面整齊地切割下來，然後說：「再試一次。」我終於調整到兩邊都可以拉，但這兩邊不夠平均，被拉動後變成一條十二英吋的碎片，一邊薄而一邊厚。約翰來回巡視，不斷鼓勵我們。他記得每個人的名字，而且知道我們需要什麼。他對某些人開玩笑說他們的臂力太弱，對某些人卻溫暖地拍拍肩膀。至於對那群感到挫折的人，他會溫柔地坐在他們身邊：「不要這麼咬牙切齒，放鬆點。」至於對其他人，他只是拉出木條交給他們。他不只會判斷樹，也懂識人。

「樹是很好的老師，」他說，「我們一向被教導，身為人的責任就是要尋找平衡，切木片絕不會讓你忘了這點。」當你終於掌握訣竅讓木片平均地裂開，木片內面美得令人意外！它光滑又溫暖，光照下就像乳白色的絲緞閃閃發亮，而木片表面則粗糙不平，碎裂的末端留下長長的「髮絲」。

「現在你需要一把銳利的刀，」他說，「我每天都磨刀。還有，實在很容易就割到自己。」約翰遞給我們每個人「一條腿」，那是從穿壞的牛仔褲剪下來的，並示範如何把雙倍厚的牛仔布放在左大腿上，「鹿皮是最好用的，如果附近找得到的話。」他說，「換成牛仔褲也行，只是要小心點。」他坐在我們身邊示範動作，會成功還是見血，只差在刀子的細微角度及手勁。布條鋪開在他的大腿上，粗糙面向上，用刀刃抵著，另一隻手則把布條從刀下抽出來，這個連續動作就像冰刀擦過冰面。扯動布條時，刀刃聚積了許多布屑，表面也被抛光了。我見過凱特・皮金（Kitt Pigeon）在劈木料時，像拉扯線軸上的絲帶那樣拉出絲緞般的木條，但我的刀卡卡的，每次總會坑坑巴巴，沒辦法刨得滑順。我的刀子角度太大，切下去後就把原本好好的長木條搞成一塊廢料。

「你快要少一條長麵包可以吃了。」約翰搖搖頭，看著我又毀掉另一片木料。「我們搞壞木片時，我媽都這麼說。」籃編從過去到現在都是支撐皮金家族的主要事業。在他們祖父的年代，多半是仰賴湖泊、森林、菜園來供應食物和其他物資，不過有時也需要儲存食物，編籃子就是讓他們有能力買麵包、桃子罐頭跟鞋子的經濟作物。弄壞的木片就像被丟掉的食物。黑梣木籃子通常可以賣得不錯的價錢，依體積和設計而定。「一般人看到標價時，通常都有點激動。」約翰說，「他們覺得不過就是編籃嘛！但是，百分之八十的作業都在編織之前發生，找到樹、敲打、剝皮，還有現在做的這一切，這價錢根本賺不了幾個錢。」

薄木條終於就緒，可以準備編織了——也就是我們誤以為編籃的唯一功夫。但約翰阻止了全班，他的聲音輕柔中帶著堅定：「你們錯過了最重要的事。先看看四周。」於是我們看向森林、營地，也看向彼此。「看地上！」他說。每個初學者周圍都扔著一堆碎料。「停下來想想你手上拿著的東西。梣樹已經在這個沼澤生長了三十年，長出葉子、落下、又長出更多葉子。樹被鹿啃食、被風輕吹，卻年復一年地工作，留下這些屬於木頭的輪圈。一片掉在地上的木片，就是那棵樹一整年的生命，而你要踩在它身上，彎折它、將他磨碎成塵土？那棵樹以自己的生命來榮耀你啊。搞砸一塊木片不是什麼丟臉的事，你只是在學習，但無論你做什麼，都應該對那棵樹懷抱著尊敬的心，而且絕不浪費。」因此，他教我們將自己製造出的碎木殘骸分類，短木片放到要做小籃子或裝飾品的那一堆，零星碎片和刨屑就扔進一個盒裡，準備乾燥後做成火種。約翰遵循「神聖採集」的傳統，只取需要的，善用每分他所得到的。

他的話呼應了我的族人常說的話。他們在經濟大蕭條時期長大，謹守著不浪費的原則，地上絕不會出現任何碎屑。但「用光光、穿到破、湊合著用、不用也將就著過」這句話不只是經濟準則，也是生態倫理。浪費木片不僅不尊重樹木，也會造成家計負擔。我們使用的所有物品，幾乎都是由其他生命製成，然而，這麼簡單的事實卻很少被社會看見。我們刨下來的梣樹螺旋都像紙片那麼薄，他們說美國的「廢物流」以紙類為大宗，就跟梣樹木片一樣，一張紙就是一棵樹的生命，水、能量跟毒物副作用都是構成它的一部分，但我們卻視若無睹地使用它們。從信箱到垃圾桶的短暫生命就說明了這一點。我猜想，如果我們可以看到堆積如山的垃圾郵件過去曾經是一棵什麼樣的樹，那會如何呢？如果約翰在身邊提醒我們這些樹的生命價值，又會怎樣呢？

部分地區的製籃匠開始注意到黑梣木樹量正在減少。他們擔心這是由於過度伐採造成的：市場過於關注編籃成品，卻鮮少留意到森林裡的原料持續減少。我的研究生達茨（Tom Touchet）決定跟我一起展開調查，去分析紐約州黑梣木在周邊的分布情況，了解問題出在樹的哪個生命週期。我們每拜訪一個沼澤，就計算所有找得到的黑梣木數量，在它們身上纏繞帶子以測量樹圍。湯姆在每個點位都鑽取幾棵樹的樹芯，確認它們的年齡。經過一站又一站，達茨發覺附近都是老樹和樹苗，幾乎沒有介於中間年齡的樹。普查出現了個大洞：他找到許多種子和幼苗，但下一個年齡層——會長成未來森林的小樹——大多都死亡或消失了。

他只有在兩處能看到大量的成樹，一是森林樹冠層的空隙之間，一些老樹因為疾病和暴風倒了，光線才得以照射進來。說來奇怪，他發現荷蘭榆樹病殺光了榆樹，然後黑梣木取而代之，產生了新的平衡，也就是失去了一個物種，又得到另一個物種。黑梣木要從幼苗長成樹，必須有日光照進來，如果一直被樹蔭遮住，就會死亡。

另一個有樹苗茁壯成長的地點位在製籃匠的部落附近，黑梣木的編織傳統在此地長盛不衰，樹木也是。我們推測黑梣木顯著減少或許不是因為過度伐採，而是伐採過少的緣故。當部落裡咚、咚、咚的聲音和黑梣木互相應和，代表森林裡還有許多的製籃匠來來去去，創造出光線可以透出的空隙。光線照到幼苗上，小樹便往樹冠層抽高成為大樹。

黑梣木和製籃匠是好搭檔，他們共譜了收成和被收成的共生關係：梣木依賴人，人也依賴梣木，彼此的命運相偎相依。這種連結關係是傳統編織復興運動的一環，這個運動如今日益蓬勃，關係到原住民土地、語言、文化、哲學的振興。過去原住民的傳統智慧和生活方式因為新移民的壓力而幾近消逝，現在龜島的原住民族開始追求文化復甦。不過，雖然梣木籃編更加地受到重視，卻也面臨入侵種的威脅。

約翰讓我們放風休息，去喝杯涼的或伸展一下疲憊的手指。「你得清醒地進入下個階段。」他說。我們繞著圈子甩開脖子和手的抽筋感，約翰發給我們一人一本美國農業部發行的手冊，封面是一隻閃亮的綠色甲蟲。「如果關心梣木，最好注意一下樹被攻擊的問題。」

從中國引進的梣樹綠吉丁蟲會在樹幹裡下蛋，幼蟲孵化後會便嚼食梣木的形成層，直到化蛹成吉丁蟲鑽出樹外，才會飛往他處尋找新的產卵地。但無論牠停在哪裡，都會對這棵樹造成致命傷害。這種甲蟲最喜歡的宿主就是梣木，因此五大湖區和新英格蘭的人都頗為困擾。現今有個針對運材和柴火的檢疫，目的就是抑制吉丁蟲的傳播，但牠移動的速度可比科學家預測得快多了。「所以得時時留心。」約翰說，「保護樹是我們的責任。」他和家人一起採收被砍倒的木材時，總會特別蒐集掉下來的種子，在穿越濕地時將之四處撒播。他提醒我們：「各種事物都一樣，你不能只拿取而不回報。這棵樹照顧我們，我們也要照顧它。」

密西根州大片梣木都死光了，曾經的籃材產地現在成了被剝了皮的樹木墳場。遠古以來的關係鏈出現破口，皮金家族世代採集和照顧黑梣木的那塊沼澤如今受到大量的感染。安婕・皮金（Angie Pigeon）寫道：「我們的樹都沒了。我不知道以後還會不會有籃子。」對大部分人而言，入侵種代表某處的地景消失，空下的部分或許可用其他東西填補；但對那些傳承古老關係的人來說，空出的生態位就代表無事可做，還有集體的心情失落。今時此刻有這麼多樹倒下，世代承襲的傳統岌岌可危，皮金家族要守護的不只有樹，還有傳統。他們和森林科學家合作防治吉丁蟲，重新適應新環境。人樹之間出現了新的關係要織補。

在保衛黑梣木的這條路上，約翰和他的家人並非孤軍作戰。在阿克維薩斯涅地區（Akwesasne），也就是跨越紐約州和加拿大的莫霍克族（Mohawk）傳統領域，有更多人在守護黑梣木。過去三十年，學者本尼迪克特（Les Benedict）、大衛（Richard David）和布里根（Mike Bridgen）都主張運用傳統生態知識和科學工具來保護黑梣木，他們栽植了上千株黑梣木幼苗送給當地部落。本尼迪克特甚至說服紐約州苗圃培育黑梣木，無論是校園或汙染地區都可以繼續種植。目前已有上千棵黑梣木在次生林和復興的部落裡被復育，吉丁蟲也依然繼續出現。

每年秋天，威脅都朝家園振翅而來，本尼迪克特和同事們發願盡己所能蒐集並保存狀況最好的種子，在這波侵略過去之後，重新種下一片森林。每個物種都需要自己的本尼迪克特、自己的皮金家族、盟友和守護者。我們的諸多教導都承認：有些物種會幫助或引導我們。「原初指引」提醒我們必須報恩，而能成為其他物種的守護者更是一份榮耀——我們每個人都有這種能力，只是常常忘記。黑梣木籃子提醒我們，其他生命曾給過我們什麼禮物，我們應該心懷感激，為它們挺身而出，付出關愛來回報。

約翰讓我們回來圍成一圈，準備進行下個步驟：組裝籃子底部。我們要做的是傳統的圓底，所以頭兩條木片得先對稱交叉在正確角度，這簡單。「現在看一下你手上的東西。」約翰說，「從你面前四個方向開始，就是籃子中心，其他東西都圍繞中心所組成。」我們部族十分敬重這四個神聖方位，以及其中蘊藏的力量。兩條木片的交疊處也就是四方匯集的交點，是我們生而為人所在的位置，我們必須在四方之間找平衡。「看，」約翰說，「我們生命中做的每件事都很神聖。四個方位是我們的基礎，也是我們從這裡開始的原因。」

等找到最薄的木條、讓骨架上八個輻條都就定位，籃子就開始生長了。我們向約翰要求下一步指引，但什麼也沒有，他說：「你得靠自己。籃子要怎麼設計全交由你決定，沒有人能教你要創造出什麼。」我們有厚木片和薄木片可用，約翰拉出一袋染過色的木條，各種顏色糾成一團，看來就像晚會祭典時男子圖騰襯衫上飄動的絲帶。「想想這棵樹在你動手編織之前，是怎麼努力長成今天這副樣子。」他說。「它把生命獻給這個籃子，這樣你就知道自己的責任了。把籃子編得漂亮點，才能報答它。」

想到對樹負有責任，每個人在開始前都停下了動作。我在面對一張白紙時，有時也會油然生出同樣的心情。對我來說，寫作是一種跟世界之間的互惠，我可以倚靠寫作來回饋所有曾被給予我的事物。而今又有了另一層責任：在一片薄薄樹片上書寫，希望落筆的文字能夠值得。然而，這樣的念頭足以讓人停筆。

籃子的頭兩排是最難編的。編第一圈時，木片似乎有自己的意志，想脫離「上－下」纏繞的韻律，拒絕配合設定的樣式，看起來鬆散又搖搖擺擺。這時約翰會插手幫忙，除了鼓勵打氣，也會幫忙扶住亂跑的木片。第二圈也很令人挫折，留下的間隔都不對，你得夾住編織器，讓它固定不動。但即便如此木片還是會鬆脫，濕的那端彈起來打到你的臉。約翰只是笑著，橫七豎八亂糟糟的木片完全不像一個整體。但第三排來了——我的最愛。這個時候，向上的拉力被往下的拉力抵銷，兩道相反的力量開始平衡起來。施與受——也就是互惠——開始發生，原本獨立的部分逐漸融為一體。編織變得簡單起來，木片有條不紊地就定位，從混亂裡長出了秩序與穩定。

為土地和人編織幸福感時，我們需要注意前三排教我們的事。生態和諧和自然法則永遠是第一排，沒有它們就不會有這麼多的籃子。只有第一圈到位，才能開始編織第二圈，那就是物質財富，滿足人類生存所需的東西。但如果只有兩圈，籃子還是可能分崩離析，第三圈加入後，前兩排才能固定在一起，這就是生態、經濟和靈性相互交織的地方。如果在使用任何物品時，都能視它們如禮物，善用之作為報答，就能尋得平衡。我想第三圈有很多名字，包括尊敬，互惠，一切的關係；我把它設定為靈性圈。無論叫什麼名，這三圈代表我們認知到生命是彼此依靠的，人類的需求只是籃子的一部分，而這個籃子是要支持萬物眾生的。透過關係，原本各自獨立的木條變成一個完整的籃子，結實又有彈性，帶著我們迎向未來。

我們工作時，一群吵吵嚷嚷的小孩圍過來看。原本忙著四處幫忙我們的約翰終於停了下來關注這群小男孩，這些孩子年紀太小不適合加入，不過看得出來他們想待著。於是，約翰從木片殘骸裡拿起一把短木條，他刻意將彎摺木片的動作放得很慢，幾分鐘後掌心就出現了一匹玩具馬。他交給小男生們一些碎片跟小馬模型，還有幾句波塔瓦托米語，但沒有告訴他們要怎麼做。男孩們似乎很習慣這種互動，也不曾問問題。他們看了又看，研究小馬的構造。不久，一群馬就在桌上奔馳起來，然後小男生們轉移了注意力，觀察籃子是怎麼長出來的。

那天的落日餘暉拉出長長的影，工作桌上陸續出現籃子的成品。約翰幫我們加上傳統小籃會有的捲捲裝飾，黑梣木的木條很有彈性，你可以編出環圈和螺旋來裝飾籃子的表面，盡情展現梣木的平滑光澤。我們做出矮矮圓圓的製物盤、高高瘦瘦的花瓶、胖嘟嘟的蘋果籃，織法和色彩多采多姿。「現在是最後一步，」他遞來幾支奇異筆，「在你的籃子上簽名，以你的作品為榮。那個籃子不是憑空出現，而是你做出來的，無論什麼樣貌都好。」他讓每個人手上捧著自己的籃子，排好隊照相：「這是一個特別的場合，」他眉開眼笑像個驕傲的父親，「看看你今天學到了什麼。希望你有感受到籃子想傳達給你的事。每個籃子都很美，每只各不相同，但它們的起點是同一棵樹。製作材料雖然一樣，但每個籃子都成為了自己，我們的族人也是如此，流著相同的血，卻各自美麗。」

那晚，我對祈禱儀式的圈圈有了不同的看法。我注意到鼓上方的雪松棚架是由四個方位的柱子支撐著。鼓聲和心跳聲召喚我們一起跳舞，節奏只有一種，但每個舞者的舞步都獨樹一格：草舞舞者點踏下沉步、水牛舞者蹲伏貼地、幻舞舞者的披巾飛旋、鈴衣舞女孩踩著高踏步、傳統婦女舞者的步法優雅端莊。男女老少穿著自己心愛的顏色，彩帶飛揚，流蘇搖擺，一切是那麼美，每個人都隨心起舞。我們圍圈跳了整晚，一起編織籃子。

⚹

我家現在有一堆籃子，但皮金家族系列還是我的最愛。它們讓約翰的話語在耳畔響起，我能聽到**咚**，**咚**，**咚**的聲響，聞到沼澤的氣味，提醒我手中握著的是樹木的生命歲月。想想看舒潔衛生紙裡的樹、牙膏裡的藻類、地板裡的橡樹、酒裡的葡萄，若我們溯源所有事物的生命線，對之表達敬意，會發生什麼呢？一旦開始這麼做就很難停下來，你會感覺自己被禮物給淹沒。

我打開櫥櫃——這裡應該挺適合放禮物的——念想：「你好，果醬罐。哈囉，玻璃杯，你們曾是海灘上被來回淘洗的沙，沐浴在泡沫和海鷗的叫聲裡，如今成為玻璃杯，直到哪天再度回到海裡。然後，莓果兒，你們在六月時節圓鼓飽滿，現在置身在二月的儲藏櫃裡。還有糖，你遠離了加勒比海的家——謝謝你大老遠跑這一趟。」籃子、蠟燭、紙——有意識地掃描一遍桌上所有物件之後，我從追溯物品的身世獲得了許多樂趣：指間轉動的鉛筆是肖楠加工製成的魔杖，阿斯匹靈的成份裡有柳樹皮，就連燈裡的金屬都呼喚我思考它是如何從地層裡形成的。但我的視線很快略過桌上的塑膠製品，幾乎沒多看電腦一眼。塑膠沒有讓我產生什麼省思，它跟自然世界差太多了。我猜，彼此的連結就是從這裡斷開的，當我們無法輕易看到物品裡存在的生命，就不會心懷尊重。

我無意對矽藻和海洋無脊椎動物不敬。它們上億年前就活得好好的，在沉入古代的海底後，受到地殼變動的壓力而演變成石油，從地底抽出到煉油廠後就被分解和聚合，做成筆電的保護殼或阿斯匹靈罐的蓋子——不過，要在各種超工業化產品構成的世界保持覺察，實在令人非常頭疼。但偶爾在手裡拿著籃子、桃子或鉛筆時，我會有那麼一瞬間福至心靈，感受自己與萬事萬物本是一體，因此有責任物盡其用。彼刻，我聽見約翰．皮金說：「慢一點——你手上握著的，是樹木的三十年呢。不該好好花個幾分鐘，想想要怎麼對待它嗎？」

草教我們的事

Mishkos Kenomaguen

I 背景

夏日裡，還沒見到茅香草園，香氣就已襲來，隨著微風若隱若現。你像狗狗一樣嗅聞著，然後氣味就消失了，取而代之的是濕地沼澤的氣息。一會兒香草芬芳又回來了，向你問候致意。

II 文獻回顧

莉娜可不是省油的燈，她帶著年紀積累而成的篤定走進草叢，用纖細的身子把草推開。這位個頭嬌小、頭髮灰白的長輩，草的高度差不多到她的腰。她掃視一圈後，朝向某處直奔而去，那處在外行人眼中與周邊環境並沒什麼不同。莉娜用拇指和食指滑過一條草葉，曬黑的手上長滿皺紋。「看到它的光澤嗎？它躲在別的草叢裡，但又希望被注意到，才會這樣閃閃發亮。」但她只是路過此地，讓草葉滑過手指。她謹遵祖先教誨，絕不採集第一株看見的植物。

我跟在她身後，她愛惜地撫過澤蘭和一枝黃花，一發現草皮上有光芒閃爍，腳步就快了起來。「啊，*Bozho*！」她說，哈囉。她從舊風衣夾克口袋掏出一個小袋子，那是一張邊緣鑲著紅色珠子的鹿皮，甩出一小支菸到手掌心，然後閉眼喃喃自語。她舉起一隻手比向四方，接著把菸扔到地上。「你懂的。」她說，眉毛像個問號。「一定要留下禮物給植物，要問我們可不可以採它們？不先問很沒禮貌。」她只有在那時才會蹲下身，掐斷草莖的底部，小心地不去傷到草根。她一一撥開附近的樹叢找呀找，最後收集了一大把光澤閃閃的莖梗。在她經過之處，草地冠層被開出一條彎彎曲曲的小路。

她一路經過在風中搖曳的茂密草叢：「我們只取真正需要的。我一直都被教導：永遠不取超過一半。」她說。有時她什麼都不摘，只是來看看這片草地，確認植物生長的狀況。「我們的教導很有力量，如果沒效就不會留傳下來了。有件事必需銘記在心，就是奶奶老掛在嘴邊的那句話：『倘若我們在運用植物時心懷敬意，它就會一直陪伴我們，而且生生不息；但若是對它視若無睹，植物就會走開。假如不尊重它，它就會離開我們。』這就是植物要告訴我們的事——也就是 *mishkos kenomagwen*（草的教導）。

我們離開草原，沿來時路回到森林，她扭下一把貓尾草彎成一個鬆鬆的結，留在路邊。「這麼做是要告訴其他採集者我來過了。」她說，「這樣他們就會知道不要再採摘了。因為我們照料得當，這裡的茅香草一直長得很好，但別的地方已經越來越難找到茅香草了。我想他們採摘的方式可能不太對，有些人太急，把整棵植物都扯了上來，甚至連根拔起。那不是我被教導的方法。」

我曾經遇過這類採集者，一陣強拉猛拽後只留下一塊禿草皮，被拔出的莖部底下是一團蓬亂的殘根。他們也獻上菸草，也只取一半，而且跟我保證他們的採集方法是正確的。對於別人批評他們的採集方式會加速茅香草的消失，他們的防衛心很重。我問莉娜是不是這樣，她只是聳聳肩。

Ⅲ 假設

在很多地方，茅香草陸續從原生地消失，製籃人向植物學家提出請求：去判斷不同的採收方式，是否會造成茅香草的滅絕。

我很想幫忙但又非常小心，因為茅香草對我來說不是一個實驗對象，而是一份禮物。科學和傳統知識之間存在著語言和意義的隔閡，具有不同的認知架構跟溝通方式。我實在不想把「草的教導」強套進學院那套科學思維和技術寫作的架構裡頭：背景、文獻回顧、假設、研究方法、研究發現、討論、結論、謝辭、參考文獻。但，我是來代表茅香草發言的，我知道自己職責所在。

若想被聽見，就必須使用對方的語言。回到學校後，我向我的研究生蘿莉提出一個論文的構想，蘿莉從來不滿足於純學術的問題，一直想找到一個如她所言「對某人有意義」的研究題目，而不是將其束之高閣。

Ⅳ 研究方法

蘿莉迫不及待要展開計畫，但她之前從沒見過茅香草。我幫著出主意：「這種草不吝惜教導人，所以你得先認識它。」我帶她去復育的茅香草地，她一「聞」鍾情，沒花多少時間就跟茅香草熟絡起來，好像是茅香草自己希望被她找到似的。

我們一起設計實驗，想比較製籃人提到的兩種採集法所造成的影響。蘿莉過去受到科學方法的訓練，但我要她試試另一個稍微不同的研究法。對我來說，實驗是一種跟植物對話的過程：我向它們提問，只不過我們說的語言不同，我不能直接問它們，它們也不會口頭回答，但植物非常善於透過體態和行為來表達。植物都是藉由生長狀態及應對變化的方式來回應問題，你只需要學會如何發問。當我聽見同事說「找到某某東西了！」像哥倫布發現新大陸那樣興奮，我就笑了出來。本就如此，只是他不知道而已。實驗不是為了發現，而是要傾聽、轉譯其它生物所知道的事情。

我同事或許會對於「把製籃人當作科學家」的這種想法不以為然，但莉娜和她女兒採收一半的茅香草、觀察結果、分析研究並擬出管理指引，於我聽來就像一種實驗科學。收集資料的產出，加上時間的驗證，便能構成經得起檢驗的理論。

我的學校就跟其他大學一樣，學生必須向口試委員報告論文。蘿莉的實驗計劃報告得很好，詳細描述了幾個研究地點、重複實驗的方法和密集取樣的技術，但她說明完畢後，會議室裡安靜得令人很不自在。一位教授翻完計劃書內容，輕蔑地把報告推到一邊，「我沒看到什麼科學新發現，」他說，「甚至連理論架構都沒有。」

科學家認為，理論跟常識的差別在於，後者僅止於推斷或未受驗證。科學理論是一套凝鍊的知識，因為眾多案例產生了一致的結果，讓人可以推測在未知情境中的發展方向，而得出了一種解釋。就像這次，我們的研究都是架構在理論上——基本上是莉娜的理論——方向是原住民的傳統生態知識：倘若我們在運用植物時心懷敬意，它就會生生不息；但若是忽視它，植物就會離開。這個理論是根據上千次觀察植物被採收的情況而得出，從製籃人到藥草師，世世代代實務工作者都曾對這個理論進行同儕審查。不過即便這個道理如此地具有份量，審查委員還是只能忍耐著不要翻白眼。

系主任的眼鏡滑到鼻樑上，眼珠直瞪著蘿莉，然後也瞟了我一眼，「誰都知道採收植物會對植群造成傷害。你在浪費時間。這整個傳統知識的論述恐怕不太有說服力。」所幸蘿莉就像以前當學校老師那樣表現得冷靜又優雅，她不懈地繼續解釋，眼神堅毅。沒多久，委員全都眼眶泛淚，我也是。早年，不管你準備得多充分，遇見態度傲慢的學界大老在言語上修理你一頓，幾乎是女性科學家的必經之路，尤其如果你有膽把研究基礎建立在一個老女人的觀察上，那更免不了遭殃。這老女人可能根本沒念完中學教育，還會跟植物說話！

要讓科學家認可原住民知識，就像在冷冰冰的水裡逆流而上。科學家已經被訓練到要去懷疑比客觀還客觀的資料，很難接受沒有圖表或公式驗證的理論，加上他們往往不加思索認為科學就是真理，因而沒有什麼討論空間。

我們沒有灰心喪志，繼續前進。編籃人教過我們科學方法的必備條件：觀察、規則、可驗證的假設，這些在我聽來就像是科學。因此我們開始在草地上建立實驗田，問植物：「這兩種不同的採收法，會讓你們的數量變少嗎？」接著我們嘗試傾聽它們的答案。我們選擇研究復育區裡生長茂密的茅香草，而非數量不多但採集者眾的野生種。蘿莉以無比的耐心幫每塊茅香草田都做數量普查，好在收成前精確計算族群密度。她甚至用彩色膠帶標記每一根草來追蹤情況，當每一根草都被清點後，她開始進行採收。

實驗田的收成方式採用了製籃者所描述的兩種方法之一，蘿莉只採各田區一半的草莖。她在某些田區小心逐一掐折莖梗的底部，而在另一些田區中則將茅香草整簇拔起，留下一塊參差不齊的空草皮。實驗當然要有對照組，因此她留下跟採收區同樣數量的田區原封不動，用草地上貼著的粉紅色膠帶來標示她的研究區域。

某天，我們坐在陽光下的田野間，討論這些採收法到底是不是傳統收成的方法。「我知道不是，」她說，「因為我沒有復刻同樣的關係。我沒有跟植物說話，也沒有獻上供品。」她曾為之糾結，最後決定不這麼做：「我敬重那樣的傳統，但沒辦法把它當實驗來做。要加上一個我自己不了解、科學也根本沒法量測的變數，怎樣都說不通。而且，我也不夠格跟茅香草溝通。」後來她承認很難在研究中保持中立，也很難不對植物產生感情，畢竟跟植物相處了這麼久，學著聆聽它們，就不可能對它們漠不關心。最後，她只能收斂地表現自己的恭謹態度，給所有植物平均的關注，如此才不會影響到結果。她把採收來的茅香草計數、秤重，最後送給製籃人。

每隔幾個月，蘿莉都會計算田區的草並且做記號，包括死苗、嫩草、剛破土而出的新芽……她把所有草莖的生死狀態跟繁殖情況都記錄下來。隔年夏天她又收成了一次，部落女人都會在此時摘採野生茅香草。兩年來，她跟一群實習生一起採收並測量草的反應，剛開始要找到學生當幫手很難，因為他們的任務只是觀察草的生長。

V 研究發現

蘿莉觀察得很仔細，筆記本上寫滿了測量數據，詳加記錄每塊實驗田的生長狀況。她很擔心對照組看來有點病懨懨的，因為這些未被採收的田區是很重要的參照點，可以用來比較跟其他被採收的田區之間的差異。我們希望春天來臨時，狀況可以有點起色。第二年，蘿莉懷上她的第一個孩子。草長起來了，她的肚子也大了，彎腰俯身變得困難，要躺在草上讀植物標牌就更不用說了，但她對這些植物不離不棄，坐在草堆裡邊數算邊做記號。她說野外工作很安靜，坐在花朵簇擁的草地上被茅香草的氣味圍繞，心裡也能感到平靜，這樣對寶寶很好。我想她說的對。

夏天慢慢過去，研究工作在跟時間賽跑，必須趕在寶寶出生前做完。蘿莉再過幾個禮拜就要臨盆，現在必須倚靠團隊合作。她每完成一個田區，就會呼喚夥伴幫忙，將她扶起站好。這也是女性野外生物學家的必經之路。肚裡的寶寶日漸長大，蘿莉對她的製籃顧問所傳授的知識也越來越深信不疑，她十分肯定女性長時間親近植物和植物棲地所累積出的觀察，這點是西方科學中所沒有的。他們跟她分享許多心得，還織了好幾頂嬰兒帽。

希莉亞在初秋出生，一串茅香草辮就掛在嬰兒床邊。她在睡覺時，蘿莉把資料輸入電腦，開始比較起兩種採收法的差異。她依據每根草莖上的綁帶，詳細記錄各樣本區的生長情況：某些樣本區冒出許多新芽，長得茂盛茁壯，某些則不然。她的統計分析完整而詳實，但幾乎不需任何圖表說明，因為從田的外觀就可以看出差別：一些田區散發耀眼的金綠色，一些則黯淡棕褐。論文口委的批評在她心頭盤旋：「誰都知道採收植物會對植群造成傷害。」

但令人驚訝的是，狀況不好的區域並不是那些被收成的田區，反而正如預期，是那些沒有被採收的對照組。沒有被摘採或受過干擾的茅香草田滿是死莖，倒是收成過的田區欣欣向榮。每年雖然有一半數量的草莖被收割，但很快就長回來，不但完全取代了被採收的部分，甚至長出比之前更多的新芽。採集的行為似乎會刺激茅香草的生長。第一年採收時，長得最好的是那些曾被整把拽起來的，但不管是小心捏取或整叢拉起，結果都差不多：茅香草如何被採收似乎不太要緊，只要有採收就好。

蘿莉的口委從一開始就否定了這種可能，他們總是都被教導說，收成作物會造成產量的下降，但茅香草明明白白證實了另一種論點。蘿莉的論文大綱歷經了一番拷問，你可以想像她很擔心口試過不了，但她還有一張王牌是這群心存疑竇的科學家最在意的：資料。此時，希莉亞在老爸的臂彎裡睡得正甜，蘿莉秀出圖表證明有採收的茅香草變得枝繁葉茂，而沒採收茅香草反而長不好。一貫指指點點的系主任變得沉默不語，製籃人笑了。

VI 討論

我們擁有的世界觀深深影響著我們的一言一行——就算是號稱完全客觀的科學家也不例外，他們對茅香草的預測跟西方科學的觀點一致，他們主張人類有別於「自然」，而且多半把人類和其他物種的互動視為負面的。他們受到的訓練是：要保護瀕臨滅絕的物種，最好就是不管它們，更不可以讓人類靠近。但眼前的綠草如茵說明了對茅香草來說，人類也是整個系統的一部分，而且還很重要。蘿莉的發現或許對生態學者來說出乎意料，卻跟我們祖先的說法不謀而合：「倘若我們在運用植物時心懷敬意，它就會一直陪伴我們，而且生生不息；但若是它視若無睹，植物就會走開。」

「你的實驗似乎發生了顯著的差異，」系主任說，「但你要如何解釋？你要說，那些沒被收割的草因為被忽視，而心情受傷了嗎？作用機制是什麼？」蘿莉承認，沒有科學文獻能解釋製籃者和茅香草間的關係，因為這類問題通常被認為不值得受到科學關注。於是她轉而研究茅香草如何回應其他影響因子，如火燒或放牧，結果發現，她所觀察到促進生長的現象在牧場科學家看來根本司空見慣，畢竟草類已經能夠完美適應干擾——這也是我們種草皮的原因。只要割草，草就會增生。草的生長點就在表土下方，所以就算它們的葉子被割草機、放牧的牲畜或一把火給帶走，還是可以很快復原。

她解釋，採收使得草的數量減少，但剩下的新芽會接收到那些多出來的空間和光線，因此長得更快，就算用拉扯的採收法也有幫助。連接枝條的地下莖表面有很多芽點，只要輕拉，莖部就會斷開，芽點就會長出許多幼枝來填補空隙。許多草類都會歷經一種稱為「補償生長」的生理變化，植物會因為脫葉而長得更快。聽起來雖然違反直覺，但當一片青草地迎來了一群放牧的水牛，草就會長得更快來應對變化，這不但有助於植物復原，也招來水牛在季節末期繼續回來吃晚餐。另外，水牛的唾液裡有一種酵素會刺激草類生長，因此一整群牛經過所留下的肥料就不必說了。草對牛付出，牛也對草付出。

不過，也只有在獸群對草懷抱敬意的時候，這個系統才會達到完美的平衡。放牧的水牛吃過草後就會繼續移動，幾個月後才會再回到同個地方，因此牠們遵循著不過半的原則，不會過度啃食。人和茅香草不也該如此？我們跟水牛沒有分別，都受到同樣的自然法則所支配。茅香草的應用歷史悠久，顯然已經很依賴人類創造「干擾」來刺激它們補償生長。兩者處於一種共生關係，茅香草供給人們芳香的草葉，人類則透過採集來為茅香草創造蓬勃生長的條件。

關於某些區域的茅香草數量減少，並非因為過度採收，反倒是採收不足所造成的，這個問題頗耐人尋味。蘿利和我仔細研究以前的學生舒比茲（Daniela Shebitz）留下的地圖，上頭記錄著茅香草從前的分布位置，地圖上的藍點表示曾經長過茅香草的地點，但後來消失了；

紅點則是歷來都長有茅香草的地點，如今依然一片繁盛。這些紅點並非隨機分布，而是聚集在原住民部落的周圍，尤其是那些以茅香草籃編出名的部落。茅香草在被物盡其用時，就長得生機勃勃，在其他地方卻消失無蹤。

科學和傳統知識可能會質問不同的問題、說不同的語言，但倘若它們好好聽植物說話，就可能與彼此交會。只不過，要向會議室裡的專家講述祖先告訴我們的故事，就必須以描述機制和客體的語言來給出科學上的解釋：「如果我們減少百分之五十的植群生物量，草莖就可免於資源的競爭，補償生長的促進物質會使族群密度增加，植物也會長得更好。如果缺乏擾動，資源消耗跟競爭會導致植物喪失活力，且提高死亡率。」

這群科學家對蘿莉報以熱烈的掌聲。她用他們的語言提出有力的案例來說明採集者的刺激效應，充分解釋了採集者和茅香草之間的互惠關係。某位在一開始認為這個研究「對科學毫無新貢獻」的口委，後來甚至收回了批評。坐在桌邊的製籃人心照不宣地點頭，這不就跟老人家說的道理一樣嗎？

問題來了：那要怎麼表現尊敬？從我們的實驗裡，茅香草已經給了答案：持續採集，就是敬重植物的方法，因為我們恭謹地接受它所賜與的禮物。由茅香草來說這個故事，或許一點也不令人意外。茅香草是天空女神在龜島種的第一棵植物，這株草把自己的芬芳給了我們，我們也滿懷感激地收下。接受禮物後，採收者為了回報，便打開了某些空隙讓光能夠照進來，並輕輕牽拉莖部，讓休眠芽能長出新草。所謂互惠，就是要讓禮物透過施與受的循環，不斷保持流動。

前輩說，植物和人類的關係必須保持平衡。人往往拿取太多，超過植物所能分享的，那些經驗教訓跟「絕對不拿取過半」的教誨互相呼應；但前輩也說過，我們有時拿得太少，任由傳統消逝、關係淡漠，大地也會因此受苦。這些律則都是經驗累積跟犯錯之後得到的省思。而且植物並非都一個模子刻出來的，每種植物再生的方法都不一樣，有些很容易因為採集而受到傷害，跟茅香草不同。莉娜說，關鍵就是要充分認識每種植物，才會尊重它們的差異。

Ⅶ 結論

我們的族人以菸草和謝詞對茅香草說：「我需要你。」草在被摘取後恢復生機，則是在向人類說：「我也需要你。」這不就是草教我們的事嗎？因為相互照應，禮物方得以源源不絕。相輔相成，由此圓滿。

Ⅷ 謝辭

茂密的草田中唯獨風與之為伴，有一種語言跨越了科學和傳統理念之間的差距，無論是數據資料還是祈禱，其實沒什麼分別。風穿梭草葉之間吹送著草唱的歌，於我聽起來像是*mishhhhkos*（草ㄠㄠㄠ……），一遍遍迴盪在草波漣漪上。對於被教給我們的這一切，我想要說聲謝謝。

IX 參考文獻

茅香草、水牛、莉娜、列祖列宗。

楓樹王國——歸化指南
Maple Nation: A Citizenship Guide

我的社區裡只有一個加油站，就在紅色停車燈的旁邊，那也是唯一的號誌燈。現在你稍微有點概念了，我確定它有個正式的名字，但我們都叫它「龐培商場」。咖啡、牛奶、冰品、狗飼料——你可以在這裡得到所有生活必需品，例如把東西綁在一起的布膠，還有把東西分開用的 WD-40 潤滑除鏽噴劑。我沒在去年出產的楓糖漿罐頭前停留，因為我正要去煉糖屋，新的糖漿在等我。來到這商場的主顧多半開著小貨卡，偶爾出現豐田 Prius 車系，今天沒有任何雪上摩托車來加油，因為雪差不多都融了。

這裡是唯一可以加油的地方，所以經常大排長龍。今天人們在春日陽光下排隊，靠在各自的車上等待，彼此的對話圍繞著生活瑣事，就跟商場貨架上的東西一樣——油價、樹液開始流動了、誰又搞定報稅了。製糖季和稅季差不多同時到來。「又是油價、又是來收稅的，我快被榨乾了。」凱爾姆剛換好噴嘴，手在油膩膩的卡哈特工裝褲上擦了幾下，嘴上抱怨著：「他們現在說要增稅在學校那邊蓋風車？都是全球暖化害的。可別想從我這兒拿到半毛錢。」

在我前方有個鎮公所的人在排隊，這個身形豐滿的女人曾在學校教授社會學，當下就向凱爾姆打趣地晃晃手指。她說不定還教過凱爾姆呢，她說：「你不高興？沒出席就不要抱怨。有本事來開會啊！」

樹下還有未融的雪，就像一張明亮的毯子鋪在灰色樹幹和變紅的楓樹芽下。昨晚，小小的銀月亮掛在早春的深藍夜空，新月開啟了阿尼什納比族的新年——楓糖月。這個時候，地球從深沉的休息狀態甦醒，重新帶來給人的禮物。為了慶祝，我要去採糖。

今天我拿到普查表格，就在我開車穿過山丘前往楓樹林途中，表格放在一旁的副駕座上。要是做個全鎮人口普查，楓樹的數量肯定是人類的數百倍，阿尼什納比族把樹也當作人來計算，它們是「站立種族」。雖說政府只計算鎮上的人類，卻無可否認我們住在楓樹的王國裡。有個致力於恢復古早飲食傳統的組織畫了一張「生物區」的美麗地圖：地圖上，國家邊界消失，以生態區域取代，每個區域都有主要的動植物，也就是影響當地環境風貌、日常生活且供給人類食物的代表性生物——物質上和精神上的食物都有。這份地圖特別標示出太平洋西北地區的鮭魚國跟西南部的矮松國，我們的東北部則被楓樹國所圍繞。

我忖度，歸化為楓樹王國的一員，意味著什麼？凱爾姆會怨懟著用兩個字簡答：繳稅。他說的對，成為一個公民，的確表示要共同支持這個社群。繳稅日快到了，人類準備在這時對社群做出貢獻，但是，楓樹是一年到頭都在不斷的付出。楓樹的樹枝讓我的老鄰居凱勒先生在冬天繳不出帳單時，依然有個暖和的家；義消和救護隊也很依賴楓樹在每個月獻上鬆餅早餐，來為新的引擎募資；學校在楓樹庇蔭下省去大筆電費支出，樹冠亭亭如蓋，根本不需開空調；甚至自動為每年的「陣亡將士紀念日」遊行遮蔭；而且，要不是楓樹很能擋風，公路局恐怕得花兩倍力氣來剷除路上的積雪。

我爸媽在地方政府活躍多年，所以我有機會親身觀察社群管理是如何發生的。「好的社群不會從天上掉下來，有的話就謝天謝地，我們得盡力讓它維持下去。」我爸說。他剛從鎮長一職退休，我媽是區域規劃委員會的成員，我從他們身上看到，多數的市民都沒怎麼意識到地方政府的存在，或許這種狀況滿正常的——因為必要的服務都可以輕易得到，所以大家都視為理所當然：道路整平，水也乾淨，公園有人打理、新的老人中心才剛蓋好，一切都低調進行。多數人對這些事漠不關心，除非個人利益受到威脅，然後就會出現愛抱怨的人，一直打電話來抗議課稅，而稅收不夠時，又打電話去抗議減稅。幸好，每個組織裡都有某些難得的少數，既明白自己的責任，也能成功履行。他們把事情處理得妥妥貼貼，值得信賴，還照顧眾人，屬於沉靜型的領導者。

我的奧農達加族鄰居稱楓樹為「眾樹之首」。楓樹成立了環境品質委員會——全年無休的提供淨化空氣和水質的服務。每棵樹身處不同的工作小組，從同鄉會野餐到公路局、教育委員會跟圖書館，都有它們的身影。不過說到美化市容，它們所貢獻的秋日楓紅卻沒什麼人會注意到。

此外，我們都還沒提到楓樹為鳴鳥提供了棲地、為野生動物創造藏身之處、金黃葉片鋪成了腳下的地毯，以及樹屋和用來盪鞦韆的樹枝呢。千百年來落葉形成土地，現在土地上種植著草莓、蘋果、玉米和乾草。山谷裡的氧有多少來自楓樹？它們從大氣裡吸收並儲存了多少的碳？這些過程被生態學家稱為「生態系統服務」，也就是自然世界的結構和功能能夠孕育生命。我們可以為楓木或楓糖定價，但生態系統服務卻更加珍貴，只不過這些服務在人類經濟體中難以量化，就跟地方政府提供的服務一樣，只有在少了它們時，才會令人意識到重要性；而且，沒有正式稅制來支付這些服務，不像我們可以花錢找人剷雪或購買學校課本。楓樹一直免費提供我們服務，為人類克盡職守。我想問：它們對我們如何慷慨？

我抵達煉糖屋時，那裡的人已經把平底鍋燒熱，一道熱氣從通風口衝了出來，向路人和整個山谷宣告今天有開工。在我停留期間，一直有人路過停下說話或買上一加侖的楓糖。他們一走進陰影下就直接在門口佇立，眼鏡開始起霧，熬煮中的樹汁飄散出的甜意讓他們停下腳步。我喜歡不斷地走進走出，只為多感受一下撲鼻而來的陣陣芳香。

煉糖屋是一棟粗曠的木造建築，其特有的排氣圓屋頂長度剛好足以讓蒸氣排掉，「呼！」一下子就往上散入春日晴空的柔雲裡。新鮮樹汁從開放式蒸餾器一端進入，隨著水漸漸煮乾，重力會牽引樹汁順著導管移動。剛開始汁液沸騰得厲害，不斷冒著大泡泡，等變得濃稠才會平息下來，色澤從透明慢慢變成深焦糖色。你得選擇在適當時機跟稠度時取出楓糖漿，如果熬太久，整鍋都會結晶成令人垂涎的磚頭。

這是件苦差事，負責照看測試的兩個人一早就等在那兒了。我帶了一個派餅，讓他們可以偶爾偷閒扒上一口。一起看顧鍋爐時，我問道：怎樣才算是楓樹王國的好公民？賴瑞是鍋爐工，每十分鐘就要穿上手肘高度的手套，戴好面罩，才能打開灶門。他把三英尺長的木柴一根根加進爐裡，高溫令人煎熬難耐。「你得讓它保持沸騰，」他說，我們是採用傳統工法，有些人改用燃油爐或煤氣爐，但我希望繼續用木柴，感覺比較對。」

柴堆往往塞滿整座煉糖屋，包括一綑綑劈開的乾燥梣木和白樺樹，當然還有堅硬的楓樹，堆起來高達十英尺。森林系學生從林徑上死去的樹木砍下木頭，蒐集成一大疊，「看，效果還滿不錯的。為了讓糖楓林產量好，我們移除了其他競爭者，這樣楓樹就可以長得旺盛又茂密。砍除的樹木就會變成你看到的柴火，不會產生浪費。這樣也算是好公民吧？你照顧樹，樹也照顧你。」很多大學都已經有了自己的糖楓林，我很感恩我們學校也有。

巴特坐在儲存槽旁附和：「我們應該省點油，以備不時之需。木頭的效果較好，而且又可以達到碳中和。煮楓糖時，燒柴所釋放的碳是樹早先從空氣中吸收的，最後直接回到樹身上，沒有淨增加。」他繼續解釋，這些森林是大學打算達成完全碳中和所做的努力之一：「把森林維護好就可以抵稅，森林會吸收二氧化碳。」

我猜想，要成為國家的一員，特點之一就是共享貨幣。楓樹王國的貨幣是碳，社群成員之間以碳交易、交換、以物易物，從空氣、樹、甲蟲、啄木鳥、真菌、圓木、柴火到空氣，之後又回到樹身上。不浪費、財富共享、保持平衡和對等互惠……我們還奢求哪些永續經濟的模型呢？

怎樣才算是楓樹王國的子民？我問馬克，他負責製糖作業的收尾，必須用攪拌棒跟浮秤來測試糖的濃度。「這是個好問題。」他邊說邊將幾滴奶油倒進滾沸的楓糖裡，好平息表面的泡沫。馬克沒有直接回答，他把蒸發皿底部的栓塞拿起來，又倒入一桶新的楓糖漿。等糖漿稍微冷卻了點，他幫每個人都倒了一杯，杯中澄黃溫暖。他向我們舉杯：「我想應該就是像這樣，」他說，「製作楓糖漿，並享受它。你拿取所被給予的，然後好好對待它。」

喝楓糖漿會為你帶來「糖興奮」，這也代表你是楓樹王國的子民，楓樹就在你的血液和骨子裡。我們吃什麼就會變成什麼，隨著每匙金黃入口，楓樹的碳成了人類身上的碳。傳統觀念說得好：楓如人，人如楓。

阿尼什納比語稱楓葉為 *anemenik*，意思是「人之樹」。「我太太會做楓糖蛋糕，」馬克說，「聖誕節我們都會送人楓葉形狀的糖果。」賴瑞最愛把糖漿淋在香草冰淇淋上；我九十六歲的奶奶在心情低落時，喜歡偶爾吃上一匙純糖漿，她稱之為維他命M[28]。下個月學校會在這裡舉辦「鬆餅早餐會」，教職員和家族將聚在一起慶祝楓糖王國的黏手會員制度，還有我們跟彼此、跟土地的連結。全體國民都會一起共襄盛舉。

蒸發皿裡的糖漿快要沒了，我跟著賴瑞到外頭找尋路上的楓糖林，樹下的容器承接著一滴滴的新鮮樹汁。我們在林裡走了一會，從導管形成的網下穿過，管裡有如小溪汩汩流動，把樹汁帶向集液槽，那聲音跟舊時的樹汁收集桶的叮鈴聲不一樣，卻讓兩個人就可以完成二十人份的工作。

今日的森林跟歷年春天並無不同，楓葉王國的子民開始甦醒。跳蟲滿布在鹿徑上的水井裡，苔蘚跟著樹木底部的融雪滴落，鵝群飛過，因為急著回家，V字形隊伍有點不整齊。我們載回一個快滿溢出來的容器，賴瑞說：「每年的製糖都是一場賭博，你無法控制樹汁怎麼流，某些年量多，某些年量少。你就取你所能取的，然後心懷感恩就好了。一切都跟溫度有關，但那不在我們掌控之中。」這段話如今不完全正確了，由於人類大量使用石油，加上當前的能源政策加速了每年二氧化碳的排放，確實造成了全球升溫。春天到來的時間，比二十年前提早了一個禮拜。

我實在不想離開，但還是得回到桌子前了。開車回家的路上，我繼續思考公民身分的事。我女兒在學校念書時需要背誦《權利法案》，但我大膽猜測，楓樹的幼苗被教導的，應該是《責任法案》。

到家後，我查詢了幾個人類國度的公民誓詞，發現了不少共通點：有些要求對領導者效忠，大部分都是忠誠誓言，表達共同信念並宣誓服從國法。美國幾乎不允許雙重國籍——所以你得做出選擇。我們是根據什麼樣的基礎來決定向誰效忠？如果一定要做出決定，我會選擇楓樹王國；倘若公民身分意味著共享信念，那麼我相信物種之間的民主；假如公民身分必須向領導者宣示忠誠，我會選擇服從眾樹之首；如果一個好公民要能夠維護國法，我會選擇自然法則，也就是平等互惠、生生不息、相互滋養的關係律則。

美國的公民誓詞規定，身為公民將保衛國家並對抗敵人，必要時也得拿起武器。同樣的誓詞如果用在楓樹王國，號角聲會響遍樹林繁茂的山丘。美國的楓樹正面臨大敵，一個最被推崇的發展模型這樣預測：新英格蘭地區的氣候將在五十年內變得不利於糖楓樹生存，升高的氣溫會減低育苗的成功率，植株再生將陸續失敗。事實上，現在已經開始出問題了。接下來，昆蟲也會減少，然後橡樹會變成優勢種。想像一下一個沒有楓樹的新英格蘭——根本無法想像！灰撲撲的秋景取代了火紅的山丘，煉糖屋大門深鎖，再也沒有香甜的蒸汽雲。我們還認得出自己的家嗎？我們能承受那樣的心碎嗎？

28 譯注：M指楓糖的英文maple的開頭字母。

目前看來腹背受敵。「如果狀況沒有改善，我就要搬去加拿大。」看來楓樹就會那麼做。就像孟加拉的農夫為了逃離海平面上升的困境而流離失所，楓樹也會變成一個個氣候難民，為了生存而向北遷移，在北方邊緣重新落腳。我們的能源政策正迫使楓樹離開，它們會因為廉價汽油而被逐出家園。

我們無法在機台投幣付費來為氣候變遷付出代價，或支付楓樹和其他生物所提供給你我的生態系服務。我們要留給下一代便宜的汽油，還是要留下楓樹？你可以笑我瘋了，但我很樂意多付點稅來解決這個問題。

比我睿智的人說過，政府就是我們的鏡子。這句話或許不假，但說到我們最慷慨的贊助者跟最有責任感的公民——楓樹——人類政府卻配不上它們，我們應該為其發聲。套一句我們鎮議會的女士所說的：「有本事來開會啊！」政治行動和公民參與，都是跟土地平等互利的有力作為。楓樹王國的《責任法案》要我們為「站立種族」挺身而出，依照楓樹的智慧來過活。

神聖採集
The Honorable Harvest

烏鴉群看著我穿過田野——一個提著籃子的女人——聒噪地討論著我的來歷。我腳下的土地硬實，除了有被犁刮擦的石頭散落各處，還有一些去年留下的玉米桿，此外盡是一片空蕩，殘餘的支持根蹲踞著像漂白的蜘蛛腳。此地多年噴灑除草劑和種植玉米，導致田地變得貧瘠，就算在多雨的四月也沒有一點綠意。八月時，田裡又會開始單種玉米，像簽了賣身契般的排排站，但這個當下，我正穿過它朝森林前進。

一路隨行的烏鴉在石牆處離我而去，田裡耙成一堆的冰川卵石鬆散排列著標記出邊界。另一邊的土地踩起來很軟，千百年來的腐葉積了厚厚一層，森林的地上冒出小小的粉色春美草和一簇簇黃色紫羅蘭。腐植質混著美洲豬牙花，延齡草準備從冬日葉子堆成的棕褐厚墊裡冒出頭，楓樹的禿枝繚繞著畫眉鳥銀鈴般的啼轉。茂生的韭蔥是打頭陣的春天植物，綠意鮮明得像霓虹燈在大肆宣告：**摘我摘我！**

我克制住想回應的衝動，改以一貫被教導的方式對這些植物說話：先自我介紹，以免它們忘了我是誰，雖說我們多年來都像這樣碰面。我解釋來意，請求允許讓我摘採，有禮地詢問它們是否願意分享。

韭蔥這種春日的滋補佳品模糊了食補和藥補的界線，能把身體從冬天的倦怠感裡喚醒，加速血液循環。但我還有另一個需求，只能靠這座森林的綠色蔬菜來滿足。我兩個女兒會從遠地回來度週末，我請這些韭蔥讓土地跟孩子們的關係變得更緊密，這樣她們的骨子裡就會一直保有跟家鄉的連繫。

有些葉子已經開展向陽生長，有的還呈現嫩莖捲曲狀，奮力向上穿過腐爛的葉堆。我用鏟子順著土堆的周圍挖掘，但植物長得太根深蒂固又太密實，抵消了我的力量，鏟子又很小一支，弄痛了我在冬日嬌嫩的手。不過起碼我還是撬出了一叢，甩掉上面的黑土。

我原本預期會看到一串白胖胖的球莖，卻發現本來該長球莖的地方生出了不規則狀、如紙般薄的葉鞘，看來枯萎疲軟，彷彿所有的汁液都被吸乾了。的確，你若提出請求，就要學著聆聽答案。因此，我把它們塞回了土裡，然後回家。沿石牆邊的接骨木殘芽和胚葉冒出了頭，像是戴了紫色手套的手。

像今天這樣的日子，蕨類嫩芽舒展開來，空氣輕盈柔軟，令人充滿希望。明知道「不可貪戀鄰居的葉綠體[29]」是句金玉良言，但還是得承認，植物成熟時的葉綠素讓我好生羨慕。有時我真希望自己可以行光合作用，這樣只要存於世上——在草原邊緣搖曳閃動，或懶洋洋地漂浮在池塘水面——在陽光下靜靜站著，就可以為世界付出。蒼鬱的鐵杉林和搖曳的草分離出糖分子傳送給嗷嗷待哺的生物，一邊聽禽鳥鳴唱，望著光影在水上舞動。

能夠造福他者是多麼令人滿足啊！彷如再次成為母親，再度被人需要——遮蔭、藥物、莓果、根系，永無止盡。我若身為植物，就可以幫忙生營火、穩固窩巢、療癒傷口、為菜色錦上添花。但這種慷慨非我能力所及，因為我不過是一個異營生物[30]，依靠其他生物轉化過的碳為食，為了存活，我必須吃喝。世界就是如此運作，以生命交換生命，我的身體和外在世界之間存在著無盡的循環。真要選，我承認我滿喜歡當異營生物，以及如果我能行光合作用，我也不會吃韭蔥。

我其實是靠著其他生物進行光合作用才活下來的。我不是森林地表生機盎然的葉子，只是一個提著籃子的女人，籃子能不能裝滿，才是對我真正要緊的事。要是我們足夠警醒，在對周遭那些為我們犧牲的生命趕盡殺絕之餘，心中就會浮現一個道德問題：不管是挖野蔥還是上賣場，如何取用才算是合理對待那些被我們奪走的生命？

---

29 譯注：原文為「不可貪戀你鄰舍的房屋；不可貪戀你鄰舍的妻子、奴僕、婢女、牛驢，以及他一切所有的。」改編自舊約聖經中的《出埃及記》二十章十七節。

30 譯注：異營生物（heterotroph）相對於「自營生物」，指那些不能直接利用無機物或有機物來維生，而必須攝取現成養分來維持生存的生物，如人類及動物。

根據古老傳說，我們的祖輩非常關心這個問題。由於我們高度依賴其他生命，保護它們刻不容緩。祖先的年代物質不豐，因此常費神在這個課題上，如今我們淹沒在各種物質裡，反而連想都不會想到。文化的面貌或許改變了，難題卻沒有消失——生而為人，總要面對不可避免的拉扯：到底是要尊重周遭的生命，抑或要為了讓自己存活而犧牲其他的生命。

幾個禮拜後，我又拿著籃子穿過田間，田地還是一片空寂，牆另一邊的地上倒是綴著雪白的延齡花，像一場遲來的降雪。我看起來應該像個芭蕾舞者，踮著腳周旋於花草之間：一簇簇荷苞花、有著神秘藍色莖頂的升麻、小範圍生長的血根草、綠蓋子的天南星科植物、還有從葉片竄出來的美洲鬼臼。我一一跟它們招呼，感覺它們也很高興見到我。

我們被諄諄教誨，只拿取那些被給予我們的東西。上次來時，韭蔥沒有什麼可以給出的，球莖為了傳宗接代而保留能量，就像把錢放在銀行裡。去年秋天的球莖還又壯又肥，但進入春天的頭幾天，那個存款帳戶就快見底了，於是趕緊把根系儲存的能量送進新葉，為這趟從土裡迎向陽光的旅程加油打氣。剛開始的幾天，葉子還是消費者，從根部吸乾養分卻無法回饋什麼，但隨著葉片展開，它們變成強大的太陽能陣列，能為根系補充能量，短短幾個禮拜內就充分展現了消費和生產的互惠關係。

今天韭蔥長成的尺寸，是我第一次來時的兩倍，被鹿碰傷過的洋蔥葉子飄散出濃郁的氣味。我經過第一叢，然後在第二叢前面蹲了下來，再次默默徵詢同意。徵求同意的動作，代表我對植物個體的敬重，同時也在評估族群的狀態。因此，我得用上左右腦來諦聽。

擅長分析的左腦，會根據經驗和徵兆來判斷族群大小和健康情況是否經得起摘採、夠不夠分享；而掌管直覺的右腦就不一樣了，它能讀取一種慷慨的氣場，看誰大方耀眼地說著「摘我吧！」而誰又緊閉著雙唇拒不服從，讓我不得不放下手裡的鏟子。我沒辦法解釋，但我就是知道，那種訊息就跟「禁止穿越」的號誌牌一樣明確而有力！這次我把鏟子插進土壤深處，拉出一串厚實發亮的白色球莖，豐滿滑溜又帶著香氣。我聽到它說好，於是把口袋裡的軟舊菸袋整個獻上，然後開始深挖。

蔥是一種以無性生殖為主的植物，透過分裂來複製數量，擴展族群的分布，因此地塊的中心區域往往十分擁擠。我試著從那個區域開始採收，如此我的摘採可以幫忙騰出空間，有利剩下的植株生長。從北美百合的球莖到茅香草，從藍莓到編籃用的柳樹，我們的祖先總會一種找到能為植物和人類帶來長遠利益的方法來收成。

雖然銳利的鏟子可以讓挖掘更有效率，卻也讓工作進展得太快。要是我五分鐘就能得到所有需要的韭蔥，我就損失了跪著觀察薑從地表冒出來的機會，也聽不到剛返家的黃鸝發出啼鳴。這就是「慢食運動」興起的原因。此外，科技的進展讓人很容易連周圍植物都一起收割下來，最後造成拿取得太多。全國的森林都在損失韭蔥，因為它們實在太受採收者的歡迎而導致瀕臨滅絕。因此，這些植物難以挖掘實在有其必要，不該事事盡如人意。

原住民採收者秉持的傳統生態知識表現在各種永續利用的作為中。原住民科學和哲學透過生活方式和日常實踐展現出來，但傳說還是最有代表性的，這些故事幫助我們恢復平衡，在整體循環中重新找到自我定位。

阿尼什納比族的長者強斯頓（Basil Johnston）說道，當年我們的師祖納納伯周在湖邊釣魚準備張羅晚餐，用著跟平常一樣的漁具。彎曲著長腿的蒼鷺沿著蘆葦叢大步走來，嘴巴像一支矛頭。蒼鷺是優秀的漁夫，也是樂於分享的朋友，牠透露給納納伯周一個可以輕鬆抓到魚的新招。牠警告納納伯周別抓太多的魚。但納納伯周滿腦子都是大餐，隔天很早就出門抓魚了，沒多久就抓了滿滿一籃，重到快要扛不動，數量也多到吃不完。於是，他把這些魚清理一番，放在屋外的架上曬乾。隔天，即使飽意還沒消退，他仍回到湖邊，按蒼鷺教的方法如法炮製，「喔耶！」把魚帶回家的路上，他想：「今年冬天有得吃了。」

日復一日，他把自己餵得飽飽的，而湖卻漸漸被掏空了。他的置物架越來越滿，飄出的香氣傳到森林，令狐狸垂涎不已。那天，納納伯周再次洋洋得意來到湖邊，結果收網時，網中空無一物。蒼鷺飛過湖面，朝他投來鄙夷的眼神。納納伯周回到小屋時學到了關鍵的一課——勿貪。放魚的架子倒塌在地上，魚已經一條不剩。

像這種貪心結局的警世故事在原住民文化中很常見，而英語文化中卻幾乎找不到。或許這解釋了我們為何總深陷過度消費的陷阱，這對我們或對那些被消費的東西來說都是有害的。原住民對於生命彼此支持所秉持的準則和作為稱為「神聖採集」，其中包含了各式各樣的規則來管理資源的取用、塑造人類跟自然世界的關係，以及約束人們愛浪費的天性——如此一來，七代以後的世界才會跟今日一樣多采多姿。不同的文化和生態系各有各的樣貌，但所有仰賴土地的民族都共享同樣的原則。

我還在揣摩這種思考方式，只是目前還不成氣候。身為無法行光合作用的人類，我得費一番功夫才能參與神聖採集，所以我貼近觀察，也聽聽比我有智慧的人怎麼說。我此刻所言跟當初族人教給我的事，都是集體智慧沃土裡辛苦收集到的種子，是地表的最表層，是知識之山的苔蘚。我很感謝它們的教導，也盡力把這一切傳承下去。

我朋友在阿第倫達克山裡的小鎮擔任鎮務秘書。夏秋時節總有人在她門外排隊，準備申請釣魚和狩獵執照。她每發出一張護貝卡片，會一併附上採集規定，那是由新聞紙印成的口袋手冊，黑白印刷，只有中間幾頁用亮光紙印刷彩色的獵物照片，以免人們不知道自己獵中了什麼。這是真人真事：據說每年都有凱旋歸來的獵鹿者把娟珊牛綁在保險桿上，因而在高速公路上被攔下。

另外，我一個朋友曾在獵鷓鴣的季節擔任狩獵檢查哨的工作，他見過有個人開著大台白色的奧茲摩比（Oldsmobile）車款前來，驕傲地掀開行李箱讓他檢查戰利品。鳥在帆布上排得整整齊齊，頭對著尾，羽毛幾乎沒有被弄亂，那是一對北撲翅鴷。

仰賴土地來養活一家的傳統民族，也需要遵循收成指引，包括制定鉅細靡遺的規章，以維持野生動物物種的健康跟活力。跟國家法律一樣，這些規章源自深奧的生態知識，還有對族群的長期觀察，目的都是要保護獵場管理人所稱的「資源」，既是為了眼前，也為了確保後代子孫能持續共享。

龜島的開拓者對此地的富饒大感驚奇，認為一切都是自然的恩賜。五大湖區的白人移民在日記中提到，原住民收割的野生稻米數量極其豐盛，不出幾天獨木舟就滿載了整年份的米。但有件事令人不解，有人寫道：「還有很多米未收割，但那些野蠻人已經停手。」她觀察到「原住民在收成稻米之前，會先以感恩儀式開場，祈求接下來四天能有好天氣。他們從清晨做到黃昏，只在約定好的四天內工作，四天結束就停工，因此常常剩下許多米沒有收割。他們說，這些米不是他們的，而是要留給雷神的，所以說什麼都不願繼續收割，很多米因此被浪費掉。」白人移民把這種情況解讀為懶惰，認為野蠻人不懂經營。他們並不知道，正是因為原住民如此這般照顧土地，才能產生他們所見的富饒。

我有一次遇到歐洲來的機械系學生興奮地跟我說，他跟奧吉布瓦族的朋友一家人去明尼蘇達州採米，他迫不及待要體驗美洲原住民文化。他們在黎明時分來到湖上，一整天撐篙穿越秧床，把成熟的種子敲下，裝進獨木舟裡。「沒多久就收集滿了，」他描述，「但其實這種工作不太有效率，至少一半的米都掉進了水裡，他們好像也不在意。就這樣浪費掉了啊！」為了向接待他的傳統採米家族表達謝意，他主動表示要幫忙設計一套穀物收成系統，直接裝在獨木舟的舷邊。他將草圖畫出來後，向他們說明這個技術可以多收成百分之八十五的米量。這家人客氣地聽完之後表示：「那樣做，我們的確可以收成更多的米。但事實上，種子明年就會發芽，現在留下來未收成的米並不會浪費。你知道嗎，我們並非唯一喜愛米的物種，假如我們把這裡的米採到一點不剩，你想鴨子還會在此停留嗎？」我們被教導，絕不取超過半數。

⁜

在籃裡裝夠了晚餐要吃的韭蔥，我啟程回家。回程穿過花海，我看到一小區蛇根草張開晶瑩明亮的葉片，這讓我想起一位藥草師說過的事。她教我採集植物的心法是：「絕不採摘你所看到的第一株植物，因為它有可能是最後一株——而且你希望第一棵植物向她的同類說你的好話。」試想，你若遇上一大片長在河岸的款冬，這個原則的確不難辦到，因為第一株後面還有第三、第四株；但若是植物的數量很少，而你的野心很大，那事情可就難辦了。

「有一次我夢到一棵蛇根草，我隔天要帶著它去某個地方，好像有什麼人需要它，但我不知道原因。只是當時還不到收成蛇根草的時候，它的葉子就算再過一個多禮拜，也還沒長好。要找到提早長出葉子的蛇根草，光照好的地方可能還有點機會，所以我去了平常採草藥的地點。」藥草師努力回想。那裡的血根草跟春美草都長出來了，她經過時跟它們打了招呼，卻沒有發現她要找的植物。於是她放慢腳步，張開感官，目光所及之處都不放過。突然，她發現蛇根草就依偎在楓樹樹墩的東南角，一大叢亮澤深綠的葉子顯而易見。她跪下來，微笑地輕聲說話，然後才想起自己正要去某處，以及口袋裡的菸袋已經空空如也，她慢慢地站了起來。雖然她的膝蓋因年歲增長而變得僵硬，但她還是毅然地走開了，才能忍住不摘採第一棵。

她在森林裡穿梭，欣賞剛探出頭的延齡草，還有韭蔥，卻再也沒見到蛇根草。「我本來想，算了吧！回家路上我發現小鏟子不見了，那是我用來挖草藥的工具，我得回去找。嗯，後來有找到——它有著紅色把手，很好找。而且你知道嗎，它就從我的口袋掉出來，掉在一片蛇根草之間。所以我跟那個植物說話，就像對某個向你伸出援手的人講話，然後它就把自己的一部分分給我了。後來我到達目的地，果然有個女人需要蛇根草作為草藥，我就把禮物送出去了。那個植物提醒我，我們若在摘採時懷抱著尊敬的心，植物就會幫忙我們。」

神聖採集的指引並沒有被訴諸文字，甚至沒有統一的說法，而是透過日常生活中各種微小的行動成就其力量。不過，如果真的要將之一一條列，大概會是這樣：

明白他人如何照顧你，這樣你也可以照顧他們。
要自我介紹，跟對方好好交流。
拿取任何東西之前，先徵求對方的許可。依循答案來行動。
絕不拿第一眼看到的東西，也絕不拿最後一樣。
只取你需要的。
只取被給予你的東西。
不取過半，留一點給別人。
收成的時候，要把傷害降到最低。
使用時心存敬意，不浪費分毫。
分享。
向被給予你的事物表示感謝。
給出回禮，來報答你所取之物。
支持曾經支持你的事物，如此土地將生生不息。

關於打獵和採集的州立準則都是針對生物的物理範疇，神聖採集的指引則基於對物理世界和抽象世界的責任。你若把被收獵的生命看成人類——他們是非人類的人物，同樣有意識、思想和靈魂，還有家人在家裡等待他們——就知道奪取其他生命來支持自己的生存，茲事體大。殺掉某人，跟殺掉某個東西是不一樣的。要是你把那些非人類的人物當作親友，就會延伸出超乎捕獵量限制和合法季節之外的採捕規則。

整體而言，州立準則是一串違法行為的名單。「持有口鼻部到後鰭少於十二英吋的虹鱒是非法的。」違法的後果有明文規定，在你見過當地親切的保育官員後，還會讓你進行一筆金融交易。然而，神聖採集不是像州法那樣強制執行的法律政策，但仍是一種協定，發生在人與人之間，尤其在消費者和供給者之間。這其中，供給者比較佔優勢，鹿、鱘魚、莓果、韭蔥說：「你若遵守規則，我們就會繼續獻上生命，讓你可以活下去。」

想像力是最有力量的工具之一。我們想像什麼，就會成為什麼。我喜歡揣想神聖採集若成為國家級的法律，就像過去我們所遵循的那樣，會是何種光景。試想，一個建商相中了一塊空地來蓋購物中心，然後必須先請求一枝黃花、野雲雀跟帝王斑蝶的同意，允許讓牠們的家被奪走，而且建商得遵照這些意願來行動，那會怎樣呢？這麼做又有何不可？

我喜歡想像擁有一張護貝好的卡片，類似我的鎮務秘書朋友發出去的狩獵和漁撈執照，上面打印著神聖採集的規則，每個人都應受其約束，畢竟這些律則來自**真正的**政府，也就是各物種形成的民主政體，這是大地之母的律法。

我問長輩以前的人是怎樣過生活，才能讓世界保持圓滿健全，答案是，你必須只取你所需要的。但我們人類——納納伯周的後代——就像老祖先一樣總在跟自己拔河。當我們的需求和慾望糾纏不清，「只取所需」這個格言就留下了許多詮釋的空間。正因為需求與慾望存在灰色地帶，於是出現了比需求更原始的規則，在如今被工業和科技包圍的世界，此一古老的道理幾乎被遺忘。這個傳統法則根植於感恩文化，不僅止於取己所需，而且只取被給予你的。

就人際互動的層面來說，我們已經這麼做了，也是這樣教育孩子。如果你去拜訪親愛的奶奶，她端來心愛的瓷盤，上頭裝著手工餅乾，你知道該怎麼辦：你會收下並連聲說「謝謝」，並且珍惜這段因為肉桂和糖而加深的感情。你會感激地收下他人給予的東西，但不會在沒經過同意的情況下就衝進她的食物櫃，拿走全部的餅乾，還把瓷盤一併帶走。那樣連最起碼的禮貌都沒有，不但會破壞關係，你奶奶也會很傷心，肯定不想再幫你烤更多餅乾了。

只不過在集體文化層面，我們似乎沒辦法對自然世界保持同樣的禮貌。不當採集已經成了生活的一部分，我們取用那些不屬於你我的東西，還往往把它毀壞到無法修復的地步：奧農達加湖、加拿大亞伯達省的油砂礦、馬來西亞熱帶雨林……罄竹難書。它們都是禮物，來自親愛的大地之母，但我們總是不問自取。所以，該如何找回神聖採集？

假設我們要採野梅或撿核果，那就只取被給予我們的，這聽起來很合理。它們獻出自己，而我們摘取它們，也算盡到相互的責任。畢竟植物長出果實，就是希望我們摘採之後，可以幫忙散播種植。我們使用植物給予的禮物，讓兩個物種都得利，生命圈因此擴大了。但要是某個事物被拿取，卻沒有互惠的清楚途徑，某方注定徒勞，那該怎麼辦？

我們該怎麼分辨哪些是土地給予的東西，哪些又不是？什麼狀況下，拿取算是徹底的偷竊？我猜長輩會勸說，路不只有一條，每個人都必須找到自己的方法。我在摸索這個問題時也遇過無解或醍醐灌頂的時候，要辨識其中的意義就像進行一場叢林冒險，必須穿過茂密的林下植物，才能找到出路。有時，我還真的模模糊糊瞥見了鹿出沒的小徑。

狩獵季節來臨，一個霧濛濛的十月天，我們坐在奧農達加湖邊伙房的長廊前。在我們聽那些男人講故事的時候，煙燻金的葉子飄落下來。杰克頭上綁著大紅方巾，他說了朱尼爾學火雞叫從不失手的故事，讓大家笑得開懷。肯特的腳踩在欄杆上，黑色辮子垂在椅背，他說他跟著新雪上的血痕追蹤一頭熊，最後被牠逃脫了。他們大多還年輕，需要跟著長輩一起建功立業。

歐倫頭戴環保品牌「代代淨」（Seventh Generation）鴨舌帽，紮著一小束灰色馬尾，輪到他講故事了。他帶我們神遊灌木叢、走下峽谷，來到他最喜歡的獵區。歐倫帶著微笑回想：「那天我應該有看到十隻鹿吧，但我只開了一槍。」他把椅子往後仰，眼睛望向山丘，陷入回憶裡。那群年輕人仔細聆聽，專注盯著走廊的地板。「第一隻鹿嘎吱嘎吱踩過乾落葉，在樹叢的掩護下迂迴下山，完全沒有看到我。接著，一隻年輕公鹿向上朝我接近，然後站在巨石後方，我本來可以繼續追牠，跟著牠穿過溪水，但我知道牠不是我要找的那隻。」一隻又一隻，他重新想起那天遇見、卻沒讓他舉起獵槍的那頭鹿：那是一隻站在水邊的雌鹿，還有一隻跛腳鹿躲在菩提樹後方，只露出臀部。「我只帶了一顆子彈。」他說。

歐倫對面的長凳上、穿T恤的年輕人傾身向前，「然後，說遲時那時快，突然一隻鹿走進林裡，直盯著你。牠清楚知道你在那裡，以及你在做什麼。然後牠向你側身，讓你可以準確地擊中牠。我知道就是牠了，牠也知道我在找牠，那是某種點頭示意。這就是為什麼我只帶了一顆子彈，我在等待唯一的那隻。牠把自己獻給我。前人是這樣教我的：只取被給予你的東西，並且心懷尊重。」歐倫提醒聽眾：「這就是為什麼我們把鹿視為百獸之尊來感謝，因為牠慷慨賜給人類溫飽。向那些支持我們的生命表示謝意，並活出我們的感激之情，會成為一股讓世界持續轉動的力量。」

神聖採集沒有要我們行光合作用，也沒有說「**不准拿**」，而是給了我們一些靈感和榜樣，讓我們知道**應該**拿取什麼。與其說是條列出哪些事「不為」，反而更像是一份「應為」的清單：應該要吃經過神聖採集而來的食物，為每一口慶賀；應該要以損害最小的方式使用科技；應該要只取被給予你的東西。這個哲學不只教我們如何獲得食物，也關乎於如何取用大地之母的禮物——空氣、水，以及土地上的實體物質，包括石頭、土壤和石油。

要採集埋藏在地球深處的煤，總會造成難以彌補的傷害，如此就違反了所有的準則。煤怎麼樣都不是被「給予」我們的，而且，我們總得讓土地和水受點傷，才能夠從大地之母那裡把煤給挖出來。如果煤炭公司打算在阿帕拉契山脈的古老岩層皺摺處把山頭給剷平，但法律規定只能取得那些被給予的東西，會怎麼樣？你難道不會很想遞給他們一張護貝卡片，告訴他們規定已經改了嗎？

並不是說我們不能使用需要的資源，而是我們要光明正大地，只拿取被給予我們的東西：微風日日吹拂，每天都有陽光照耀，浪一天天拍打岸邊，腳下土地總是很暖和——我們可以把這些不斷再生的能量理解為賜予，畢竟它們從這個星球形成之初就一直支持各種生命至今。我們不需要摧毀地球才能夠使用它們，太陽、風、地熱和潮汐能，這些所謂的「潔淨能源」在被妥善運用時，對我而言也算服膺於神聖採集的古訓。

這份準則應該有提及，包括能源在內的所有採集，應該具有正當的目的性。歐倫獵到的鹿用來做了軟鹿皮鞋，還養活了三個家庭。那麼，我們拿能源來做什麼呢？

⁂

我曾在一所每年學費高達四萬美元的小型私立大學講過一堂「感恩文化」的課，五十五分鐘的課裡，我談到長屋民族的「感恩語錄」、太平洋西北地區的「誇富宴」[31]傳統，還有玻里尼西亞的禮物經濟。然後，我說了一個民間故事：那個年代玉米盛產，到處都有貯藏所。

由於土地肥沃，物產豐饒，村民幾乎不用工作就有收成，於是他們什麼也不做，讓鋤頭閒晾在樹邊。人們變得懶惰，任由玉米慶典的時間過去，連一首感謝的歌都沒有。他們使用玉米的方式，跟菜園三姊妹當初獻給人類「玉米」這個神聖食物贈禮的用意，根本南轅北轍：人們懶得砍柴，於是燃燒玉米做為燃料；狗兒從橫七豎八的玉米堆裡拖了幾根出來，因為收割的玉米沒有被好好保存在穀倉裡；小孩玩耍時把玉米穗在村子裡踢來踢去，也沒人出來阻止。

玉米靈感到不被尊重而決定離開傷心地，去另一個願意珍惜她的地方。剛開始，人們根本沒發現，到了隔年，玉米田只剩雜草，別無他物，貯藏所幾乎一片空蕩，棄置的穀物不但發霉，還被老鼠啃過，沒剩什麼可以吃了。人們絕望地癱坐在地，變得越來越瘦。當他們不再感恩，禮物也離他們而去。

一個小孩走出村子飢腸轆轆地遊蕩了幾天，然後在林裡一片陽光普照的空地找到了玉米靈。他求她回到村裡。玉米靈親切地微笑，要他要教會族人重拾被忘掉的感恩和尊敬，她就願意回來。小孩照辦了。過了一個沒有玉米的嚴寒冬天，村民已經得到教訓，於是玉米在春天時又回到人們身邊*。

*這個故事從西南部傳到東北部，其中一個版本為布魯夏克（Joseph Bruchac）

31 譯注：「誇富宴」（potlatch）是西北太平洋沿岸美洲印第安人獨有的古老民俗，人們將財富花費在禮物與宴請上，目的是為了建立追隨者。主辦人會藉由燒掉、毀壞財產來顯示其權威地位，以得到更多順服。Potlatch 一字的意涵即為「贈送」，此現象是為人類學關於「禮物文化」的經典案例。

所述，收錄在卡杜托（Caduto）和布魯夏克合著的《生命守護者》（*Keepers of Life*）一書。

聽眾中有幾個學生皺著眉頭無法想像這種事，畢竟雜貨店的走道上永遠堆滿了貨品。稍晚進行的歡迎會上，學生們的保麗龍盤裡裝著飯菜，我們一邊交流問題跟想法，一邊小心不讓杯裡裝的潘趣酒灑出來。學生嚼著起司和餅乾，還有豐富的鮮切蔬菜跟一桶桶調味醬，食物多到可以養活一整個小村莊，剩菜則被掃進餐桌旁的垃圾桶。

一個綁著頭巾的黑髮漂亮年輕女生猶豫著沒有加入討論，一直等待機會發言。人走得差不多時，她來到我面前，用手指向歡迎會上的剩菜，臉上帶著歉意的微笑：「我不想讓你覺得沒有人懂你在說什麼。」她說，「但我懂。你講話的感覺很像我土耳其老家的奶奶，我會跟她說，她一定有個失散的姊妹在美國。我奶奶也遵循神聖採集原則。在她家，我們學到每一口放進嘴裡的食物、所有讓我們得以活下去的東西，都是另一個生命所賜予的禮物。我記得晚上躺在她身邊時，她要我們感謝支撐房子的椽，還有睡覺時蓋的羊毛毯。奶奶不讓我們忘記這些禮物，這就是為什麼要照顧每樣事物，以向各種生命表示敬意。我們在奶奶家學到要親吻米粒，要是有一顆米粒掉到地上，就要把它撿起來親一下，表示我們不是故意要浪費。」這名學生告訴我，她當初來到美國經驗到最大的文化衝擊，不是語言、不是食物，也不是科技水準，而是浪費。

「我從沒跟任何人提過，」她說，「但學校的自助餐廳讓我很倒胃口，因為我看到人們對待食物的態度，這裡一頓午餐被丟掉的東西，足夠我老家的村莊吃上好幾天。我沒辦法跟任何人談論這件事，沒有人會了解為何要親吻米粒。」我謝謝她的分享，她繼續說：「請把我的故事當成一個禮物，然後再分享給別人。」

我聽說，要回報土地賜給我們的禮物，有時光靠感恩就夠了。表達感謝是人類的獨特能力，我們具有意識，也擁有集體記憶，我們能夠記得，要是這個世界不像現在這麼慷慨，那會是什麼樣子。但我認為，我們應該超越感恩文化，重新恢復互惠文化。

我在一次討論原住民永續發展的會議上遇到克洛（Carol Crowe），一位北美洲阿岡昆族（Algonquin）的生態學家，她在部落大會爭取經費來參加研討會時，部落的人問她：「永續是個怎樣的概念？他們在說什麼？」她約略解釋了永續發展的定義，包括「適當管理自然資源和社會機構，確保能達成並持續滿足當下及未來世代的人類需求。」大夥若有所思了好一會兒，最後一位老人家說：「所謂的永續發展聽起來，他們只是想繼續取得原本就有的東西，內容都是關於如何拿取。你去跟他們說，根據我們的作法，重點不是『可以取得什麼？』，而是『我們可以給大地之母什麼？』這樣才對。」

神聖採集要我們回饋，跟我們被給予的事物建立平等互惠的關係，如此才有助於消弭奪取他者生命的道德困擾，因為我們會帶來有意義的回報，凡照料我們的，我們必照料之。生而為人，其中的一項責任便是找到方法，和人類以外的世界互相照應，我們能夠透過感恩的心，藉由儀式、土地管理、科學、藝術和日常舉動裡表現出的敬意，來達成這個目標。

我得承認，就算見到那些毛皮獵人，我的心也是封閉的，我壓根不想聽他們怎麼說。莓果、堅果、韭蔥，還有那隻跟你對望的鹿，都是神聖採集版圖裡的一片拼圖，然而設陷阱抓補雪貂和腳步輕盈的山貓，只為讓貴婦拿來作為裝飾品，根本就沒什麼好說的。不過為表尊重，我決定好好聽一下。

*

萊昂內爾（Lionel）在北方森林裡成長，打獵、釣魚、當嚮導。他住在偏遠的小木屋，靠土地生活，實踐「森林遊俠」[32]的傳統。他從擅長佈設陷阱的印地安祖父那裡習得一身功夫：要抓鼬類，你得像鼬一樣思考。萊昂內爾的祖父是個優秀的陷阱獵人，因為他非常敬重動物傳遞出的資訊：牠們行過何處、如何狩獵、天氣不好時在哪裡棲身。他可以用貂的眼光來看世界，也循此道為家人打點一切。

「我熱愛生活在灌木叢，」萊昂內爾說，「而且我愛動物。」釣魚和狩獵讓家族得以溫飽，樹帶來溫暖，然後連暖和的帽子跟連指手套都有了，每年賣出的皮草為他們賺得現金，可以買煤油、咖啡、豆子和學校制服。大家都以為他會繼續做這行，但年輕的他拒絕了，他不希望在捕獸鋏成為主流的年頭繼續設陷阱，這個技術太殘酷了。他見過動物為了掙脫而咬斷自己的腳，「動物真的願意為了讓我們存活下去而死，但牠們不想受苦。」他說。

為了可以長年待在樹叢裡，萊昂內爾從事伐木工作。他嫻熟過往的伐木法，在冬天白雪覆蓋大地的時候砍樹，並用雪橇沿著結冰的路把木材運出來。但舊時低衝擊的作法終究敵不過用如今以機器將森林開腸剖肚、摧毀動物家園，讓深邃的森林變成七零八落的斷枝殘根，也讓原本清澈的溪流成了泥溝。他嘗試過開 D9 卡特推土機和伐木聚材機，那是一種被設計來一網打盡所有木材的機器，但他實在做不下去。

於是萊昂內爾離開森林，跑去安大略省的薩德伯里市（Sudbury）工作，改在地下挖鎳礦，以供應熔爐的無度需求。從礦堆裡溶出的二氧化硫和重金屬形成有毒的酸雨，殺光了數英哩內的所有生物，給土地留下一塊巨大的燒痕。因為缺乏植被，土壤都被沖刷殆盡，留下一塊光禿禿的月球表面，連美國太空總署都來到這裡測試月球車。薩德伯里市的金屬熔煉廠讓土地像被捕獸鋏夾住，導致森林緩慢痛苦地邁向死亡。現在為時已晚，一切傷害都已造成，薩德伯里市成了大氣污染防治法的典型代表。

在礦坑工作養家並不可恥——只不過是以勞力來換取食物和棲身之所——但他總會希望付出的勞力更有意義。萊昂內爾每天開車回家的路上，經過那片透過他的勞力所造成的月球表面，總覺自己手上沾滿鮮血，所以他辭職了。

---

32 譯注：森林遊俠（coureurs des bois）指十七、八世紀遊走在北美洲新法蘭西地區和北美內陸的法裔加拿大商人，經常和原住民進行皮草貿易，也學習到原住民的交易和生活方式。

如今，萊昂內爾會在冬日白天穿著雪鞋走在他的陷阱路線上，晚上就整理皮毛。腦鞣革的製革法會產出最柔軟、最耐用的獸皮，跟工廠裡產製的刺激性化學產品大不相同。他的聲音帶著期待，一張麋鹿皮就放在他的大腿上：「每種動物的腦，分量都剛好足以用來鞣製它們本身的皮革。」他的腦和他的心，引領他回到家鄉的森林。

萊昂內爾來自梅蒂斯族（Métis Nation），自稱「藍眼印地安人」，從小在北魁北克區的密林裡成長，從他悠揚的口音就能辨識他的出身。跟萊昂內爾對話時，他總會興高采烈地穿插幾句：「*Oui, oui, madame*（法語：是，是，夫人）」，好像隨時要親吻我的手。他的手也透露了很多訊息：身為樵夫，他的手寬闊強壯，能夠設陷阱或綁伐木鍊，卻也足夠敏銳，能靠撫觸皮毛來判斷厚度。我們談話的那個年代，加拿大已經禁用捕獸鋏，只能使用讓動物立刻死亡的陷阱。他示範給我看：手臂要夠強壯，才能把獸鋏兩手拉開並安裝好，強力的瞬間夾擊會立刻折斷動物的脖子。

今時此刻，陷阱獵人花在土地上的時間比誰都多，他們詳細記錄自己的戰果。萊昂內爾的背心口袋有一本厚厚的鉛筆筆記本，他把它拿出來晃了晃：「要看我的新黑莓機嗎？我才剛把檔案下載到灌木叢電腦，靠丙烷當燃料，你知道的。」

萊昂內爾的陷阱抓過河狸、山貓、土狼、食魚貂、鼬類和貂。他的手撫過毛皮，向我解釋冬天時動物的下層絨毛和外層的長護毛有怎樣的密度差異，你可以根據毛皮狀態來判斷動物是否健康。講到貂屬動物時，他停了一下，牠們的毛皮一如傳說中的柔順奢華，特別是美洲黑貂兔，色澤美麗又油光水滑。

貂屬動物是萊昂內爾生活的一部分，與他比鄰而居，原先已瀕臨絕種，不過他很感恩牠們的數量又回升了。像他這樣的陷阱獵人是掌握野生動物族群數量和狀態的最前線，有責任照顧他們所依賴的物種。他每次檢視陷阱路線，都會蒐集到一些後續行動的情報，他說，「如果我們只抓到公貂，就會繼續留著陷阱。」當出現太多未配對的公貂，牠們會到處走來走去，很容易就抓到；太多年輕的公貂也會導致食物不足，「但只要抓到一隻雌貂，我們就會把陷阱撤掉，這樣做是要把多餘的去除，剩下的我們不碰。如此一來，整個族群數量才不會爆量，沒有一隻會餓肚子，而且數量還會持續成長。」

晚冬時節雪勢依然不減，白日卻已漸長，萊昂內爾從車庫的椽上拉下一把梯子，繫上雪鞋，扛著梯子踱步走進灌木叢，背籃裡裝著鐵鎚、釘子和廢木料。他探查到一個非常適合的點：高大又有樹洞的老樹最佳，只要洞的尺寸和形狀只容得下單一物種即可。他把梯子插進雪裡，爬上梯子倚靠的高枝開始蓋平台，想辦法在天黑前把它打造得更像一個家，隔天繼續做。要拖著梯子穿過森林是件苦差事。平台蓋好的時候，他從冰櫃裡拉出一個白色塑膠桶，放在柴爐旁邊解凍。

整個夏天，萊昂內爾都在家鄉的偏僻湖泊和河流當釣導，他開玩笑說現在只要為自己工作，管自己的公司叫「多看少做」，是個還不錯的商業計畫。他自稱在「做運動」清理漁獲，把內臟刮進白色大桶子，把它們冰在冷凍庫裡，無意中還聽到客戶耳語：「他一定是冬天要吃燉魚雜。」隔天，他又拖著載著桶子的雪橇出發，沿陷阱路線走上好幾英哩。到了每棵樹的平台處，他單手爬上梯子，比起黃鼠狼的動作少了點優雅。（你不會希望魚內臟濺得自己一身的）他舀了一大匙臭腥之物放到平台上，然後邁向下一棵樹。

就跟多數掠食動物一樣，貂的繁殖速度很慢，族群數一旦下降就很可能出問題，如果瀕臨滅絕，那就更雪上加霜了。貂的孕程大概九個月，但幼貂要到三歲才會出生，一次可以生一到四隻，至於能否養活，要看食物的量。「過去幾個禮拜，在貂媽媽生產前，我就把內臟堆放上去了。」他說，「你要把它們放在其他動物拿不到的地方，如此一來，這些貂媽媽就有大餐可吃，有助於牠們撫養寶寶，這樣存活率會高一些，尤其在雪下得久的時節。」他的聲音很溫柔，令我聯想到一個比喻：一個鄰居為不能外出的居家者帶來暖呼呼的砂鍋，跟我本來想像的陷阱獵人迥然不同。「唔，」他有點臉紅，「這些小貂仔照顧我，我也要照顧牠們。」

教導有云，採集之所以變得神聖，是因為你對拿取之物付出回報。雖然不可否認，萊昂內爾的用心會為他的陷阱帶來更多的貂，而且這些貂難逃被殺掉的命運。餵飽貂媽媽並非利他之舉，而是因為尊重世界的運作和彼此之間的連結，讓生命澆灌生命。他給得越多，能取的也越多，然後他加倍地給，遠勝他所拿取的。

我很被萊昂內爾對這些動物的情感和尊重給打動，他對牠們的需求知之甚詳，可以感受到他流露出的關心。但太愛護獵物也造成了他的壓力，他得透過實踐神聖採集的信條來自我消化。只是不可否認，貂皮很可能變成某個有錢人的華服外套，說不定是薩德伯里礦場的主人。

這些動物最終會死在萊昂內爾的手上，但牠們生前過得不錯，一部分也是因為他的關係。我一開始不明就裡地譴責了萊昂內爾的生活方式，其實這種生活方式保護了森林、湖泊和河流，不只適合他和毛皮動物，也對所有森林中的生物都好。採集會變得神聖，是因為這個作為支持了給予者，也支持了接收者。如今，萊昂內爾也是一位經驗豐富的老師，經常受邀到各個學校分享他對野生動物和保育的傳統知識，他在回饋曾經被給予他的事物。

要讓薩德伯里市的高級辦公室裡身披貂皮的那個傢伙想像萊昂內爾的世界，實在太難了，更不用說希望他想像一種生活方式：只取真正需要的、平等回饋拿取之物、滋養世界上曾滋養他的事物，或者帶點吃的給林間樹頂巢穴裡正在育兒的母親。但這些傢伙無論如何都得學，除非我們想要看到更多荒地。

⁂

說到狩獵和採集的規矩隨著野牛一起消失，聽來頗不合時宜，卻又有點迷人；但要記得，野牛還沒絕種，而且在有心人照料之下有復甦的態勢。神聖採集的準則也準備捲土重來，因為人們開始憶起一件事：對土地好的事物，對人類也好。我們必須採取行動，不僅對待治水污染和土地劣化的問題，也要修復跟世界的關係；我們必須恢復生活的光榮感，如此當你我行過世間，才不會羞愧地把目光轉開，可以抬頭挺胸接受地球上其他生命向我們致敬。

要是我的手腳比松鼠快，就能有幸摘採到野韭菜、蒲公英、沼澤萬壽菊和山核桃，但這些都只是擺盤用的裝飾，多半來自我的菜園，另外一些則是跟大家一樣是去雜貨店買來的，尤其現在住市中心的人比住鄉下的人還多。

城市就像動物細胞裡的粒線體，屬於消費者角色，靠自營生物[33]為生，也就是遠方綠地的光合作用。我們感嘆著都市人缺乏和土地直接互惠的機會，不過，雖說都市人不太清楚自己消費的東西是怎麼來的，他們還是能透過金錢來照顧彼此。挖韭菜和採礦或許遙不可及，但消費者口袋裡握著有力的互助工具，能用手上的錢作為互惠的間接貨幣。

或許我們可以把神聖採集當成一面鏡子，來評價自身的購買行為。我們在鏡裡看見什麼？這筆買賣對得起那些為你我犧牲的生命嗎？貨幣作為替代品來為世界上長著手的採集者代言，能夠用於支持神聖採集——也能造成反效果。想當然爾，我相信神聖採集的理念在當今這個時代會引發廣大的共鳴，因為過度消費已經對我們的身心都造成威脅，但若把責任全推給煤炭公司和土地開發商，那就太輕率了。因為難道購買他們所賣的東西、參與了不當收成的我，能夠置身事外嗎？

我住在鄉下，擁有一片大菜園，可以從鄰居的農場獲得雞蛋，在隔壁山谷買到蘋果，或者在野化的幾塊地上摘採莓果和綠葉蔬菜。我所擁有的東西多半來自二手、甚至第三手，像我寫字用的桌子以前是一張美麗的餐桌，被人丟在路邊。不過，就算我以木頭、堆肥和回收物為燃料，並對大小事負責任，真要一一細數家裡的物品，恐怕多半都還不夠格算是神聖採集。我想做個實驗，看看是否有人能夠活在市場經濟中，仍然實踐神聖採集的準則。於是我帶著購物清單出發了。

其實，地方雜貨店讓人很容易會留心自己的選擇，還有土地跟人之間的互益關係。雜貨店跟農夫合作，以一般人負擔得起的價格供應在地有機食物；這些店家也偏好「環保」和再生產品，如此一來我便可大大方方捧著買來的衛生紙來到神聖採集的鏡子前。仔細看看貨架上的商品，食物來源大多標示得很清楚，雖說零食品牌奇多（Cheetos）和叮咚（Ding Dongs）在生態上仍是個謎。大部分時候，我可以用美金為貨幣作出好的生態選擇，伴隨著我那不太政治正確的巧克力癮頭。

我對於目空一切、只崇尚有機、放牧、公平貿易的沙鼠奶之類的食物傳教士沒什麼耐性，每個人都應盡己所能去實踐，神聖採集不只重視關係，也應重視物質面。一個朋友說她每週

---

33 譯注：自營生物（autotroph）會用光合作用或化能合成等生物過程製造有機物，為生態系統中各種生物提供物質和能量。

只買一樣環保產品——那是她唯一能辦到的，於是她便這麼做。「我想用錢投票。」她說。我能夠做選擇，是因為有一筆可支配的收入，可以挑選「環保」而非較便宜的產品，希望這麼做能讓市場朝正確方向發展。至於堪稱食物沙漠的南區就沒有這種選擇了，不平等造成的問題比食物短缺還嚴重。

我在農產品區停下腳步，有個被塑膠袋包著的保麗龍盤標著每磅十五塊半美金的天價，原來那是野韭菜，罩頂的塑膠袋讓野韭菜看起來一副受困窒息的樣子。我腦中響起警鐘，我擔憂一切都商品化之後，還有什麼可以被當作禮物，商品思維又會帶來什麼樣的危險。韭菜被拿來販售，變成一個物品，就算每磅要價十五塊半美金，也貶低了它們的價值。野生的事物不該被拿來販售。

下一站來到購物中心，在平日，我絕對是能不踏進這裡就不踏進這裡，但今天我要深入虎穴做實驗。我在車裡坐了幾分鐘，試著把自己調整到跟去森林一樣的頻率跟心態：保持開放、接納、細心和感恩的態度，但這回收集到的會是一堆文件而非野韭菜。

此處也有一座石牆要跨越：購物中心有三層樓高，四周是一片毫無生氣的停車場，只有烏鴉停在分隔柱上。越過牆時，腳下的地板很硬，我的腳跟撞擊人造大理石磁磚發出喀搭喀搭的聲響，於是我停下來讓聲音消散。進到裡頭後，沒見著烏鴉，也沒有畫眉鳥，倒是迴盪在室內的金曲老歌串燒蓋掉了通風設備的嗡嗡聲。四周光線黯淡，幾盞聚光燈灑落在地，凸顯出店家的各式色彩，每家店的商標都清晰可辨，就像森林裡成片的血根草。沿途彷彿走在春天的林子，空氣中飄來各種香氣：這裡是咖啡，那裡有肉桂捲，然後是一家香氛蠟燭賣店，底下的美食廣場全都瀰漫著中菜快炒的香氣。

來到側棟的盡頭，我發現了目標獵物的所在地，而且輕輕鬆鬆就找到了，畢竟這麼多年來，我都是在這裡買文具的。店門口堆著一疊帶有金屬把手的紅色購物籃，我拿起一只，再度成為提著籃子的女人。來到紙品貨架區，各式各樣的紙產品——寬版格線筆記紙、窄版影印紙、文具、線圈本、活頁紙——全都按品牌跟用途分門別類一區區排列。我眼裡只看見一向最愛的橫線記事本，像黃色的絨毛紫羅蘭。

我站在這些物品面前試著醞釀採集的心情，準備遵循神聖採集的規則，但還是忍不住感到可笑。我試著在紙堆裡感受樹的存在，向它們訴說我的意念，但它們的生命被奪去的時空，跟眼前的貨架已經天差地別，充其量不過只是遙遠的回聲。我心頭浮現採集的方式：它們是來自皆伐[34]區嗎？然後想到紙工廠排放的臭味、廢水和戴奧辛。幸好還有一區標記著「再生製品」，於是我選了那區的東西，並為這份特權多掏了點錢，一邊思忖染成黃色的紙會不會比漂白的紙更糟糕。不過懷疑歸懷疑，我還是會選黃色的，搭配綠色或紫色墨水寫起字來真好

34 譯注：「皆伐」（clear-cut）為林業和伐木業採取的方法之一，指一致伐光某個區域內大部分或全部的林木，用以創造特定類型的森林生態系統。有反對者認為這種砍伐森林的方式會破壞棲息地並造成氣候變遷。

看，像花團錦簇。

我往前走到筆的貨架，或如店裡稱之為「書寫工具」的區塊，各式各樣的筆看得我眼花繚亂，我對它們的來源毫無頭緒，只知其中一些是石化合成物。我該怎麼讓這個購買行動帶有榮耀感？如何在產品背後的生命隱而不顯時，仍然讓我付出的金錢成為彰顯榮譽的貨幣？我在架前駐足良久，久到一個銷售專員來問我需要什麼，大概我看起來很像扒手，準備用手中的小紅籃把貨架上的「書寫工具」全掃光。我實在很想問店員：「這些東西是從哪裡來的？又是怎麼製成的？哪些品項的製造科技對土地的傷害最小？買筆的心情，有可能跟挖野蔥時一樣嗎？」但我猜，他會用夾在帥氣店帽上的小耳機呼叫保全。所以我只挑了最中意的品項，喜歡它筆尖滑過紙張的觸感，還有紫色、綠色的墨水。結帳時我也互惠了一下：遞出信用卡換回書寫工具。店員跟我都說了謝謝，但都不是對樹木說的。

我雖然努力揣摩，但實在感受不到森林裡那種躍動的生命感，終於明白為什麼互惠的理念在這種場域行不通，為什麼這個光鮮亮麗的迷宮對神聖採集就像個諷刺。就在我執意找尋產品中的生命的當下，一切已如此明顯，我卻視而不見——因為那些物品根本沒有生命，所以我找不到！這裡賣的所有東西都是死的。

我買了杯咖啡坐在長凳上看著人來人往，筆電就放在腿上，盡量收集各種證據。鬱悶的年輕人亟欲用消費來表達自我，悲傷的老人獨自坐在美食廣場，連植物都是塑膠的。我沒有過這樣的購物經驗，以前也從不曾如此留意過周遭發生的事。因為我一向匆匆忙忙，衝進去買好東西後就出來，不太有觀察的機會，但此刻我感官全開，仔細掃描每個場景，注意T恤、塑膠耳環和iPod，眼睜睜看見傷腳的鞋、有害的錯覺，還有堆積如山不必要的物品剝奪了兒孫照顧大地的機會。待在此地，就連想到神聖採集都讓我感到罪惡，覺得有必要保護這些理念，想要像用杯子罩住手上的小蟲那樣保護它們不受人造製品的衝擊，但我知道它們比我想像的堅強。

真正違背常理的不是神聖採集，而是市場。韭蔥無法在伐採林裡存活，神聖採集也沒辦法在這種世道裡延續。我們打造了一個詭計、一個生態系的「波坦金村」[35]，幻想每天用的東西是從聖誕老人的雪橇上掉下來，而非從土地上搶來的。這個錯覺讓我們誤以為只能在品牌之間作選擇。

✳

回到家後，我洗掉韭蔥上的零星黑土，修剪它長長的白根，還有一大把韭蔥被我們晾在一邊還沒洗。女孩們切下纖細的球莖和葉子，連同遠超過一人份的奶油，全放進我最愛的鑄

35 譯注：「波坦金村」（Potemkin village）典故來自俄國陸軍元帥波坦金（Aleksandrovich Potemkin），為了取悅女皇葉卡捷琳娜二世，在她出巡的沿線搭建了村莊繪板，製造出繁榮的假象。此詞後來用於比喻面子工程和表面文章，外在看似堂皇，實則空洞無物。

鐵鍋，爆炒韭蔥的香氣瀰漫了整間廚房，光聞就是一帖良藥。刺鼻嗆味很快消散，留下一陣濃郁鹹香的味道，還帶著一點腐葉土跟雨水的氣息。韭蔥馬鈴薯濃湯、野蔥燉飯或一碗單純的韭蔥，都能滋養身心。每週日我女兒離家時，知道她們從童年的森林帶走了一點什麼，就讓我感到欣慰。

晚餐後，我帶著沒洗過的韭蔥連同籃子來到池塘上方的一片小樹林，想把它們種回去。整個採集過程倒回重演一遍：我請求許可將它們帶來，撥開土地迎接它們，接著找個肥沃潮濕的坑，把韭蔥塞進土裡，想辦法清空手上的籃子，而非裝滿它。這片樹林已經是二代甚至三代，很久前就不再長韭蔥了，後來因為附近森林成為耕地又長了回來。樹是恢復得差不多了，底層植物卻還沒復原。

這片新長出來的次生林遠看起來很健康，樹木鬱鬱蒼蒼，但裡頭卻少了些什麼。四月雨沒有帶來五月花[36]，沒有延齡草、沒有美洲鬼臼，也沒有血根草。就算森林再生已經過了一世紀，停耕後長成的林子還是很貧瘠。而就在牆的另一邊，未開墾過的森林倒是欣欣向榮，獨缺藥草，連生態學家都不明白箇中緣由。原因可能是微棲地，或傳播過程出了狀況，但顯然從前藥草生長的棲地因為轉種玉米而造成了一連串意想不到的結果，導致藥草徹底消失了。

谷地裡，天空女神的樹林從未經過開墾，所以仍保持極盛狀態，然而其他森林卻在流失地表的覆被物，有韭蔥的林子反而成為少數。光憑時間跟機運，伐採林恐怕永遠無法長回韭蔥或延齡草，在我看來，得靠自己把它們帶到牆邊。多年下來，我在山坡上的移植行動為四月帶來了小片小片的綠意，醞釀著讓韭蔥回到家園的希望，如此，當我變成一個老太太時，就能隨時來上一頓春日的慶祝晚餐。它們為我付出，我也為它們付出。互惠就是一種利滾利的投資，吃者與被吃者都相得益彰。

今時今日，我們需要神聖採集。但如同韭蔥跟貂，神聖採集就像存活在其他環境時空裡的瀕危物種，是從傳統知識裡遺留下來的。互惠的倫理跟著森林一起消失，我們為了獲得更多物品而犧牲公平正義，打造出一種不在乎韭蔥、也不在意榮耀感的文化跟經濟的體制。倘若地球上都是無生命的事物、假如生命通通變成商品，神聖採集之道也會因此滅絕。但你要是站在春天新葉颯颯的森林裡，就會知道不該是這個樣子。

這裡是個活生生的星球，呼喚著你我要讓貂得到溫飽，並且記得親吻眼前的稻米。現在野蔥和跟土地互動的知識已岌岌可危，我們得想辦法移植它們，讓它們回到生養它們的土地；我們得帶著它們跨過牆，復興神聖採集，把藥草再帶回來。

---

36 譯注：此句引申自英文諺語「四月雨帶來五月花」（April Showers Bring May Flowers），用來形容春天的天氣變化，也有否極泰來的意思。

04

編織聖草

茅香草是大地之母的頭髮。傳統上，編織茅香草是一種關愛的表現，期盼大地之母幸福安康。辮子以三股編成，通常贈予他人以表友好和感謝。

Braiding Sweetgrass

追隨納納伯周的腳步——成為在地人
In the Footsteps of Nanabozho: Becoming Indigenous to Place

霧氣籠罩大地，暮色裡四下只有這麼一塊岩石，浪花拍岸起落發出雷鳴般的轟然巨響，令我意識到自己在這座小島上的存在感有多麼脆弱。我幾乎能感覺到她的腳踩踏在一堆濕冷的岩石上是什麼滋味，比我自己的感受更加強烈。天空女神落腳在一方彈丸之地，孤零零置身又冷又暗的海上，其後，她把此地變成我們的家園。她從天界降落時，龜島就是她的普利茅斯岩跟愛麗絲島[37]。人類之母最初也是個移民。

我也初來乍到大陸的西岸，還在熟悉這片在潮汐和霧氣裡忽隱忽現的土地。沒人知道我的名字，我也不知道他們的名字，我們對彼此沒有一丁點認識，我覺得自己隨時會跟周圍其他的景物一樣消失在霧裡。

據說造物主把四個神聖元素集合在一起，對它們吹了口氣，形成了原始人的雛型，之後再讓他來到龜島。人是所有生物裡最後一個被創造出來的，這位先鋒的名字叫作「納納伯周」。造物主向四個方位大聲喊出此名，如此其他生物才知道是誰來了。納納伯周，半人半神，他是強大的神靈、生命能量的化身、阿尼什納比文化的英雄，也是人類的偉大老師。如今，你我的樣子跟原始人納納伯周沒有太大的分別，我們人類是最晚來到地球、也是最年輕的物種，還在學習生存之道。

我可以想像納納伯周一開始的遭遇，那時還沒有人認識他，他也不認識任何人。當初來到海邊這處黑暗潮濕的森林，我也是人生地不熟，但我找到了一位長輩：北美雲杉奶奶，她寬敞的膝上容得下眾多孫兒。我向她自我介紹名字和來意，並從小袋裡掏出菸，問她是否能拜訪她的社區一陣子。她要我坐下來，剛好根系中間有個空位。她的樹冠比森林還高，搖曳的枝葉像是在跟鄰居講悄悄話。我知道她一定會請風把她的話語跟我的名字傳送出去。

納納伯周不清楚自己的出身，只知道他降生在一個充滿植物、動物、風與水的世界，他也是個移民。在他到來之前，世界就已經在那兒了，穩定和諧，各司其職。即便有些人不知道，但他明白眼前所見並非所謂的「新世界」，而是在他出現前就有的恆久存在。

我坐在雲杉奶奶身旁，地上鋪滿厚厚的松針，上百年來的腐植質踩起來十分柔軟。這裡

37　譯注：普利茅斯岩（Plymouth Rock）位於美國麻薩諸塞州，相傳是五月花號可能的登陸點之一，是英國清教徒踏上美洲大陸的第一塊岩石，上面刻著「1620」字樣是這些新移民抵達的年份，象徵著美國的起源。愛麗絲島（Ellis Island）在一八九二年到一九五四年期間是美國主要的移民管理局所在地，許多來自歐洲的移民在此初次踏上美國土地，接受移民檢查站的層層關卡與健康檢查。

的樹年紀都很大了，我的一生跟它們比起來，就像鳥鳴般的長度而已。我猜納納伯周走路時跟我一樣，經常敬畏地向上望著樹，所以常常跌倒。

造物主給了納納伯周一些任務，身為原始人，他接收到了「原初指引」＊。阿尼什納比族前輩巴奈（Eddie Benton-Banai）優雅地形容納納伯周的第一件工作：走過天空女神舞出的生命世界。納納伯周得到的指示是要讓「每一步都像在向大地之母致意」，但他不太確定那是什麼意思，好在雖然他是踏足這塊土地的「第一人」，倒已有許多路跡可循，那些都是已經把這裡當做「家」的生物所留下的。

關於「原初指引」出現的時間，我們可能會說「很久很久以前」。通常人們傾向把歷史畫成時間軸，彷彿時間是亦步亦趨朝著單一的方向行進；有人說時間是一條奔流向海的河，我們只能涉足一次。但納納伯周的子民把時間視為一個圓圈。時間並不是朝海奔湧不絕的河流，而是海本身的潮汐起落形成霧氣上升後又化為雨水，落入另一條河裡。曾經存在過的，一切都會重演。

從線性時間來看，納納伯周的故事就是歷史傳說，講述久遠的過去及事件的發展；但若以循環的時間觀來看，這些故事既是歷史也是預言，因為時機終將到來。假如時間是個迴圈，總會有歷史和預言交會之處——那位「第一人」的足跡踏在我們身後的路徑，也在前方的路

＊這項傳統教導記載在埃迪・本頓・巴奈的《爺爺書》（*The Mishomis Book*）。

途。

納納伯周具備人類的一切力量和弱點，他盡力達成原初指引，想辦法適應新家，並留給我們啟示：我們可以繼續努力。但這些指引隨著時間推移，越來越形支離破碎，甚至被遺忘。

⋆

哥倫布之後已歷經了數個世代，一些最有智慧的原住民長者仍對來到我們土地上的人心存疑慮，他們看著土地遭受的破壞：「這些新來的人的問題，是沒有把雙腳踩在地上，一隻腳還踏在船上，好像不確定要不要留下來。」一些當代學者也曾提出相同的觀察，他們從社會病態現象和失控的物質文化看見這群人有如失根浮萍，與歷史脫節。美國一向被稱為「第二次機會之地」，為了民族和土地，「第二人」（Second Man）的當務之急就是放下殖民地居民的習慣，盡快融入當地。但置身於這個移民國度的美國人，有學會用準備久待的態度來過日子嗎？有將兩腳都踏上岸嗎？

當我們真的在某個地方土生土長，把那裡當作家，那會怎麼樣？指引我們的故事會從哪裡開始？時間若真像一個能夠轉回原地的圓，或許「第一人」行進的足跡可以給「第二人」一些方向。

⋆

納納伯周的旅程首先朝初昇的太陽前進，那是一日初始之地。走著走著，他開始擔心怎麼覓食，而且他已經飢腸轆轆。哪裡可以找到東西吃？他思索著原初指引，然後體悟到所有生存需要的知識都在土地裡，他的角色不是要以人類身分來控制或改變世界，而是要向世界學習如何當好人類。

Wabunong——東方——是知識的方向。我們感恩東方給予學習的機會，每一天都是新的開始。在東邊，納納伯周學到大地之母是最有智慧的老師，然後認識了神聖的菸草 *sema*，透過它向造物者傳達想法。

納納伯周繼續探索，他被賦予了新的責任：要學會所有生物的名字。他仔細觀察每種生物如何生存，藉由對話來發掘牠們身上的天賦，以辨識這些生物真正的名字。很快地，他感到自在多了，不再寂寞，因為他叫得出其他物種的名，牠們也會在他經過時跟他打招呼，「伯周（*Bozho*）！」——*Bozho* 如今依然是我們打招呼的用語。

此時的我則跟楓樹王國的鄰居兩地相隔，見到一些認識的物種，也有許多不認識的。我就像原始人那般地走著，許多生物都是初次見面。我試著把自己的科學腦袋關掉，用納納伯周的腦袋來為牠們命名。我發現，只要人們為某個生命貼上了科學標籤，就會停止觀察。但對我來說，即便牠們有了新名字，我還是繼續探究，確保那個名字準確。因此，今天的我遇見的不是「西卡雲杉」，而是「覆滿苔蘚的強壯手臂」；是「如翼的樹枝」，而非「美西側柏」。

大部分人不知道這些樹木家族的名字，也根本沒見過它們。我們人類依靠名字來建立關係，不只限於人與人之間，還有跟外在世界。我在想，若是人類一生都不知道身邊動植物的名，那會怎麼樣？基於我的人格特點跟工作性質，我無法理解那種狀態，但我猜要如果真是如此，應該會令人迷惘害怕吧？就像在一個陌生城市裡迷了路，連交通號誌都看不懂。哲學家稱這種孤獨疏離的狀態叫作「物種孤寂」——一種深刻、無以名狀的悲傷，源自於與其他物種疏遠或者失去關係。人類對世界的支配越來越強，卻越來越孤立寂寥，不再叫喚得出鄰居的名。難怪造物主交給納納伯周的第一個任務，就是為眾生命名。

他走呀走，遇到誰就幫他取名，可謂阿尼什納比族的林奈。我喜歡想像他們兩人走在一起，林奈這位瑞典的植物和動物學家總穿著深橄欖色外套和羊毛長褲，額前的呢帽歪歪的斜戴著，腋下夾著採集箱；而納納伯周則全身赤裸，只圍著腰布跟一根羽毛，胳膊下夾著一個鹿皮袋子。他倆一邊散步一邊討論事物的名字，興致勃勃地指出葉子的形狀有多美、花朵有多麼瑰麗無比。林奈解釋他的著作《自然系統》（*Systema Naturae*），一種用來說明所有的事物如何互相關聯的結構，納納伯周熱切地點頭：「沒錯，我們也這麼想，我們說：『你我彼此相連』。」他說過往曾經所有的生物都說著同一個語言，能夠彼此了解，一切造物都知道彼此的名字。林奈露出嚮往的神色：「我最後只能把所有名稱翻譯成拉丁文，」他說的是二名法[38]，「我們很久以前就失去共同的語言了。」林奈把放大鏡借給納納伯周，讓他可以看清楚微小的花朵構造；納納伯周則送給林奈一首歌，讓他可以感受他們的精神。他們兩個都不孤單。

納納伯周在東邊逗留得夠久了，又動身前往南部，南方是誕生與成長之地。南邊出現了春天常見的綠意，乘著暖風吹送到各處。南方的神聖植物**雪松**跟納納伯周分享了她的教導：雪松的樹枝是很好的藥材，可以淨化跟保護被她環繞的生命。於是他隨身帶著雪松，提醒自己要融入當地，保護土地上的生命。

接續原初指引的內容，本頓・巴奈繼續講述納納伯周必須從兄姐身上學習如何生存。當他需要食物的時候，他留意動物吃什麼，並開始模仿牠們。鷺類教他收集野米；某晚在溪畔，他看到一隻身形嬌小、有環形尾巴的動物用纖細的掌仔細清洗食物，他想：「啊，我應該只把乾淨的食物吞下肚。」納納伯周也從許多植物那裡得到不少資訊，它們跟他分享自己的天賦，他學到要以最高敬意對待這些植物，畢竟植物是第一個來到地球的物種，長久下來已經累積了許多體會。包含動物跟植物在內的所有生靈，都曾教給他必須知道的事。造物主也告訴過他應當如此。

納納伯周的兄姐鼓勵他創造新的東西來應付生存：河狸教他做斧頭，鯨魚指導他獨木舟的形狀，他學到要是能結合從自然中學到的東西跟自己聰明的腦袋，就會發現對未來人類有用的新事物。他從蜘蛛奶奶結網得到漁網的靈感，也模仿松鼠在冬天製造楓糖。納納伯周學到的東西，是一切原住民科學、醫藥、建築、農業和生態知識的神話源頭。風水輪流轉，現代科學和科技開始採取納納伯周的方法——仿生建築師從自然裡尋找設計典範，因而跟原住民科學接軌。藉由禮敬土地的知識、愛重這些知識的傳承者，我們也漸漸成為地方的一部分。

納納伯周靠著強健的長腿走遍四方，邊走邊大聲唱歌，以致於沒聽見鳥兒吱吱喳喳的警告，當他碰上攔路的灰熊，他感到非常驚訝。從那之後，當他靠近其他生物的領地，他不會把全世界當自己家那般貿然地闖入，而學會靜靜坐在森林邊緣等待邀請。巴奈描述道，接著納納伯周會起身跟那個地方的住民說：「我無意破壞美麗的土地或阻撓兄弟的生存，只求此刻可以通過此處。」

他看過冒出雪地盛放的花朵，見過烏鴉跟狼說話，還有點亮草原暗夜的昆蟲。他由衷感恩這些物種的能耐，並體會到生來有多少天賦，也意味著要承擔多少責任。造物主給予畫眉鳥美妙的歌喉，便是要牠們為森林唱晚安曲；夜深時分，他感謝星星閃耀為他指路。其他諸如能在水下呼吸、從地球的一端飛到另一端再飛回來、挖地洞、成為藥材……每個生命都帶著天賦，也都有各自的責任。他發覺自己兩手空空如也，必須依賴世界來照顧他。

---

38 譯注：林奈創造的「二名法」以拉丁文為生物訂定學名，每個物種學名由兩個部分構成，第一個字為屬名，第二個字為種名。

我站在岸邊高聳的懸崖向東看去，峰巒丘壑上都是伐林；往南看，河口築了水閘和堤壩，鮭魚恐怕過不去；西邊的地平線上，一艘底拖網漁船正刮過海床；遙遠的北邊，大地因為採石油而開腸破肚。

⚹

倘若後來的人有學到這群動物教給原始人的道理——絕不傷害其他生命，也絕不干擾其他生命存在的神聖使命——那麼如今老鷹俯瞰的世界就會截然不同，鮭魚會成群奮力地往上游溯源，大批旅鴿飛過，將天空籠罩成黑鴉鴉一片。當狼、鶴、尼黑勒姆人[39]、美洲獅、萊納佩人[40]，都在努力達成各自的神聖使命，我就應該說著波塔瓦托米語，目睹納納伯周之所見。但我實在不宜再想下去了，多想徒增傷感。

在那樣的歷史背景下，邀請移民社會融入地方，就像入室竊盜派對的免費入場卷，歡迎拿走當地所剩無幾的東西。我能相信移民會追隨納納伯周的腳步，「每一步都像在向大地之母致意」嗎？悲傷和恐懼的陰影依然籠罩，隱約閃爍著希望的微光。想到這一切，我的心揪成一團。但我要記得，移民也同樣感到悲哀。他們再也不能走進高草草原間，看見向日葵和金翅雀搖曳起舞；孩子們失去在楓樹舞慶典上唱歌的機會，也喝不到自然純淨的水。

⚹

納納伯周在北行途中認識了藥草老師，他們給了他茅香草，教會他惻隱之心、慈愛和療癒的力量，甚至對犯錯的人也應當如此，畢竟人非聖賢，孰能無過？要成為集體一分子，就要發展出療癒圈，將所有生命囊括在內。編成長辮的茅香草能為旅人提供保護，納納伯周放了些進袋子裡。染上茅香草芬芳的路途會引領需要的人走向寬恕和治癒的境界，這樣的禮物不只嘉惠給少數人。

納納伯周來到西邊，遇上許多令他驚恐的事：腳下的大地搖動，大火吞噬土地。西方的神聖植物鼠尾草在那兒幫助他沖淡恐懼。巴奈提醒我們，火的守護者走向納納伯周：「眼前這把火，跟溫暖你那個小屋的火，是一模一樣的。」他說，「所有力量都有兩面，能夠創造也能夠摧毀，兩面我們都必須認識，但請將你我的天賦放在創造的那一邊。」

納納伯周意識到每件事物都有二元性，他有個雙胞胎兄弟總愛搞破壞，而納納伯周則負責找回平衡。這對雙胞胎學到創造與破壞之間的關係，於是擺盪個不停，像一艘船行駛在波濤洶湧的海上，硬是不讓人安生。他發現權力帶來的傲慢可能造就無度的擴張，而這種放縱如癌細胞擴散的力量，最終會導致毀滅。納納伯周發誓要謙卑而行，以平衡他的雙胞胎兄弟

39 譯注：位於美國太平洋西北海岸的原住民提拉穆克部落（Tillamook），部分族人居住在尼黑勒姆河（Nehalem River）周邊，因此也稱尼黑勒姆人。

40 譯注：美國東北部的印地安部落。在歐洲新移民到來之前，萊納佩人（Lenape）的居住範圍橫跨今天的賓州東部、紐澤西州等，南至德拉瓦州東部，後來被迫遷徙到奧克拉荷馬州、威斯康辛州和加拿大。

的傲慢。追隨納納伯周的人，也要面對這項功課。

我坐在北美雲杉奶奶身邊想，我不是當地人，只是個懷抱感恩和敬意的外來者，我疑惑著融入當地究竟是什麼感覺。但她仍然歡迎我的到來，正如我們聽說西方的大樹慷慨地照顧納納伯周那般。

即使我坐在她寧靜的樹蔭下，思緒還是亂哄哄的。我跟前輩們一樣，都期盼日久他鄉變故鄉，但我在字面上就卡關了，異鄉人壓根就不可能成為在地人，「在地」是一個關乎出身的字眼，無論投入多少時間跟感情都改變不了歷史，也不可能取代心靈跟土地的連結。追隨納納伯周的腳步，並不保證能夠從「第二人」變成「第一人」，但要是人們不覺得自己是「本地人」，又怎麼有辦法產生深刻的互惠關係，讓世界脫胎換骨？這種感覺可以學得來嗎？老師又在哪裡？我想起長老力克斯（Henry Lickers）的話，「你知道，他們當初來到這裡，以為可以靠土地致富，於是又挖礦又砍樹。但土地才是真正有力量的——他們改變土地，土地也改變了他們，幫他們上了一課。」

我坐了很久，北美雲杉奶奶的樹枝被風擦過的聲響漸漸沖淡了所有念頭，我聽得出神——月桂樹的聲音清脆，赤楊絮絮叨叨，地衣則低聲竊竊私語。我跟納納伯周一樣需要不時被提醒：植物是我們最古老的老師。

我起身離開北美雲杉奶奶根系間鋪滿松針的柔軟角落，走回步道繼續前行。巨冷杉、腎蕨和北美白珠樹這些新鄰居令我太著迷，以致於我經過老友身邊卻沒認出來，一直沒跟它打招呼，我感到很不好意思。它長途跋涉從東岸來到西岸，我的族人喚這種有圓型葉子的植物叫「白人的腳印」。這植物低矮的一圈葉子非常貼近地面，沒有莖部，它跟著第一批移民抵達，也隨著移民去到各地，林間小徑、車道跟鐵路都有它的身影。林奈幫它命名為 *Plantago major*，大車前草，其拉丁修飾語 *Plantago* 指的就是腳掌。

剛開始原住民對這個跟屁蟲般的植物不太信任，但納納伯周的族人知道萬物皆有使命，不該加以阻撓。當「白人的腳印」漸漸在龜島落地生根，人們開始認識到它的天賦：春天會生出滿滿的綠意，炎夏時節葉子就會變老。人們發現將它的葉子捲起來或嚼碎成膏藥，可以用於割傷和燒燙傷急救，治蟲咬特別有效，這才樂於接受它到處生長。這個植物的每個部位都有用途，小種子可以助消化，葉子能立刻止血讓癒合傷口而不造成感染。這個有智慧又慷慨、忠實追隨人類的植物，終於變身為植物社群裡的榮譽成員。它本來是個外來者、是個移民，但落地生根五年後成為人們的好鄰居，大家就忘了外來那回事了。

我們的移民植物老師提供了各種榜樣，讓自己在新大陸上**不要**太受歡迎。蒜芥釋放有毒物質到土壤裡，會導致本土植物死亡；檉柳會吸光所有的水；千屈菜、葛藤、旱雀麥等外來種的定殖習性是奪取其他物種的棲地並無限生長；但是車前草不一樣，它採取的戰略是要有用、能夠適應小地方、要跟庭院裡其他物種共存，還能促進傷口癒合。車前草到處都有，任何環境都能適應，讓人以為它是土生土長的，還被植物學家認可為當地植物：車前草不是本土品種，而是「歸化種」。「歸化」一詞被用來形容在國外出生、但成為本國公民的人，他們立誓要維護當地法律，應該也會願意遵循納納伯周的原初指引吧。

或許「第二人」的任務，就是要忘掉葛藤的範型，改學「白人的腳印」，努力成為當地的一份子，拋下移民心態。所謂歸化，意味著要把這裡視為一片生養你的土地、當作你飲用的溪水，你的體魄精神都在此養成；所謂歸化，便是知道你的祖先長眠於這塊土地，你會在此貢獻天賦跟履行自己的責任；所謂歸化，是把孩子的未來寄託於這片土地並且好好照顧，因為你我和親族都要靠他們過日子——也的確如此。

時間周而復始，說不定「白人的腳印」真正追隨的，是納納伯周的腳步。或許車前草會長成一條回家的路，讓我們可以跟著走。「白人的腳印」慷慨大方又治癒人心，它的葉子低矮貼地，每一步都在向大地之母致敬。

銀鐘花之聲
The Sound of Silverbells

我從來都不想住在南部，但因為我先生的工作而搬遷過去之後，我還是充分研究了當地的植物相，試著跟灰暗單調的橡樹培養感情。其實我想念火紅的楓樹。不過，即使我並不感到自在，至少我還可以幫助學生發展出一種關於植物的歸屬感。為了達成這個目標，我帶著先修班的學生去到一個當地的自然保護區，那裡的森林順著山坡往上生長，一道道顏色代表從洪泛平原到山脊各個不同物種的帶狀分布。我要他們提出一兩個假設，來解釋為什麼會產生這麼特殊的樣態。

「一切都是上帝的安排。」一個學生說，「你也知道，所謂的大設計？」我十年來都醉心於以唯物科學來解釋世界的運作，所以實在很難接受這類說法。從我的學科背景來看，這種答案肯定會招來嘲笑或起碼一堆白眼，但眼前這群人紛紛點頭稱是，至少帶著一絲寬容。「那是個很重要的看法，」我謹慎回應，「但科學家對於植被的地理分布有不同的解釋，來說明為什麼楓樹在一處，而雲杉木在另一處。」

在「聖經地帶」[41]教學就像一場舞蹈，而我還在適應，顯得笨手笨腳。「你可曾想過這個世界為何如此井然有序？為什麼有些植物長在這裡，而不是長在那裡？」從他們禮貌的沉默看來，顯然這個問題不夠吸引人。他們對生態毫無興趣，令我痛心。對我來說，生態視角就像宇宙的音樂，但對他們而言只不過是先修課程裡的一項規定，他們對無關人類的生物史一概不感興趣。我不知道那些看不見土地、不懂自然史和大自然力量是如何優雅流動的人，要怎麼成為一名生物學家。地球如此富饒，我們至少必須投入多一點關注來回報她。於是我以一種近乎傳福音的熱情，打定主意要改變他們的科學魂。

所有人都盯著我，等著挑我毛病，所以我全神貫注留意每個細節，以證明是他們錯了。小貨車在行政大樓前繞著圈，等我做出發前的最後檢查：地圖帶了、營地預約好了、十八組望遠鏡、六組顯微鏡、三天份的糧食、急救包、還有一大落圖表和學名的講義。學院院長覺得帶學生上戶外課所費不貲，我則爭論說：不這麼做才是真的損失。不管乘客願不願意，我們的校車車隊已經下了高速公路，穿過煤鄉夷平的山頭。那裡的溪流因為酸性物質而呈現紅色，以健康為業的學生們不正應該親眼看看這樣的景象嗎？

在漆黑的公路上奔馳的幾個小時，讓我有很多時間思考該不該拿我的第一份工作去試探院長的耐心。我們學校的財務已經很吃緊，而我只是個兼任教師，寫論文之餘教個幾堂課。我丟下自己的女兒跟她們的爸在家，為的是向別人的孩子介紹一些他們根本不在乎的東西。

這所小型貴族學院在南部已經建立起不錯的名聲，學生很有機會進入醫學院就讀，因此藍草貴族[42]的兒女都被送到這裡來，展開邁向特權階級的第一步。

為了以醫科為標竿，院長每天早上都會儀式性地穿上白袍，就像牧師穿上祭服。他的桌曆只記錄行政會議、預算審查和校友聚會，卻天天穿著實驗衣，只不過我從沒看過他進過實驗室，難怪他對像我這種穿著法蘭絨襯衫的科學家抱著懷疑的態度。

生物學家埃爾利希（Paul Ehrlich）稱生態學為「顛覆性的科學」，讓我們思考人類在自然世界的角色。截至目前，這些學生多年來研究的物種只有一個，也就是他們自己。我有整整三天可以顛覆這個觀點，把他們的眼光從智人身上拉開，轉而窺見與我們共享地球的其他六百萬個物種。院長很擔心此行是把錢花在「純露營活動」，我辯駁說，大煙山（Great Smoky Mountains）具有很高的生物多樣性，絕對是合理的科學考察，差點就要脫口說出我們還會穿上實驗衣。他嘆口氣，簽了申請單。

作曲家科普蘭（Aaron Copland）說得沒錯，阿帕拉契的春天[43]是一支舞曲，森林跟著色

41 譯注：聖經地帶（Bible Belt）指美國南部和中部持傳統基督教信仰的地區。

42 譯注：肯塔基州因多生藍草，被暱稱為「藍草之州」，「藍草」也是一種民俗音樂流派的名稱。此處所稱「藍草貴族」應為比喻，指本文背景所在的肯塔基州的富家子弟。

43 譯注：此處呼應作曲家阿倫・科普蘭的芭蕾舞樂曲作品《阿帕拉契之春》（*Appalachian Spring*）。

彩繽紛的野花一起跳舞，枝頭上潔白的四照花和粉紅泡沫似的紫荊輕輕搖曳，溪澗奔流其間，群山幽暗，形成一片沉穩莊重的織錦。但我們是來工作的。第一天早晨，我從帳篷裡鑽出來，手裡拿著寫字夾板，腦子裡轉著待會要上的課程。

山脈從我們的營地上方左右開展。早春的大煙山交雜著各種漫射色彩，像地圖上每個王國都有自己的顏色：剛長出新葉的白楊木是淡綠色，還在休眠的橡樹是暗灰色塊，楓樹的新芽是玫瑰粉。漫山遍野綴著暗粉色的紫荊，盛開的四照花成片白燦燦，一排排深綠的鐵杉木沿著河道分布，彷如地圖製圖師筆下勾勒的線條。之前在教室的時候，我畫圖解釋過溫度梯度、土壤和生長季節的關係，手指頭被粉筆灰沾染得白白的；現在我們此行的地圖柔柔淡淡地攤開在眼前的山坡上，原本抽象的概念全部化為花朵。

越往山上去，在生態意義上跟往加拿大移動很類似。溫暖的河谷令人想起喬治亞州的夏天，而五千英尺高的山頂就好比多倫多。「帶件保暖的外套。」我提醒他們。往上一千英尺有如向北一百英里，走幾步路就回到春天了。山坡低處的四照花開得正茂，小簇小簇的奶油白襯著剛冒出的新葉，越往上就像倒帶版的縮時攝影，原本繁花盛開，到了後來只見低溫裡緊閉的花苞。上坡的中途某處因為生長季太短，四照花全都不見了，被另一種更能忍受年末霜凍的樹取代，也就是銀鐘花。

我們花了三天探索這張生態地圖，穿梭在不同的海拔之間，從鵝掌楸和漸尖木蘭的山凹密林一路到山頂。植被茂盛的山凹處是一座野生花園，長著油綠的野薑和九種延齡草。學生們忠實地記下我說的一字一句，如法炮製出我腦海裡內建的物種清單，卻一副興趣缺缺的樣子。他們很常問我植物的學名怎麼拼，讓我以為自己在參加森林拼字大賽。這種學習態度，院長一定會很滿意。

三天來，我將清單上的物種和生態系一一打勾，來證明這趟旅程的正當性。我們抱著堪比洪堡德[44]的熱忱，在地圖上標定了植群、土壤跟溫度的分布狀況，晚上則圍著營火畫圖表。橡樹及山核桃樹位在中海拔，粗糙的礫質土，打勾；高海拔地區的樹型矮、風速快，打勾；物候表現隨海拔變化不同，打勾；本土蠑螈，生態位多樣化，打勾。我很希望他們能夠看到自身以外的世界，煞費苦心不願浪費任何一絲機會，把原本靜謐的森林塞滿了現實跟數據。一天下來，當我爬進睡袋時，下巴已是痛到不行。

這麼做對我可是件苦差事。健行的時候，我喜歡靜靜地觀察，感受自己身在其中，但這次我一直在講話、指東指西、不斷拋出腦袋裡的問題，當一個所謂的老師。那趟旅程中，出現了我唯一一次失態的經驗。快到山頂時，路變得越來越陡，小貨車辛苦地爬上急轉的之字路，強風不斷拍打車身。此時已經看不到軟楓樹或粉紅泡沫似的紫荊。到了這種海拔，冷杉

---

44 譯注：洪堡德（Alexander von Humboldt）是德國博物學家兼地理學家，現代地理學的關鍵人物。洪堡德非常重視實踐，曾前往南美洲、美國和中亞進行科學考察，以精確的測量、細心的觀察和記錄，製圖說明人文區域與自然區域的特徵。

下的雪剛融化，放眼望去可以看得出這個寒帶針葉林帶有多窄，南邊的北卡羅萊納州竟有這麼一條細長的加拿大針葉林，比起周邊最近的雲冷杉林還要更北數百英里，這裡是從前冰層覆蓋北方留下的殘跡。今天這些高山頂已經成了雲杉和冷杉的家，它們就像南方硬木群裡的孤島，因為座落的位置夠高，氣候跟加拿大很類似。

這個島嶼般的北方森林讓我有種回家的感覺，嗅著冷冽的空氣，我直接脫稿演出，跟學生一起在樹之間來回遊走，大口吸進香脂的氣味。柔軟的松針地毯、冬青、蔓生漿果杜鵑、加拿大草茱萸——這些都是我的家鄉老友，覆滿森林的地表。它們突然間讓我體會到，遠離了故鄉、在他鄉森林裡教課的我，有多麼的無所適從。

我躺在一層厚苔蘚上，假裝自己是隻蜘蛛，繼續講課。頂峰上住著世界上最後一群瀕危的雲冷杉苔蘚蜘蛛。我不覺得先修班的學生會在乎這個，但我還是要為蜘蛛講話：牠們在此存活已久，冰川來了又走，留下了小生命在生苔的石頭間織網。全球暖化對這處棲地和動物是很大的威脅，隨著氣候變暖，這個北方針葉林島嶼即將消失，最後倖存的諸多生命也將一去不返，溫暖地域的昆蟲和疾病已經奪走了牠們的性命。當你住在頂峰，熱空氣升上來根本逃不了，即使牠們乘著蜘蛛絲飄走，也無處容身。

我用手拂過一塊長滿青苔的石頭，思考是誰破壞了這個生態系，是誰弄鬆了蜘蛛的絲線，「我們不該奪走牠們的家。」可能是我問出聲來或眼神太過熱切，有個學生突然問：「你是信這個宗教還是怎樣？」自從有學生挑戰我教演化論的方式，我就學到要很小心地處理這一塊。一雙雙眼睛盯著我，他們每個人都是虔誠的基督徒。

我猶豫著該不該說出要大家愛護森林，並解釋原住民的環境哲學跟世間萬物之間的連結。但他們疑惑地看著我，我只好打住，趕快指向旁邊一叢長著孢子的蕨類。當年的我在那種情境下，覺得自己無法解釋靈性生態學，因為那些觀念不管是跟基督教或科學，都相差了太遠，我很確定他們不會懂，更何況我們去那裡是要學習科學的。我應該回答「對」就好了。

歷經漫長的路途跟講課終於來到禮拜天下午。工作完結了，山也爬了，資料也收集到了。先修班的學生們又髒又累，筆記本寫滿一百五十種人類以外的物種和牠們的分布機制。我可以向院長交代了。

我們在日落餘暉下走回小貨車，途中穿過一片垂墜盛放的山地銀鐘花，像珠光燈籠那樣由內而外透出光彩。學生們一片靜悄悄，我想是累了吧。既然任務完成了，我心滿意足地看著斜照在山邊的朦朧光線，這片山脈因山峰遠近馳名。當我們走進那神奇的一隅，隱士夜鶇躲在陰影處鳴叫，一陣風吹來，白色花瓣雨紛紛落在我們身上。我突然間難過起來，那一刻我知道自己失敗了，我沒有教出當年自己身為莘莘學子熱切探索著紫菀與一枝黃花的秘密時，所期待學到的那種科學，那種不只是資料的科學。

我塞給他們很多資訊，一堆型態和步驟，反而模糊了最重要的道理；我錯過帶他們走上每條小徑拯救關鍵物種的機會。要是我們不教學生如何辨識苔蘚蜘蛛，把牠們當作世界賜與的禮物，有誰會在乎牠們的命運？我不斷告訴學生這個物種如何生存，而不是牠存在的意義，如果是這樣，那乾脆待在家裡讀大煙山的資料就好了。實際上，雖然我百般不屑，卻還是穿了一身實驗衣進入荒野。背叛了自己令我感覺到千斤重擔，只能蹣跚前進，不一會就精疲力竭。

回頭望去，學生們都跟在我的背後走進暮色下的落花小徑。有人開始唱歌，我不知道是誰，輕柔地哼起那熟悉的曲調，令人忍不住也放開嗓子唱起來。**奇異恩典，何等甘甜**。聲音一一加入，在長長的影子下，白色花瓣落在我們肩頭。**拯救了像我這般無助的人，我曾迷失，如今已被找回**。

我感到自慚形穢。我自以為善意的課程裡沒有說出口的，都被他們的歌聲給道盡了。走啊走，他們邊前進邊唱和，裡頭有一種超乎我理解的和諧。我從逐漸昂揚的聲音裡聽見滿滿的愛與感恩，就跟天空女神在龜島的背上初唱給萬物聽的一樣。他們詮釋古老聖歌的方式讓我明白分辨奇蹟從何而來並不重要，奇蹟本身才是真正要緊。即便我表現得很焦躁又固守學名清單，但我現在知道，他們並沒有錯過太多。**曾經盲目，如今又能看見**。他們的確看見了。我也看見了。就算我忘了誰是哪個屬哪個種，也絕對不會忘掉那一刻。無論世上最糟的老師或最棒的老師——一切都被銀鐘花和隱士夜鶇的聲音蓋過，到最後，都是由奔騰的瀑布跟靜默的苔蘚說了算。

身為一個熱血的年輕博士生，我滿腦子都是科學的傲慢，一直愚弄自己說，我是唯一的老師。事實上，土地才是真正的老師，作為學生的我們只需要留心。留心是一種跟生命世界互惠的方式，以清醒的眼和開放的心接受各種禮物。我的任務就是帶他們來到禮物的面前，讓他們準備好聆聽。在那個薄霧繚繞的下午，山教會了學生，學生教會了老師。

那晚我開車回程時，學生們或者睡覺，或者在昏暗的手電筒燈光下用功。那個週日午後永遠改變了我的教學方式。大家都說，當你準備好，老師就會出現。要是你沒注意到它，它就會大聲對你說話。但是，你得靜下來，才聽得到。

圍坐成圈
Sitting in a Circle

布萊德腳踩懶人鞋、身穿 polo 衫，來到我們的野外工作站上民俗植物學課。我看著他在湖岸邊走來走去，想要找到哪裡有手機訊號，好像很急著跟誰通話。「自然是很偉大，」我帶他四處走走時，他說道，但此地的偏僻讓他不安，「這裡除了樹，根本什麼都沒有。」

大部分來到小紅莓湖生物研究站的學生都帶著滿腔熱忱，但總有些人只是聽命行事，咬牙度過離開網路世界的五個禮拜——因為這是畢業的規定。這麼多年來，學生的態度反映了我們跟自然的關係如何轉變。以前的學生都是因為小時候在森林裡露營、釣魚或玩耍而產生與大自然親近的動機；現在的學生對野外的熱情雖然沒有減少，但啟發他們的卻是《動物星球》或《國家地理頻道》，客廳之外的自然實況越來越常令他們吃驚。

我試著安慰布萊德說，森林大概是全世界最安全的地方了，而且我也坦承，當我去到城市裡，也會產生同樣的焦慮感，擔心不知道怎麼照顧自己，因為城市裡除了人之外，什麼都沒有。我知道要轉換心境並不容易：我們現在離湖的對面有七英里遠，這裡沒有聯外道路，沒有人工路面，周圍又是荒郊野外，不管去到哪裡都得花上一天：求醫的話大概要走上一個小時，到沃爾瑪超市的路程是三小時。「我是說，如果你真的需要什麼東西的話，怎麼辦？」他說。我猜他很快就會知道答案。

才不過幾天時間，學生們漸漸脫胎換骨，變成野外生物學家。熟練了設備跟行話之後，信心讓他們走路都有風。他們不斷練習新學到的拉丁學名，用這些名字來記錄戰利品。晚上的排球時間，要是你因為對手突然大叫「帶翠鳥！」而沒接到球，在生物研究站的文化中是情有可原，因為此時一隻翠鳥正振翅飛過岸邊。這些都是理所當然的，如此才能區分生物世界的每個個體，識別出森林萬物，將自己調整成接近土地的頻率。

但我也發現，如果給他們科學儀器，他們就比較不會依靠自己的感官來做判斷。要是他們把力氣都在背誦拉丁學名，那麼花在觀察生物的時間就更少了。這群學生本來就已對生態系知之甚詳，可以辨識出許多植物，但當我問起這些植物曾經如何照顧他們，他們卻答不上來。

所以在民俗植物學的第一堂課，我們一起發想了人類的各種需求，想看看阿第倫達克山脈的植物能夠滿足到哪些面向。盤點結果大家都很熟悉：食物、遮風避雨的地方、保暖、衣服。我很高興氧氣和水有擠進前十名。有些學生學過馬斯洛（Maslow）的需求層次理論，把生存提到更「高」的層次，提及藝術、同伴跟靈性。當然這個討論也引發了一些曖昧的笑點，說有些人可以靠紅蘿蔔來達成人與人之間的連結。不過這點姑且不論，我們先從遮風避雨的地方開始——也就是要打造我們的教室。

他們選好地點後，在地上標線、收集樹苗埋進土裡，然後形成一個直徑十二英尺的圓圈，裡頭有排列整齊的楓樹杆。這項工作令人汗流浹背，剛開始每個人只能自己作業，但當圓圈形成、第一對樹苗接成拱形時，就必須要靠團隊合作了：最高的人抓著樹頂、體重最重的把樹拉下來、個子嬌小的負責爬上去，把樹繫在定位。蓋好一個拱門後，繼續蓋下一個，慢慢已經有點尖頂棚屋的樣子了。樹苗本身是對稱的，所以任何一點差異都很明顯，學生們不斷把它們綁起來又解開，最後終於擺正。森林迴盪著他們嘹亮的聲音。最後一對樹苗綁好時，他們安靜檢視自己的成果，看上去像一個倒過來的鳥巢、一個粗樹苗編成的籃子，頂部有如烏龜的背，讓人想待在裡頭。

這裡的空間足夠我們十五個人圍成一圈站著，就算上方沒有遮蔽，還是很溫馨。現在已經很少人住在沒有牆壁或角落的圓屋，不過原住民建築師還是偏好小而圓的造型，模仿鳥巢、野獸巢穴、地洞、鮭魚產卵前在河床上做的窩、蛋和子宮——彷彿家的形狀舉世皆然。我們倚著樹苗，思考要怎麼融入這樣的設計。球體的體積除以表面積的比率是最大的，因此可以減少生存空間所需的材料，圓型有利於排水，也可以分散雪的重量，蓄熱效率高，又能夠擋風。除了材料考量，圓型在日常生活中還具有文化意義。我告訴他們出入口應該總是面向東方，他們很快便斷定這樣做確實有理，因為此地多吹西風。迎接曙光的用處還沒有在他們腦袋裡生根，但太陽會教他們。

這個簡單的棚屋架構要教給我們的事尚未完結，接下來需要鋪上香蒲層，再用雲杉根來綁妥樺樹皮的屋頂。還有很多工作要做呢。

⁂

上課前我見到布萊德，他看起來還是悶悶不樂。我試著安慰他：「我們今天要去湖的對面買東西哦！」湖對面的鎮上有一間小店「海的專賣店」，就是那種偏僻地方會見到的普通雜貨鋪，但你總是可以在鞋帶、貓食、咖啡濾紙、「餓漢」（Hungry-Man stew）冷凍食品或一瓶次水楊酸鉍胃藥（Pepto-Bismol）旁邊，找到你需要的東西。但我們不是要去那裡，我們的目的地「香蒲沼澤」跟那家「專賣店」有一些共同點，但我覺得比較適合跟沃爾瑪超市做類比，因為它們都在土地上恣意蔓生——今天我們要到沼澤買東西。

從前，沼澤一度因為那裡的黏液狀生物、疾病、惡臭跟各種令人不愉快的東西而聲名狼藉，後來人們漸漸了理解它們的價值。我們的學生現在都懂得讚頌濕地的生物多樣性及生態功能，但那並不表示他們願意走入濕地。當我解釋收集香蒲最有效率的方法就是走進水裡，他們用懷疑的眼光看著我。我跟他們保證，這麼北方的地區不會出現有毒的水蛇、也沒有流沙，擬鱷龜聽到我們的腳步聲就會蹲下來。我沒大聲說出「水蛭」這字眼。

後來他們還是跟上了我，而且學會如何下獨木舟而且不讓船翻覆。我們像蒼鷺一樣涉水穿過沼澤，只是少了一份優雅和鎮定。走在灌木和草堆形成的浮島，學生們每踏出一步都猶豫不決，一定要感覺腳步夠穩才會轉移重心。要是之前沒有經歷過這一切，他們今天便會學到沼澤的固態只是表象，其實埋藏在幾呎深懸浮淤泥之下的湖底，硬度就跟巧克力布丁差不多。

膽子最大的克里斯負責打頭陣——好樣的！他像五歲小孩般咧嘴笑著，滿不在乎地站在河道當中，水深及腰，手肘放在一個莎草丘上，當它是躺椅。他雖然沒有任何經驗，但還是不斷鼓舞其他人，向那些搖搖晃晃走在木頭上的人說：「撐過去！接下來就可以放心玩啦。」娜塔莉大叫著「就當自己是隻麝鼠吧[45]！」然後跳進濕地。克勞蒂亞後退了一步以免被爛泥濺到，她很害怕。克里斯扮演起優雅的門僮，有風度地伸出手讓她扶著走進淤泥之中。接著他背後浮出一長串泡泡，水面發出明顯的汩汩聲，他被土沾花的臉一下子紅了起來，大家都盯著他看，於是他趕快移動腳步，身後又嗶嗶剝剝冒出一堆臭呼呼的泡泡，全班爆笑！接著大家都滑進水裡，在沼澤裡走路放屁的笑話幾乎總會發生，因為我們走的每一步，都會產生甲烷「沼氣」。大部分區域的水位都差不多到大腿的高度，但三不五時會有尖叫聲出現——接著又是一陣大笑——因為某人發現了水深及胸的區域。希望不是布萊德。

要拔香蒲，必須把手伸到植物底部用力拽，要是沉積物很鬆，或者你很強壯，就可以把整個植物連同根莖全都拉出來。問題是，你不知道會不會折斷它的芽，可能你用盡吃奶的力氣去拔，然後它突然間斷了！於是你跌坐水裡，泥巴還從耳朵滴下來。

根莖（*rhizomes*）基本上屬於地下莖，實實在在是個寶。外表是棕褐的纖維，裡頭卻是白色澱粉狀，類似馬鈴薯，火烤過之後非常美味。把切下來的根莖放在清水裡，很快就會泡成一碗白糊糊的澱粉，可以變成麵粉或粥。有些毛茸茸的根莖會從末端不顯眼的性器處長出堅硬的白色新芽，並且水平繁殖，那處就是香蒲在沼澤裡蔓生的生長點。有幾個男生被喚起了某些人類需求，以為我沒在看，便玩弄起這些根莖。

香蒲屬植物—學名 *Typha latifolia*—像一種巨型草：莖部不明顯，而是葉子一層層彼此包覆成圓柱形。單一片葉子耐不住風吹，但整把葉子就很強韌，水下發達的根莖會把它們固定在一處。六月採收時，它們才三呎高，八月時葉子就已經長到八呎長，每片葉子一吋寬，平行脈從基部一路延伸到輕輕搖曳的葉尖，葉片十分有韌性。這些負責輸送的葉脈本身被結實的纖維包圍，為植物提供支撐，植物再支持著人類。香蒲葉被撕開再捲曲纏繞後，是最容易取得的植物纖維繩索之一，可以做成日用的線繩。回到營地後，我們準備用來作為棚屋所需的麻繩跟編織用的細線。

45 譯注：麝鼠生長在濕地裡，本文所談的水生植物香蒲是麝鼠的食物之一。

不久，獨木舟就裝滿了成綑的葉子，看起來很像熱帶河流上的一支木筏船隊。我們把一綑綑葉子拖到岸邊，每片葉子拆開來分類、清潔，一片又一片，由外而內。娜塔莉剝葉子時失手把葉子掉到地上，「噢！全都黏答答的。」她邊說邊把手抹在沾滿泥巴的褲子上，好像那樣做會有幫助似的。把葉基拆開來的時候，大量的香蒲凝膠水感黏液在葉片之間延展開來，剛開始會覺得噁心，但很快地，你就發現手摸起來很舒服。我常聽藥草師說：「解藥往往生長在毒藥旁」，要是摘採香蒲注定讓人曬傷跟發癢，那麼舒緩的解藥一定就在植物自己身上。這個凝膠透明清涼又乾淨，有提神抗菌的效果，是沼澤版本的蘆薈凝膠。香蒲製造凝膠來對抗微生物，並讓葉基維持濕潤，這些保護植物的特性也保護了人類，因為塗在曬傷的地方實在太舒涼了，學生們在自己身上抹得滿是黏液。

香蒲還演化出其他特徵，用來適應在沼澤裡生長：香蒲葉的基部在水底下，但還是需要氧氣來呼吸，因此就像潛水員揹氣瓶那樣發展出多孔充滿空氣的組織，可說是自然界的泡泡紙。這些肉眼可見的白色細胞是通氣組織，在每片葉子底部形成一層氣墊，葉片表面覆蓋著一層含蠟層，像雨衣一樣防水，但用途是將可溶於水的養分留在裡面，才不會流入池水中。

當然，這些條件對植物有好處——對人也好。香蒲的葉子長、防潑水，又有閉孔泡棉的隔絕，是蓋房子的絕佳材料。古時候，用香蒲縫製或編成的涼蓆會被當作夏天的棚屋外牆；天氣乾燥時，葉子會縮水，因而拉開了跟其他葉片的距離，微風吹過能保持空氣流通；下雨時葉片脹起來就會關閉孔隙，讓涼蓆能夠防水。香蒲也是很好的睡墊，表面的蠟能阻隔地上的濕地，通氣組織具有緩衝和隔絕的功能。睡袋下只要墊上幾張香蒲草蓆——柔軟、乾爽，聞起來像新鮮稻草——就能度過一個舒適的夜晚。

娜塔莉用手指捏著柔軟的葉片說：「植物好像特地為我們準備了這一切。」植物演化的特性跟人類的需求竟然如此相符，實在令人訝異。在某些原住民語言裡，植物被譯為「你我的照顧者」。香蒲歷經天擇發展出複雜的適應之道，增加自身在沼澤生存的機會。那些部族的人也是用功的學生，懂得向植物取經，因此他們的族人和植物都得以繼續存活。植物想辦法適應（adapt），人類則取其精華而用之（adopt）。

我們繼續剝葉子，香蒲變得越來越薄，很像去掉玉米殼之後露出的玉米芯。中心處的葉子幾乎跟莖連在一起，露出柔軟柱狀的白色髓心，跟小指一樣粗、跟綠櫛瓜一樣脆。我把髓心掰開成一口大小，傳下去給其他人。學生們等我吃了一口，才敢小心地跟著啃咬，還斜眼望著彼此，但沒幾分鐘他們就像熊貓來到竹林裡，飢渴地撥開莖稈。生的髓心有時也被稱為「哥薩克人的蘆筍」[46]，吃起來就像小黃瓜，可以煎、煮，或直接在湖畔生吃，就跟這群已嗑完自備午餐但卻還很飢餓的大學生一樣。

46 譯注：俄羅斯的哥薩克人認為香蒲的可食部位是美味的佳餚，因此得名。

從沼澤對面的起點很容易看到採香蒲的地方，我們看起來就像一群忙個不停的大麝鼠。學生們正熱烈討論自己的戰果。我們的購物獨木舟已經載滿了要做衣服、草蓆、繩子、涼亭的葉子，好幾桶根莖能滿足對碳水化合物的需求、一根根莖髓可以當菜吃——人還奢求什麼？學生們開始比較起我們的收成跟人類需求的清單，發現香蒲的用途雖然多得令人讚嘆，卻還少了一些面向：蛋白質、火、光線、音樂。娜塔莉想在清單上加上煎餅。「衛生紙！」克勞蒂亞補充。布萊德的必需品名冊裡列了iPod。

我們在「沼澤超市」的貨架前逛來逛去，看看其他商品。學生們開始假裝真的在逛沃爾瑪超市，蘭斯自願要當「沃爾瑪沼澤店」[47]的迎賓員，這樣他就不用再涉水回頭。「小姐需要煎餅嗎？走到第五排。手電筒？第三排。不好意思，我們沒有賣iPod喔。」

香蒲的花看起來一點也不像花，它的莖有五呎高，頂端是豐滿的綠色圓筒，從腰部清楚分成兩半，雄花在上，雌花在下，靠風來授粉傳播。雄花的毛絨花序會爆開，釋放硫磺色的花粉到空氣中。煎餅小組在沼澤尋找這些信號，他們輕輕把小紙袋套到花莖上，把紙袋揉皺、密封後開始搖動。不久，袋子的底部出現了一小匙亮黃色的粉末跟差不多份量的小蟲子，花粉（和小蟲）是滿純正的蛋白質，可以當作獨木舟上澱粉類根莖的優質補充品。若把小蟲挑掉，在餅乾或煎餅裡加入這些花粉，不但增添營養價值，看起來又是漂亮的金色。但並不是所有的花粉都掉進了紙袋，學生們起身時，身上都沾上了黃色斑塊。

雌花序看起來有如一根竹籤上的細瘦綠色熱狗，塊狀海綿般的密實子房正等待被授粉。我們會把它們用鹽水煮，沾上奶油，像拿玉米一樣握著莖部的兩端，把還未成熟的花啃掉，把莖柄當作串肉籤，那味道和口感像極了朝鮮薊。來頓香蒲沙威瑪晚餐吧。

我聽到有人大叫，然後看見一團團絨毛飄在空中，我知道學生們已經來到沃爾瑪沼澤店的第三排貨架。每朵小花在結果之後身上長有毛絮，成為我們熟悉的香蒲的模樣：一根肥美的棕色香腸長在莖柄前端。每年這個時候，風和冬天會一點一點抓走它們，最後只剩一團團棉絮。學生們把花從莖上拆下裝進麻袋裡，準備拿來作枕頭或寢具。我們的女性祖先對沼澤一定充滿感激，在波塔瓦托米語中，一個用來指稱香蒲的名詞叫作 *bewieskwinuk*，意思是「把寶寶包起來」，柔軟、溫暖、吸收力強——既能保溫，也可當尿布。

艾洛特叫住我們：「找到手電筒了！」莖桿上糾結成塊的絨毛通常會被浸在油脂裡，拿來當火把用。莖梗本身非常直順平滑，幾乎可以當作木榫用。波塔瓦托米族採集這些莖桿有許多用途，比方做為箭桿或鑽木取火的鑽子。香蒲絨毛通常會被保留在莖桿上，生火時可作為火種。學生們把整把莖梗都割下來，帶著戰利品回到獨木舟上。娜塔莉還在附近的水裡走來走去，說她接著還要去「沼澤百貨」。克里斯也還沒回來。

47 譯注：作者在此處玩弄諧音趣味，將沃爾瑪超市 Walmart 的字根 mart（超市）改成發音相近的 marsh（沼澤）。

種子乘著絨毛被風吹向遠方，在他處落腳生根。只要陽光充足、養分足夠、地面濕透，香蒲幾乎在各種溼地都長得起來。淡水沼澤位在土地和水之間，是地球上生產力最豐沛的生態系，跟熱帶雨林不相上下。人們不只喜歡到沼澤超市來找香蒲，還常來捕魚狩獵。魚在淺水處產卵，那裡有很多青蛙和蠑螈。水鳥在茂密的草澤掩護下築巢，候鳥在旅途中尋找香蒲沼澤當成避風港。

沃土當然人人搶，濕地面積因而急遽損失了九成——一部分也跟原住民對濕地的依賴有關。香蒲也對土壤的養分做出貢獻，它凋謝之後，所有的葉子和根莖都會變回土裡的沉積物，沒有被吃掉的部分沉在水底下，在厭氧的水域裡分解堆積成為泥炭。泥炭的營養豐富，跟海綿一樣能吸水，很適合種蔬菜作物。沼澤常被批評為「荒地」，人類會進行大規模抽水以作為農地使用，也就是「淤泥田」，利用沼澤排乾後的黑土耕作。這個環境出現過世界上最高的生物多樣性，如今被用來種植單一作物，某些地方的濕地後來甚至被拿來蓋停車場，真的是荒擲土地資源啊。

正當我們把船上的東西卸下，克里斯沿著岸邊走回來，臉上帶著神秘的笑容，背後藏了某個東西。「布萊德，給你，我找到你要的 iPod 了。」他手上捏著兩個乳草的豆莢，放在眼睛前面，還斜眼看了一下：「豆豆眼（eye pods）[48]！」

一天來到尾聲，我們全身弄得髒兮兮，被太陽曬得厲害，整天說說笑笑，也沒有遇到水蛭。船上堆著高高的材料，可以製作繩子、寢具、隔熱材料、光線、食物、保暖物、遮風避雨、雨具、鞋子、工具跟藥草。划船回程時，我在想布萊德會不會還在擔心我們還「需要什麼東西」。

幾天後，我們的手指都因為採香蒲和編草蓆而長了繭。大家聚在棚屋裡，坐在香蒲靠墊上，長長的陽光從香蒲草蓆做成的牆面照進來。屋頂還沒蓋好，身在編織成的教室裡，感覺自己很像一顆籃子裡的蘋果，彼此相依偎。屋頂是最後一道工程，不過接下來可能會下雨，目前我們已經備好一堆樺樹皮片要來搭蓋天花板，於是，大夥出發收集剩餘需要的材料。

⁕

以前我都是按照自己曾經被教導的方式，拿來教導別人，現在我決定另請高明。如果植物是最資深的老師，何不就讓它們來教呢？

出營地後走了好長一段路，我們的鏟子哐啷撞著岩石，鹿虻一直叮咬出汗的皮膚，來到樹蔭下的感覺，就像一瞬間浸在沁涼的水裡。因為大家忙著打鹿虻，我們把身上揹的東西解下放在路旁，打算在安靜的苔蘚世界裡休息一下。空氣中充滿「敵避」防蚊液（DEET）的味道，氣氛有點躁動不安。也許學生們已經發現，當跪下挖找根莖時，襯衫和長褲間露出的

---

48 譯注：此處再度玩弄諧音趣味，音相似的 iPod 跟 eye pod。

皮膚如果被黑蠅咬到，就會出現一排腫塊。雖然會有小小失血，但我還是很羨慕他們得到的經驗，所謂初心。

森林地表鋪滿雲杉的針葉，望去一片深褐，又厚又軟，間或點綴著幾堆淡色的楓樹或黑櫻桃葉。幾束光線穿透濃密的樹冠，蕨類、苔蘚、蔓生的蔓虎刺在林下光斑裡閃閃發亮。我們現在要收集白雲杉的根 *watap*，白雲杉是五大湖區原住民的文化基石，它的組織很有韌性，能用來縫白樺樹皮做成獨木舟和棚屋，絕佳的彈性可以用來編成精美的籃子。要用其他的雲杉根也可行，但尋覓白雲杉的灰綠針葉和強烈貓尿味[49]是個很特殊的經驗。

我們踩過雲杉，尋找途中一邊折斷那些差點戳到眼睛的殘枝。我要學生學著判讀森林的地表，眼睛要能像X光般穿透、看見地面下的根系，但直覺實在很難被轉化成公式。你可以在兩棵雲杉間選一個位置來碰運氣，越平越好，而且要避開有石頭的地方。腐爛的木頭周邊很適合，有苔蘚層的話就更有機會了。

採收根部時，如果直接下手，只會砍出一個大洞，所以要改掉猴急的毛病，慢慢來，反而比較快。「先付出，後回報。」不管是要採收香蒲、白樺樹或根部，學生們都已經習慣要先進行一個收割前的儀式，祈求展開神聖採集。有些人會閉起眼跟著我一起，有些人則發現這是一個在背包裡摸找鉛筆的好時機。我輕聲向雲杉報告我是誰、為何而來，夾雜著波塔瓦托米語和英語，我請求它們同意讓我們挖掘。我問雲杉是否願意盡其所能，跟這些年輕人分享它們的軀體和教導，懇請它們除了根莖之外再多給一點，然後我留下一小支香菸作為回禮。

學生們圍在一起，身體倚著鏟子，我拂去最上層脆薄芳香如陳年菸絲的老葉，拿出小刀朝腐爛的葉堆切下第一刀——還沒深入切斷靜脈或肌肉，只淺淺劃開皮膚——手指從切面滑進去，再回拉，表層脫落下來後，我把它放在一旁妥善保管，準備等完成時用來替換。突然照到光線的蜈蚣開始胡亂逃竄，一隻甲蟲往地裡鑽尋找掩護，揭開土層很像在進行一場仔細的解剖，學生們一如既往地驚嘆於各個器官的秩序之美，無論各種型態或功能，竟能如此和諧相依，它們就是森林的臟腑。

在黑色腐植土的襯托下，各種顏色都像夜晚雨後街道上的霓虹燈那樣顯眼。跟校車一樣橘黃的黃連根微微濕潤，在地表交錯縱橫，整個根系織成一張奶油色的網，每根約有鉛筆粗細，纏接著所有的墨西哥菝契（sarsaparillas）。克里斯脫口而出：「看起來好像一張地圖。」不同色彩跟大小的路徑，還真的很像呢。裡頭有一些交錯的暗紅色根莖，不知道是從哪裡來的，我們用力拖拉著其中一條，幾英尺外的某叢藍莓灌木就跟著鬆動了。加拿大舞鶴草的白色塊莖有半透明的絲線連著，就像鄉道串起了村莊；淡黃色的菌絲扇從一團深色有機物上長出來，像小巷裡的死胡同；鐵杉幼苗冒出的咖啡色鬚根形成一個高度密集的大都會。學生們

49 譯注：白雲杉發芽時會散發類似貓尿的氣味。

都加入挖土的行列，追根溯源，試著去對應根的顏色是哪個地表上的植物，學著判讀世界的地圖。

學生們自以為對土壤並不陌生，他們曾在菜園挖土、種樹，捧過翻耕過的泥土——土質溫暖鬆脆，隨時可以播種耕種。但那把翻耕土只能算是森林土壤的窮酸表親，就像拿著一磅漢堡肉跟整個生機勃勃的牧場來相比，後者有牛、蜜蜂、苜蓿、野雲雀、土撥鼠，還有一切讓這些生物互相關聯的事物。後院的土好比絞肉：可能足夠營養，但已經雷同到分不出來源。人類靠犁地來產生適合耕作的土壤，而森林裡的個體若能互相照顧，土壤就會自己出現，但這個過程很少人有機會親眼目睹。

我小心拔除植物根上的草皮，底下的土跟早上還沒加入奶油的爪哇咖啡一樣焦黑——腐植質潮濕密實，黑色的粉末像最細緻的咖啡渣那樣柔滑。土一點也不「髒」，這些柔軟的腐植質清香乾淨，甚至可以吃一匙下肚。我們得多挖開一點這種好土，才能找到樹根，分辨出哪個根屬於誰。楓樹、白樺樹、櫻桃樹的根都太脆了——我們只想要雲杉。雲杉樹根可以靠觸覺分辨，它們摸起來緊繃有彈性，你可以把它當作吉他的弦那樣隨意挑起一根，讓它彈回地面，看起來非常強韌。那才是我們要找的。

手指滑進去樹根裡稍微拽幾下，它就開始鬆動，催促著你往前移動，在北側清開一條溝，把它向外拔，然後又被另一條從東邊橫過來的路線給擋個正著，好似早就被掌握了去處似的。

所以你又得挖開那邊，越挖越多，一下子就挖了三處。沒多久，地面看起來就像被熊刨過。我回到起先開始的地方，剪斷一端，把它塞到其他枝條下面，上穿、下塞、上穿、下塞，我正在解開鷹架上的某條鐵絲，而這鷹架支撐起了整個森林。但我發現不可能只單獨鬆開一條，其他部分也得一起解開才行。有些根已經露了出來，你得選一條，順著它的路線先不弄斷，才能找到完整連續的整撮，實在不容易。

我讓學生各自散開去觀察土地，找看看哪裡有**根**。他們用衝的穿過森林，笑語照亮了幽暗涼爽的林子。有一段時間他們還會呼叫彼此，大聲咒罵有鹿虻跑進他們沒塞好的襯衫裡。他們各走各的，盡量不讓採集點集中在某個地方。這張樹根地圖的範圍很可能跟頭上的樹冠層一樣大。雖說採收一些地下莖無傷大雅，但我們很小心地善後。我提醒他們要把挖出的溝填回去，讓黃連和苔蘚物歸原位，採收完畢後，要用水瓶裡的水澆一澆凋萎的葉片。

我待在我的工作區處理根莖，閒談漸漸平息，偶爾聽見附近傳來挫敗的哼哼聲，嘟噥著泥土又沾上誰的臉。我知道他們手頭在忙碌什麼，也感覺得到他們的心思。挖雲杉根會引領你到另一個境界，大地的圖譜一遍又一遍問你：要選誰的根？哪條會柳暗花明又一村，哪條則此路不通？你剛才選擇了一條細根，小心挖掘一番後，它竟然又鑽進某塊大石底下，根本追不下去。你會放棄這條路換另一條嗎？這些樹根猶如一張展開的地圖，但地圖只有在你知道自己要往哪去的時候，才會發揮功能。有些根只是旁支，有些在中途就斷掉了。我看著學生們介於孩子和成人世界之間的臉孔，知道他們正糾結該做出什麼選擇：該選哪條路？這不正是你我都曾面對的永恆難題？

過沒多久，所有的閒聊都停了下來，苔蘚的靜謐籠罩著眾人，只有風吹過雲杉發出「噓——」的聲響，鶇鶇鳴叫。時間一分一秒過去，早已超過往常五十分鐘的課，但沒人說話。我抱著希望繼續等待。空氣中有某種能量流動，迴盪著一陣嗡嗡聲。然後我聽見了，是某人在唱歌，聲音低沉而歡欣。我感覺到自己綻放笑容，終於鬆了一口氣。每次都這樣呢。

在阿帕契族[50]的語言裡，指稱「土地」和「心智」的字根是同一個。採集樹根為土地地圖和心智地圖之間樹立了一面鏡子，在寧靜中，在歌聲裡，在我們的手觸摸著泥土時，自然而然地發生了。當鏡子轉向某個角度，幾條路線終於交會，我們便能找到回家的路。

近來的研究顯示，腐植土的氣味會影響人的生理狀態，嗅聞大地之母的氣息有助於釋放催產素荷爾蒙——一種增進母子或愛人之間連結感的化學物質。當我們被愛環繞，自然回報以歌。

記得第一次挖樹根時，我本來是要尋找可用的材料，想把它變成籃子，但最後是我被改變了。大地之上本來就有籃子，圖案交錯縱橫，各色相間，比我做的任何籃子還堅固漂亮。雲杉和藍莓，鹿虻和鶇鶇，整座森林都被裝在野生原始的提籃裡，連我也裝得下。

我們回到步道上會合，向彼此炫耀挖到的一圈圈樹根，男生們吹噓著誰的最大。艾洛特把他的樹根攤在地上，自己躺在旁邊——從腳趾頭一路到撐開的手指，總共超過八英尺。「它剛好穿過一根爛掉的樹幹，」他說，「所以我也跟著穿過去。」「嗯嗯，我也是。」克勞蒂亞附和。「我猜它們是哪裡有養份就去哪。」他們挖到的樹根圈大多短短小小的，但經歷的故事倒是長多了：誤以為一隻睡覺中的蟾蜍是石頭、發現很久以前森林火災形成的煤炭層、某條根突然斷掉，害得娜塔莉洗了泥巴浴。「超好玩！一點都不想停下來。」她說，「這些根好像特地在那邊等我們。」

歷經採樹根之後，學生們總會跟之前不太一樣，變得更加柔軟開放，彷彿感受過無形的擁抱後，也成長了不少。這一切提醒了我，要讓自己敞開心胸接受世界的禮物，深信土地會好好照顧你，我們所需要的一切都已齊備。我們也對著彼此賣弄拔完樹根的雙手：一路往上黑到手肘、從指甲縫到手上的皺紋都是黑的，像戴著人體彩繪的儀式手套，指甲片像被茶染過色的瓷器。「你們瞧，」克勞蒂亞說著將小指頭像女王喝茶時那樣翹起來，「我可是做過雲杉根美甲保養的哦。」

返回營地途中，我們停在溪流邊清洗這些樹根。大夥坐在岩石上讓樹根浸泡在水裡，順便泡泡腳。我示範給他們看如何用斷掉的樹苗做成的小鉗子幫根部去皮，堅硬的樹皮和肉質

50 譯注：阿帕契族（Apache）是數個文化上有關連的美國原住民部族的總稱，主要分布於美國西南方、墨西哥北部等。

皮層脫落後，就像髒襪子被脫掉後露出了纖細白皙的腿。底下的根乾淨又光滑，可以捲纏在手上變成線圈，乾掉時卻跟木頭一樣硬，聞起來是乾淨清新的雲杉味。把地上所有的根都拆開之後，我們坐在溪畔開始編織第一個籃子。初學者手拙，籃子最後都東歪西偏，但還是能夠支撐我們的日常所需。雖然這些籃子並不完美，但我相信它們是人和土地重新連結的開始。

棚屋的屋頂進展還不錯，學生們坐在彼此的肩頭，想辦法搆到頂端，把樹皮跟樹根綁緊固定。抽拉香蒲跟折樹苗的過程，讓他們憶起為何我們需要彼此。但編織草蓆的動作實在太單調，又沒有 iPod，於是有人自告奮勇要說故事來排遣無聊，有人唱起歌來，手上繼續忙著不停，彷彿他們還記得從前。這段日子，我們蓋好教室、享用了香蒲沙威瑪、烤根莖和花粉煎餅。被蟲咬的地方塗過香蒲膠之後已經好了很多。後頭還有繩索跟籃子要編，所以大家聚在圓形棚屋裡，一起捻線、聊天。

我告訴他們，莫霍克族（Mohawk）的長老學者湯普森（Darryl Thompson）曾經跟我們一起坐著編香蒲籃子，他說，「看到年輕人開始認識這個植物，讓我很開心。她給了人類一切生存所需的支持。」香蒲是神聖的植物，莫霍克族的創世故事裡也有提到。事實證明，莫霍克語用來指稱香蒲的詞彙跟波塔瓦托米語有很多共同點，他們也有字眼來形容嬰兒揹板裡的香蒲，但意義更為動人，總讓我熱淚盈眶。在波塔瓦托米語裡，這個字的意思是「把寶寶包起來」；莫霍克語的意思則是指香蒲以她的禮物包裹住人類，我們猶如她的寶寶。光這一個字彙，你我都成為了搖籃板裡的一分子，讓大地之母揹在身上。

如此盛情，我們該如何報答？既然知道她身負你我，我們能不能分擔她的重擔？我還在忖度如何開口，克勞蒂亞搶先說出我的心裡話：「我沒有不敬的意思啦。我覺得問植物我們可不可以摘它，然後獻上菸草是滿好的，但這樣就夠了嗎？我們拿了那麼多東西耶。我們本來假裝只是要找香蒲，對吧？最後卻搜刮了所有的東西，也沒付錢。仔細想想，我們算是在沼澤裡偷竊了。」她說得對，如果香蒲算是沼澤裡的沃爾瑪超市，在我們的獨木舟滿載著偷來的商品經過出口時，肯定會警鈴大作。就某種意義上來說，除非我們找到一個平等互惠的方法，否則就是沒付錢卻把東西帶走。

我提醒他們，菸草不是一個物質上的禮物，而是精神上的，好傳達我們最高的敬意。多年來，我請教過很多長輩，聽說過各種答案。有人說感恩是我們的責任，告誡我們不要傲慢地認為自己有能力歸還大地之母賜給我們的事物，我尊敬這份謙卑態度。而且除了感恩，身為人類的我們應該還有其他禮物可以回報。互惠哲學聽起來很美妙，但實踐起來卻挺困難。

讓雙手保持忙碌，能夠讓心情放鬆——學生們把香蒲纖維纏繞在手指間，拿這個說法開玩笑。我問大家，我們可以給香蒲、白樺樹或雲杉什麼？蘭斯對此嗤之以鼻：「它們不過就是植物。可以拿它們來用是很棒，但不表示我們欠它們什麼吧？它們只是剛好生長在那裡罷了。」其他人不滿地望向我，等著看我怎麼說。克里斯正準備去念法律，他像個天生的律師那樣跳出來申辯：「如果香蒲屬於『免費』，就可算是禮物，我回應的就是感恩，不需要為禮物支付金錢，欣然接受即可。」但娜塔莉反對：「就因為是禮物，難道就不需要負責？總該回饋點什麼吧。」不管是禮物或買來的東西，你還是產生了未清償的債務，前者是道德上的，後者是法律上的。若要負起責任，我們拿了植物的好處，難道不用意思意思補償一下嗎？

我喜歡聽他們討論這些問題。我不覺得去沃爾瑪買東西的消費者會停下來想想自己虧欠了土地什麼，才能換來他們手上的東西。學生們一邊忙著編織，一邊扯淡笑個不停，還想出了一堆建議：布萊德提議要有個許可制，為獲取之物付出代價，收到的錢就用來支持各州的濕地保育；有些人主張應該感念濕地，建議學校辦工作坊討論香蒲的價值；也有人建議採取防守策略：阻止那些會對香蒲生長造成威脅的物種繼續生長，所以要辦活動清除像蘆葦或千屈菜等外來種；有人建議參加都市計畫委員會的會議，或為濕地保育發聲；投票。娜塔莉承諾要幫她的公寓弄個雨水桶來減少水汙染；蘭斯發誓下次爸媽要他幫草坪施肥，他定會拒絕這差事；加入野鴨基金會（Ducks Unlimited）或大自然保護協會（Nature Conservancy）這類環境保護組織；克勞蒂亞決心要編個香蒲杯墊，送給大家當作聖誕禮物，這樣大家就會在使用杯墊時記得愛護濕地。

我本來以為他們沒什麼想法，卻被他們的創意所震懾。他們想回報給香蒲各式各樣的東西，跟香蒲給予他們的禮物一樣多彩多姿。我們的責任就是要去發現自己可以給出什麼，善用自己的天賦讓世界變得更好，這不正是教育的目的嗎？

學生們講話的同時，我聽到搖曳的香蒲和被風掠過的雲杉樹枝也正竊竊私語，它們對你我的心意其實並不虛無飄渺。越直接去經驗這個生命世界，越能感受到被自然的關愛包圍；若不去體驗，感覺便會退縮。要是沒有涉水走進及腰的沼澤、要是沒有跟著麝鼠的腳步、要是沒有在身上塗抹舒涼的黏液、要是我們從來沒用雲杉根編過籃子或吃過香蒲煎餅，學生們還會爭相討論要回饋給自然什麼禮物嗎？在學習平等互惠的過程中，其實是手引領著心。

課程最後一晚，我們決定睡在棚屋裡，於是大家在黃昏時分把睡袋拖到步道上，圍著營火說笑到深夜。克勞蒂亞說：「明天就要走了，好難過喔。沒有睡在香蒲上的時候，我會懷念親近土地的感覺。」不過，要體會大地給與我們的可不只這棚屋裡的物品，倒還真不容易。不管住的是布魯克林區的公寓，還是樺樹皮屋頂蓋成的小屋，對彼此的贈禮表達認可、感恩、回報之意，都同等重要。

學生們帶著手電筒三三兩兩離開原本圍坐的營火圈，彼此交頭接耳，我突然覺得有點不對勁，還沒意會過來，他們已經拿著臨時樂譜，排好隊形，像火光裡的一支合唱團。「這是我們一點小小心意。」他們開始唱起一首自己創作的頌歌，歌詞裡有一堆搞笑押韻，像是「雲杉根」（spruce roots）和「健行靴款」（hiking boots）、「天生渴盼」（human needs）和「沼澤蘆葦桿」（marshy reeds）、「門廊」（porches）上的「香蒲火光」（cattail torches）。歌曲來到最慷慨激昂的一段：「無論身處何方，只要植物在旁，哪裡都是家鄉。」實在沒有比這更好的禮物了。

大家像毛毛蟲般魚貫地擠進棚屋，繼續說笑談天，遲遲不肯睡去。想到「生態過渡帶」（ecotones）和「烤根莖菜」（baked rhizomes）這麼硬拗的韻腳組合，我忍不住笑了出來，其他睡袋傳出的笑聲也漣漪似地擴散開來，就像池塘上泛起的水波。最後大夥終於漸漸入睡，我感覺所有人都被籠罩在圓圓的樹皮屋頂下，跟天上的星空相應和。四周安靜下來，只聽得見眾人的呼吸聲，和香蒲牆輕輕颯颯作響。

陽光從東邊的門傾瀉進來。娜塔莉第一個起身，躡手躡腳跨過其他人，走出門外。從香蒲的縫隙之間，我看到她舉高雙臂，向嶄新的一天說謝謝。

燃燒的喀斯喀特岬
Burning Cascade Head

「新生之舞，也就是讓世界誕生的舞蹈，永遠都出現在邊緣，在盡頭處，在霧茫茫的海岸。」

——娥蘇拉．勒瑰恩（ursula k. le guin）

離岸遠處的牠們感覺到了。在獨木舟到不了、海中央那麼遠的地方，牠們的內在有什麼被喚起，古老的生物時鐘說：「時間到了。」佈滿銀鱗的身體像是在海中轉動的指南針，浮動的箭頭指著家的方向。來自四面八方的魚群聚成漏斗狀，緊緊簇擁在一起，數量多到牠們的銀色身體都照亮了水面，幼魚流沖入海，浪子鮭魚回家了。

這條海岸線的灣岬曲折多姿，海上總籠罩著一層濃霧，有雨林河流在此入海。大霧常讓人看不清地標，因此很容易迷路。岸邊的雲杉生得很濃密，家戶隱沒在幽暗的雲杉葉裡。老人家說曾有獨木舟因為風浪而迷航，最後漂流到別處的沙嘴。由於這些船離開太久，船家的家人來到岸邊，放火燒了沿岸的漂流木，祈求他們平安歸來。當這幾艘獨木舟終於靠岸，船裡滿載著海上珍饈，眾人皆以歌舞向獵人致意，面對一張張充滿感激的臉孔，旅途中一切危險辛苦都值得了。

人們準備迎接兄弟歸來時也是同樣的場景，等著牠們以自己的身體為舟，帶來食物。於是人們觀望等待，女人在她們精緻的舞衣上又多縫上一排象牙貝。大夥堆好歡迎晚宴要用的赤楊木，又削尖了越橘木準備當做烤肉叉子。補網時，他們會一邊練唱古老的歌曲。但他們的兄弟還是沒有出現，於是大家走到岸邊望向大海，想尋找兄弟們的蹤跡：或許牠們忘記要回來，或許還在哪裡流連忘返，或者在海上迷路了，不知道還有人等著歡迎牠們歸來。

雨季來遲了，水位很低，森林裡的小徑滿布沙塵且非常乾燥，地表覆滿黃雲杉針葉。岬角上的大草原一片焦褐，連丁點滋潤的霧氣都沒有。遠方，拍岸的浪花之外，在獨木舟不可及之處，在光線被吞沒的墨黑之中，牠們成群移動，在還沒確定方向之前，既不往東，也不往西。

於是他在黃昏時走上小路，手上抱著一捆東西。他把煤炭放進雪松皮和纏捲的草織成的巢裡，對著裡頭吹氣，巢裡的枝條跳起舞，然後逐漸平息下來。草慢慢被燻黑，先生出一團黑煙，接著燃燒起來，烈焰從一根莖攀到另一根上。草地上其他人如法炮製，在草的周圍點上一圈火，火花劈啪作響，很快燒成一片。逐漸暗淡的天光裡，白煙裊裊升起散入空氣之中，煙霧緩緩順著草坡向上，熱對流的火光照亮夜空，點起一盞指引兄弟回家的明燈。

他們正在放火燒岬角。火勢順著風蔓延開來，直到遇上濕潤的森林才被擋住。在比浪花高上一千四百英尺的地方，烈焰熊熊燃燒，變成一座火塔：黃、橘、紅，燃熾沖天。燎原的野火不斷湧滾出白色煙霧，霧底下的部分在暗夜裡看上去是鮭魚粉紅色。他們要藉此說：「來，來，我血肉相連的兄弟啊！回到你生命開始的河流，我們正準備為你舉辦一場迎賓宴。」

在海上，那個獨木舟到不了的地方，漆黑海岸有一絲光線，那是黑暗中的一支火柴，在下方閃爍呼喚，直到降落的白煙漸漸融入霧氣裡，彷彿無垠之中爆起石火電光。時間差不多了，牠們成群轉向東方，朝岸邊和家鄉的河而去，當牠們聞到出生地的溪流氣味，就會暫停旅程，先在平緩的洋流裡休息。至於牠們頭上的岬角，火光甚亮，熠熠映在水上，不時映照紅通通的浪尖，銀色的魚鱗斑斑地閃爍著。

日出時，岬角成了一片灰白，好似覆蓋上一層新雪。冰涼的灰燼落進下方的森林，草燒過的焦味被風吹散開來。但沒人注意到，因為人們都站在河邊唱迎賓曲，那是一首讚揚食物接連逆流而上的頌歌。漁網留在岸上，魚叉還掛在家裡。有鉤狀下巴的領袖可以先通過，帶領諸鮭前進，並且告訴上游的親戚說，人類已經表示了感恩和敬意。

營地旁的魚群路線在洄游期間都不會有人去打擾。魚群通過的四天後，才由最受敬重的漁夫捕捉「初鮭」，慎重處理一番之後，放在鋪墊著蕨類的雪松木板上帶到盛宴會場，接著人們輪番大啖神聖食物——鮭魚、鹿肉、塊根、莓果，按照它們在流域裡出現的順序。大夥以傳遞杯子來慶祝連結一切生命的水，並排成長長的隊伍跳舞，向一切被給予的事物吟唱感謝。鮭魚骨會被放回河裡，鮭魚頭面向上游，如此一來，牠的靈魂得以追隨其他的同伴。牠們注定死去，我們所有人都免不了一死，但牠們恪守古老盟約，要讓生命延續下去。如此，世界不斷更迭新生。

等到那時，漁網終於被撒下、捕魚用的竹柵就緒，收穫季於焉開始。每個人都有任務，老人家建議年輕人用矛捕魚，「只取所需要的，其他就放掉，魚才會生生不息。」一旦曬棚掛滿準備用來過冬的食物，他們就會停止打漁。

因此，在葉落草枯的時候，秋天的帝王鮭蜂擁而至。傳說鮭魚初來乍到時，第一個在岸上遇到的就是臭菘草，過去幾年人類都靠它才不至於餓死。「兄弟，謝謝你照顧我的族人。」鮭魚說，於是牠送禮物給臭菘草——一張麋鹿皮毯子跟一根印地安戰棍——然後把臭菘草安放在柔軟濕潤的地上，讓他好好休息。

河流裡的鮭魚種類很多——帝王鮭、大麻哈魚、粉鮭、銀鮭——可以保證人類一定不會挨餓，跟森林一樣可靠。牠們向內陸游上幾英里遠，為樹帶來迫切的資源：氮。鮭魚產卵完畢後就死去，屍體被熊、老鷹或人類拖進森林，成為樹木和臭菘草的養分。科學家運用穩定同位素分析，追蹤原始森林裡的氮從何而來，可以一路追溯到海洋。鮭魚餵養了所有人。

大地回春時，岬角再度成為地標，初發的嫩草閃爍著飽和的綠光。被火燒黑的土壤溫度很快升高，催促新芽鑽出地表，灰燼滋養沃土，讓麋鹿和小鹿在北美雲杉的幽暗森林裡還能找到一方青蔥的草地。隨著季節更替，草原上長滿野花。藥草師辛苦地爬上岬角收集需要的藥材，這些藥草只有山上才有，他們稱此地為「風不止山」。

岬角突出在海崖上，底下捲起一層層白色海波，此處視野絕佳：北邊是岩岸，東邊山上覆滿苔蘚的原始雨林後方仍有山峰綿延，西邊一片無邊無際的汪洋，南邊則有河口，巨大的沙嘴凹成一個弧形，封閉住灣口，迫使河流從一個狹窄的通道入海。所有型塑陸地和海洋的力量都在這裡，光看沙和水就知道了。老鷹乘著上升氣流翱翔天際，為人類帶來不同的視野。這塊神聖之地專屬於懷抱夢想的人，他們甘願獨自待在這裡不吃不喝好幾天，即便周圍的草原已經燒得精光。他們也願意為鮭魚、為人類犧牲自己，聆聽造物主的旨意，敢於作夢。

關於岬角的故事，如今只剩下斷簡殘篇。知道的人在他們的知識還未來得及被記錄下來之前，就已經消失在世間。死亡毫不留情，能夠傳承的人已經所剩無幾。但即便故人久去，草原還是留下了火祭的傳說。

⁂

一八三〇年代，傳染病在奧勒岡海岸一帶大爆發，病菌移動的速度比馬車還快，天花和麻疹在原住民部落大流行，疫情就跟烈火逼近乾草一般難以控制。一八五〇年代佔地墾荒的大批人來到的時候，多數村落都跟鬼城沒兩樣。拓荒者的日記裡寫到，他們發現一個茂密的森林，裡頭有一片草地可以養活所有的牲口，這讓他們非常驚訝。於是他們迫不及待趕快把牛放出來吃草。這些牛循著地上本來就有的路徑把土踩得更結實，牠們扮演了野火的角色，既不讓樹林佔地為王，也為草提供肥料。隨著越來越多人進來佔領內切斯內族（Nechesne）的土地，自然希望有更大的牧場可以餵養荷斯坦奶牛。但平坦的地可遇不可求，於是他們把腦筋動到河口的鹹水沼澤上。

河口座落在生態系的交會點，在這邊緣地帶的邊界處，有河流、海洋、森林、土壤、沙和陽光，生態多樣性和生產力比任何濕地來得都高，各種無脊椎動物在此繁衍，厚厚的植群和沉積物塞滿了大大小小的廊道，鮭魚就在這個路網裡來來回回。河口是鮭魚的育嬰房，從剛脫離產卵區的小魚苗漸漸長成能夠初離淡水、進入海水的發福銀色幼鮭。鷺類、鴨子、老鷹和貝類都能在此生存，但牛卻不行——那一大片草澤太濕了，因此人類築堤把水擋在外面，所謂的「填海造陸」工程將濕地變成了牧草地。

築堤壩讓河流從一組毛細管系統變成取直的單一河道，好讓河水盡快流入海中。或許養牛很適合，但新生的鮭魚卻因此被粗暴地沖進海裡，根本就是世界末日。對淡水出生的鮭魚來說，要轉換到鹽水環境，身體會產生巨大的化學變化，一位魚類學家把這種情況比喻成類似化療輸液後的寒顫現象。魚需要一個過渡地帶，姑且稱之為中途之家吧。因此河口的半鹹水、作為河海緩衝帶的濕地，對鮭魚的生存至關重要。

由於看好罐頭市場的利潤，釣鮭魚一時蔚為風潮。但人們對洄游的魚卻不再尊敬，早到的鮭魚不一定能安全上溯。雪上加霜的是，上游所築的堤壩改變了水文，放牧和森林伐採則導致環境惡化，使得鮭魚產卵數量掛零。商品心態讓數千年來餵養眾人的魚種瀕臨滅絕。為了讓收入源源不斷，人類蓋了孵化場，用工廠化的方式來養魚，以為不需要河流就可以繁殖鮭魚。

野生鮭魚從海上望向岬角想尋找火光，不過多年來什麼也沒看見。但牠們跟人類有盟約，而且答應要照顧臭菘草，所以還是來了，只是每次回來的數量越來越少；那些成功歸來的鮭魚彷彿回到空蕩蕩的家，黯淡又蕭條，沒有歌聲，也沒有蕨類布置的桌子，沒有岸上的亮光對你說歡迎回家。

根據熱力學定律，能量是守恆的，只是從一種形式轉變成另一種形式。人類和魚之間，對彼此關愛和付出，變成什麼去了？

✳

從河邊上來的小路突然拔高，沒幾步路就切進陡坡。我推踩著北美雲杉巨大的根爬上來時，雙腿火燎般地疼。苔蘚、蕨類和針葉樹羽毛狀的綠色長葉層層疊疊形成一幅鑲嵌畫，刻印在森林的立面，朝我而來。樹枝輕輕刷過肩膀，我只能專注在前方的路跟腳下。

走在這條路上，我的注意力漸漸轉向內在，小圓腦袋裡的心思正忙著梳理內在的名單跟記憶。四周安靜得只剩自己的腳步聲、雨褲唰唰作響和心砰砰跳的聲音，接著來到一個要過溪的地方，水直瀉而下發出雷響轟鳴，霧氣濛濛。我的森林之眼於焉開啟：有隻腎蕨上的鷦鷯對著我吱吱叫個不停，一隻橘色腹部的蠑螈經過我面前。

原本雲杉遮蔭變得稀疏了些，沿著小徑上行，即將走進山頂附近一圈白色的赤楊木裡。我想走快點看看前方還有什麼，但一路的景致實在太吸引人，我不得不強迫自己慢慢走，細細品味期待的感覺，感受空氣的變化和風的吹拂。最後一棵赤楊木斜在路徑之外，好似要放我的眼光一馬。

小徑的黑土映襯著金色的草，草原上的土被踏陷下去，那是數百年來前人的步伐所踏出的地勢起伏。此刻，整個世界只剩下我、草、天空，還有兩隻乘著氣流高飛的禿鷹。我攀在山脊上，完完全全感受到所有的光線、察覺周圍的一草一木和風吹。我突然福至心靈，無法用言語形容那個至高神聖的地方，一切話語都隨風而去，甚至連念頭都化成一縷雲，飄上岬角然後消散。一切如是存在。

在還不知道這個故事、火光還沒入夢之前，我應該會跟其他來這裡爬山的健行客沒兩樣，在景點上東拍拍西拍拍，對著包覆海灣的鐮刀狀黃金沙嘴和鑲著蕾絲邊的海浪嘖嘖稱奇，站在小丘伸長脖子看著河流在底下的鹽水沼澤中央切出一條蜿蜒的銀線，自海岸山脈的暗影中一路迤邐而來。我也會不免俗地慢慢挪動到懸崖邊，望向岬角下一千英尺的浪花拍岸處，感到緊張或暈眩；聽著海豹在海灣洞穴裡嗷嗷叫的回音，看風掀起陣陣草浪，像撥亂的美洲獅毛皮。天空依舊，海也依然。

在還不知道這個故事之前，我應該會寫些田野筆記，問嚮導這裡有哪些稀有植物，然後打開午餐來吃，也不會像隔壁展望台上那個人一樣忙著講手機。但最後，我只是站在那裡，帶著悲欣交集的莫名情緒，任由眼淚順著臉頰流下。喜的是這個世界如此閃閃發光，悲的是我們已失去太多。草還記得它們被大火吞噬的夜晚，於是燃起了物種之間的愛之火，照亮回家的路。今天誰還懂得其中的意義？我跪在草上感受那分心痛，大地像是在呼喊它的子民：**回家吧。回家吧。**

這裡時常有其他人來健行。我猜，當他們放下相機，站上岬角，帶著渴望的神情，努力想聽見風以外的聲音，並凝望著大海的此刻，就是真正的意義所在。他們看起來，很努力讓自己記得愛這個世界是什麼樣子。

⁂

我們幫自己設定了莫名的二元對立，只能在愛人跟愛土地之間選一個。大家都知道，愛上一個人就會生出動力和能量——愛可以改變一切，但我們卻把愛土地當作只跟個人腦袋跟情感有關的事。喀斯喀特岬的高草原揭示了另一個道理：愛土地的力量，是可以被看見的。岬角上的火祭鞏固了人類和鮭魚的連結，也拉近了人與人、人與神靈之間的距離，還創造了生物多樣性。慶祝的火焰將森林變成細長外延的海濱草原，濃霧森林中終於出現一塊開放的棲地。火燒岬角創造出來的海角草地，讓依賴火的物種能夠在此生存，別處絕無僅有。

無獨有偶，迎接初鮭的儀式中蘊含的美好心意，在全世界都引起了迴盪和共鳴。愛和感謝的大餐不只是要表達內在情感，還可以實際為鮭魚的上溯旅程提供幫忙，避免牠們在關鍵的時間點被其他動物掠食。把鮭魚骨放回河裡，意味著讓養份回歸到整個系統，這些儀式都懷抱著務實的敬意。燃燒的烽火是一首美麗的詩，卻是一首深深銘刻在大地裡的實體詩。

人如何鍾情鮭魚，火便如何鍾情草，以及烈焰光輝如何鍾情海上的墨黑。

今日我們只會在明信片上寫（「喀斯喀特岬風景超棒——好希望你也一起來」）跟購物清單（「買鮭魚，一．五磅」）。

⁂

儀式貴在專注，而專注會成為動機。你們若團結起來，在族人面前述說整個故事，就會對這件事負起責任。儀式能超越個體的侷限，和人類以外的經驗產生共鳴。這些表現尊敬的行為非常有力量，遵循這些禮法會擴大和充實我們的人生。在很多原住民部落，祭袍的褶邊因為年代久遠已經脫線，但布料本身還是很強韌。在現今的主流社會，祭典多半式微，我猜測原因有很多，包括生活節奏太過忙碌、部落成員四散、大家把儀式當作加諸於人的宗教制度，而非真心想歡喜慶祝一番。

至於那些留存下來的儀式——生日、婚禮、葬禮——則只專注在自身，標註著個人的轉變，其中最常見的應該就是中學畢業。我很喜歡我們鎮上有人畢業時，所有人都一起在某個六月的夜晚盛裝來到大禮堂，不管是不是你的孩子要畢業。大家共同的心情形成一種團體感，為即將跨越當下階段的年輕人感到驕傲，也為某些人鬆了一口氣。這是個懷舊和紀念的好時機。我們為那些青春正盛的年輕人慶賀，謝謝他們來到我們的生命裡，讚許他們克服重重困境，歷經辛苦後終於有所成就。我們告訴他們說，他們是未來的希望。我們鼓勵他們勇敢踏入世界，並衷心期盼他們有一天會回家。我們為他們喝采，他們也為我們鼓掌，每個人都掉了幾滴淚。然後派對就開始了。

還有，至少在我們鎮上，大家都知道這場典禮不是一場空洞的儀式，而是具有力量的。眾人的祝福真的會讓這些年輕人帶著信心、羽翼豐滿地離家，並提醒他們記得自己來自何方、對拉拔他們長大的社群負起責任。我們希望這場典禮能對他們有所啟發，期待塞在畢業卡片裡的支票能幫助他們闖出自己的一條路。這些儀式的確充實了我們的人生。

我們知道怎麼完成儀式，也做得很好。不過想像一下站在河邊看著鮭魚擠進河口的大禮堂，心情也是差不多的：向牠們起身致意，謝謝牠們豐富我們的生命，讚頌牠們努力克服挑戰，訴說牠們是未來的希望，鼓勵牠們勇敢探索世界繼續成長，並期盼牠們回家。我們能不能把對自己人的祝福和支持，也傳達給其他需要我們的物種？

很多原住民傳統仍然重視祭儀的地點，慶祝的內容多跟其他的物種有關，或因四季而有所不同。但在殖民社會，流傳下來的儀式都跟土地無關，而是關於家庭和文化，也就是還能從舊家園引渡過來的價值。在我的國家，當然還保有土地的儀典，但實質上卻沒有真正通過移民的考驗。我認為在此重現這些儀式是個明智的作法，能夠加深和土地的連結。

如果想讓儀式在世上發揮作用，必須具有互惠共創的精神，要能保持有機：群體創造出儀典，儀典也創造出群體，而且不該是從原住民文化中挪用過來。但要在當代世界裡建立新的儀式很困難，我知道有的地方還在舉辦「蘋果節」和「獵鹿節」，不過，雖然食物本身很棒，節慶本身還是越來越商業化。「野花週末小旅行」或「聖誕節鳥類調查」教育活動都很好，但缺少了跟非人類世界之間更積極、平等友善的關係。

我想穿上最美的衣服來到河邊，我想大聲唱歌，我想跟一百個人一起跺腳，讓河水跟我們的快樂共振。我要為世界的新生，舞上一曲。

人們再度來到鮭魚河口的堤岸，在河邊靜靜觀望等候，臉上充滿期待，時而眉頭深鎖。他們不只穿上最美的衣服，還套上雨靴跟背心外套。一群人帶著網子涉水入河，其他人負責

顧桶子，在找到個什麼東西時興奮得歡呼大叫。這大概是另類的「初鮭典禮」吧。一九七六年開始，美國林務署和以奧勒岡州立大學為首的許多團體發起了一個河口復育計畫，打算移除堤壩和擋潮閘，讓潮水再次去到它們該去的地方，以完成它們的使命。團隊成員一一移除河上的人造物，希望恢復河口本來的樣子。

這個計畫運用了歷來的生態調查，除了花在實驗室的時間難以計數，歷經在野外被曬傷、在凜冽冬雨和明媚夏日裡努力蒐集資料，終於等到新物種奇蹟似的回歸。野外生物學家的存在意義就是為了這一刻：獲得跟其他生物在野外面對面的機會，牠們可比人類有意思多了。我們要坐在牠們的腳邊仔細傾聽，波塔瓦托米族的傳說提到，所有植物、動物，包括人類都曾說著同樣的語言，能夠了解彼此，但如今那個天賦消失了，實在是我們莫大的損失。

由於大家的語言不同，身為科學家的責任，便是盡力把故事拼湊得好一點。因為無法直接問鮭魚需要什麼，所以就透過實驗仔細聽牠們給出什麼答案。我們在實驗室熬了大半夜，觀察魚的耳骨上的年輪，想知道魚對水溫的反應，才知道如何對症下藥。我們做實驗來研究河水鹽度對外來種生長的影響，以及各種測量、記錄跟分析，看起來或許索然無味，卻能藉此認識其他物種的奧秘。帶著敬畏和謙遜的心進行科學研究，將會與人類以外的世界形成非常有力的互惠關係。

我從來沒有遇過任何生態學家只是因為熱愛資料或著迷P值[51]才跑野外的，種種方法都是為了跨越物種的界線，褪去人類外皮，換上魚鰭、羽毛或葉片，盡可能認識其他的生物。科學有助於建立對其他物種的親密感跟敬意，懂得傳統知識的人透過觀察也會產生類似的感受，因而形成一種親情上的連結。熱血的科學家也是我的同伴。他們的筆記本被鹹水沼澤的泥巴弄得髒兮兮，上面寫滿一欄又一欄的數字，這些筆記是給鮭魚的情書。他們用自己獨特的方式為鮭魚點燃火把，召喚牠們回家。

移除堤壩後，大地又恢復成鹹水沼澤該有的樣子了。水再度透過沉積物裡的小渠道流向四方，昆蟲回來產卵，河流優雅的曲線再次出現了。從岬角向下看，河流就像一棵身上長了很多瘤的老扭葉松被蝕刻成畫，背景是一大片搖曳的莎草。沙洲和深潭附近的水光時金時藍。在這個重生的水世界，新生鮭魚躲在各個轉角休息，唯一的直線就是舊堤壩的邊界，讓我們看到流水曾經如何被截斷，又如何復原重生。

初鮭典禮並不是為人類舉辦的，而是為了鮭魚群，為了自然中無數耀眼的生命、為了世界的新生而辦。人類因而明白，當有其他的生命為了人類而奉獻自己，那都是非常珍貴的禮物。儀式便是回報這份厚禮的方法。

春夏秋冬季節流轉，等到岬角上的草又枯乾時，準備工作就開始了。人們補網、整備所有工具，他們每年都同樣的時間來到，張羅好一大堆傳統食物，因為有太多張嘴嗷嗷待哺了。

所有資料記錄器都已校準就緒，生物學家穿著涉水褲，搭船來到河口，把網子放進重現的舊河道裡浸潤一下，測測河流的脈搏。他們每天都來檢查，下到岸邊向海遠望。鮭魚還是沒有來。於是焦心等待的科學家捲起睡袋、關掉實驗儀器，什麼都收拾了，只留一盞顯微鏡的燈還亮著。

鮭魚們群聚在浪花之間，感受家鄉的水域近了。然後牠們看見，黑暗的岬角上，有人留了一盞燈，在夜裡點燃一把小小的火炬，召喚牠們回家。

51 譯注：統計學上，用來判斷變數間的關係是否顯著的一個重要指標。

落地生根
Putting Down Roots

莫霍克河（Mohawk River）岸邊的某個夏日：

一、二、三，**彎腰**、**拉**，**彎腰**、**拉**。**四**、**五**、**六**、**七！**她站在及腰的草堆裡，對著孫女大喊。每俯下身一次，手上的草束就變得更大把。她起身揉揉後腰，仰頭面向夏日藍天，烏黑的辮子在背後晃啊晃。灰沙燕在河上嘰嘰喳喳，微風掠過水面，吹動周圍的草點頭搖曳，也從她身後帶來茅香草的芬芳。

四百年後，某個春天早晨：

一、二、三，**彎腰**、**挖**，**彎腰**、**挖**。我每俯下身一次，手上的草束就變得更小把。我把小鏟子插進鬆軟的土裡前後搖動，刮到一塊埋在底下的石頭，於是用手指把它挖出扔到一邊，留出一個蘋果大小的洞給根系。我從麻布包著的草束裡撥分出一簇茅香草，把它放進洞裡，在四周覆上土，唸完歡迎詞，然後把土夯實。我起身揉揉後腰，陽光傾瀉而下包圍著我們，照暖了草讓它釋放出香氣。紅色的記號旗在微風中飄揚，標示出地表的輪廓。

Kaié:ri、*wísk*、*ià:ia'k*、*tsiá:ta*。早在不可考的年代，莫霍克族就已定居在這個河谷，於是河谷便以該族為名。從前河裡到處都是魚，春天的洪氾帶來淤泥，成為孕育玉米田的沃土。河岸邊的茅香草長得非常茂密，茅香草的莫霍克語為 *wenserakon ohonte*。這種語言已經失傳了上百年，隨著一波波移民到來，莫霍克族被趕出紐約州北部的富饒谷地，遷移到美國的邊陲。長屋民族（易洛魁）聯盟原本的優勢文化已被打散成各個小型保留區，只能靠拼拼湊湊來認識它本來的面貌。莫霍克語是第一個讓民主、女性平權和《和平大法》（*Great Law of Peace*）等想法真正發聲的語言，卻反而成了瀕危語種。

莫霍克語和文化不是憑空消失的，而是被強制同化，政府採取政策手段來處理印第安問題，將莫霍克族的孩子送到賓州卡萊爾（Carlisle）的寄宿學校，該校公開宣稱的使命是「消滅印第安，拯救真人性」。孩子們的辮子都被剪去，也不准說族語。女生被規定要學習烹飪和打掃，禮拜天還要戴上白手套。茅香草的香氣不再，取而代之的是營房洗衣間的肥皂味。男生則要研習體育，還有學習一些農業生活的技能：木工、耕種、理財。政府致力於斬斷土地、語言和原住民之間的連結，這些作法看似成效卓著，但莫霍克族稱呼自己為 *Kanienkeha*——燧石之地的人——燧石可不會輕易給美國的大熔爐給融化。

從搖曳的草上看去，貼近地面處出現了兩顆頭顱，有光亮的黑捲髮搭配紅色頭巾的是丹妮拉，她把自己推坐起來，正一一清點眼前地上的植物數……四十七、四十八、四十九。她頭也不抬，直接在記錄板上寫筆記，然後把草束扛上肩繼續前進。丹妮拉是我的研究生，我們為了這天籌謀已久，這個工作是她的論文題目，她亟欲有個好的開始。在碩士班申請表上，我是她的指導教授，但我一直灌輸她一個觀念：植物才是最好的老師。

草地的另一邊，特雷莎抬起頭將辮子被甩到肩上。她把T恤的袖子捲起，露出上面「易洛魁族國民曲棍球隊」字樣，小手臂上有一道道污痕。特雷莎是一位莫霍克族的編籃人，也是我們研究團隊的重要成員。她這天特地休了假，跟我們一起跪在土地上，咧嘴笑得開懷。當她發現大家活力有點低落，她開始數數，幫助我們提振精神，「*Kaié:ri*、*wísk*、*iá:ia'k*、*tsiá:ta*」，她念著，大夥一起一排排數算植物。數到第七排時，表示已經經過七代，我們就把根種進土裡，歡迎茅香草回家。

即使歷經卡萊爾的歲月，即使離鄉背井，即使受到圍困長達四百年之久，還是有某些東西留存了下來，許多堅毅如石的心沒有輕易屈服。我不知道究竟是什麼支撐住這群人，但我相信從流傳下來的文字語言裡一定可以找到蛛絲馬跡。少數部落還在原地沒有遷走，因此當地的語言被保留，族人會念頌「感恩語錄」來展開一天：「我們齊心向大地母親獻上敬意，感謝她的恩賜，支持我們一切所需。」他們的心意像磐石堅定，他們想感念並回饋世界，當身邊一切都被奪走，是這樣的念頭讓他們撐了過來。

十八世紀，莫霍克族逃離位於莫霍克谷的家園，重新在美加邊境的阿克維薩斯涅

（Akwesasne）落腳。特雷莎就是出身於阿克維薩斯涅的編籃世家。

籃子的奧妙之處在於型態的變化：從整株活生生的植物到分離的草束，然後變成籃子，回歸為一個整體。籃子同時兼有破壞和創造的力量，世界就是由這兩種力量塑造出來的。散開的草束又被編織成一個全新的整體。籃子的生命旅程，也是人的生命旅程。

黑梣木和茅香草的根系都長在河岸濕地，但它倆卻是到了陸地上才成為鄰居，被應用在莫霍克族的編籃之中，梣木的木條之間穿插編接著一束束的茅香草。特雷莎記得幼時經常幫每片茅香草編辮子，把每一綹草葉纏緊，讓光澤更加明顯。女人們聚在一起說笑話家常，這個過程也被編進籃子裡，話語裡交雜著英語和莫霍克語。茅香草盤繞在籃子的邊框，或者交織在蓋子上，就算只是一只空籃子，也帶著土地的氣味，串起人與地方，連結語言與認同。製籃工作也帶來了經濟上的保障，懂得編籃的女人絕不會餓著。編茅香草籃幾乎是莫霍克族人人皆有的本事。

以前的莫霍克族會向土地說出感恩的話語，但近來聖羅倫斯河周邊的土地實在沒什麼能感念的。保護區的部分土地被發電大壩的洪水淹沒，重工業看上了這裡便宜的電力跟航運之利，陸續進駐。美國鋁業公司、通用汽車公司和東塔紙業公司可不是用「感恩語錄」的角度看世界，於是阿克維薩斯涅變成了全國污染最嚴重的地區之一，漁夫家庭不敢吃自己抓到的魚，母乳裡驗出大量多氯聯苯和戴奧辛。工業汙染讓傳統生活方式變得不再安全，人與土地之間的關係岌岌可危，眼看工業毒廢料帶來的毀滅，連卡萊爾以前的一切都不放過。

Sakokweniionkwas，又名湯姆．波特（Tom Porter），是熊族的成員。大家都知道熊族負責保衛家園，同時也是醫藥知識的守護者。正因如此，二十年前湯姆帶著對療癒的渴盼，跟著一群人動身啟程。當他還是小男孩時，曾聽奶奶不斷提起那則古老的預言，說將來有一天，一小群莫霍克人會回到原本位於莫霍克河的家園。一九九三年，那一天真的到來，湯姆和朋友離開阿克維薩斯涅，前往莫霍克谷的傳統領域，希望在舊家園建立新的部落，從此遠離多氯聯苯和水利大壩。

他們在卡納加哈萊蓋（Kanatsiohareke）四百英畝大的森林和農場裡安頓下來，這個地名從莫霍克谷以前蓋滿長屋的時候就有了。他們研究這塊地的歷史，發現卡納加哈萊蓋從前曾經出現熊族的村落。而今，舊回憶跟新故事交織。一間穀倉和幾棟家屋座落在河流轉彎處的峭壁下，充滿淤泥的沖積土聚積在岸邊，過去被伐木工人砍得精光的山頭又長出高大的松樹和橡樹。天然水瀑從峭壁上的裂縫裡傾瀉而下，水量多到再嚴重的乾旱都能安然度過，形成一汪清澈的水潭，裡頭長滿了綠聳聳的苔蘚。你可以從平靜無波的水面看清自己的臉，大地訴說著重生的語言。

湯姆和眾人來到時，建築物是一片斷垣殘壁。多年下來，許多志工合力修屋頂、換窗戶；

節慶時大廚房再度飄出玉米湯跟草莓果汁的香味，幾棵老蘋果樹之間架起了跳舞的涼亭，人們聚在一起重新學習，慶祝長屋文化，目標是「顛覆卡萊爾」：卡納加哈萊蓋會把被奪走的事物重新還給他們，像是語言、文化、靈性、身分認同——這群人是失落迷惘的一代，但他們的孩子終於可以回家。

房子蓋好的下一步是要傳授語言。湯姆用來反抗卡萊爾的座右銘是「治癒印第安，拯救舊語言」。卡萊爾和美國其他寄宿學校的孩子都因為說母語而受到嚴厲的指責——或者更糟。從寄宿學校倖存下來的人不敢教下一代說祖先的語言，以免讓孩子受苦，因此語言跟土地一起萎縮，只剩少數口說流利的人，而且大多超過七十歲了。這個語言正在消失的邊緣族群，就像無處可以撫育下一代的瀕危動物那樣，面臨滅絕的命運。

當語言真正死亡，更多文字之外的事物也將隨之消逝。語言是念頭的居所，否則念頭將無處容身。透過語言，我們表達出看待世界的方式。湯姆說，就算數字這麼單純的字詞，也充滿了一層層的含義。我們計算茅香草地上的植物時所用的數字，令人聯想到創世故事。*En:ska*，一，有如天空女神從天而降的樣子。她獨自一人降落到地球上。但她並不是孤身無伴，因為她的子宮裡有另一個生命正在長成。*Tékeni*，二。天空女神生了個女兒，女兒又生了對雙胞胎兒子，於是便有三人了——*áhsen*。每次當長屋民族用各自的母語數到三，就會加深他們與天地萬物的連結。

植物也有助於重拾土地和人之間的關係。哪裡可以給你支持，哪裡就會變成家，讓你的身心都得到滋養。要重整一個家，植物也必須回歸。當我聽說要返鄉回卡納加哈萊蓋時，腦海就浮現了成片茅香草的情景，於是我開始想盡辦法要帶它們回老家。

三月某個早晨，我路過湯姆的家，跟他討論在春天種茅香草的事。我對復育實驗充滿各種想法，卻忘了要先顧好自己。既然吃飽才有力氣做事，我們就先坐下來好好吃頓鬆餅，搭配濃郁楓糖漿的豐盛早餐。湯姆穿著紅色法蘭絨格子衫站在火爐前，他的體格健壯，烏黑的頭髮間已有一縷縷銀絲，臉上幾乎沒有皺紋，即使他已經超過七十歲了。從他口中流瀉而出的話語就像崖壁底下湧出的泉水——所有的故事、夢想、笑話，都如楓糖漿甜蜜的香氣，溫暖了整個廚房。他笑著幫我添了一些鬆餅，又講了一個故事。就算只是聊天氣，古老的教導還是自然而然穿插在對話裡，精神面和物質面層層疊疊，就像黑梣木和茅香草錯綜交織。

「你這個波塔瓦托米人在這裡做啥？」他問。「你也離家很遠吧？」我只需給出一個詞就足以回答：「**卡萊爾**。」我們慢慢喝著咖啡，將話題轉向對卡納加哈萊蓋的願景。他想在這片土地上蓋個農場，人們可以重新學習怎麼種植傳統食物；想打造一個能夠舉行傳統祭典的場地，教大家尊重四季的循環，在這裡說出那些應當「先於一切的話語」。他說了很多關於「感恩語錄」如何支撐莫霍克族跟土地的關係，令我想起一個縈繞在心頭很久的問題。「先於一切的話語」差不多來到尾聲，在土地上所有生靈都被感謝過一輪後，我問：「有誰聽說過土地回應答謝的嗎？」湯姆沉默了一秒，將更多鬆餅放進我的盤子，並把楓糖罐推到我面前。那是他所能給予的最好回答了。

湯姆從抽屜裡取出一包流蘇皮革，為餐桌放上一塊柔軟的鹿皮，接著倒出一堆光滑的桃子種子，一面塗黑、另一面塗白。他要我們賭賭看，每把種子裡有多少是白的、多少是黑的。他贏到的子兒越來越多，我們的卻越來越少。我們搖搖種子，把它們倒在桌上，他告訴我們，過去這個遊戲曾經賭注下得很大。

天空女神的雙胞胎孫子一直很掙扎要不要創造世界，於是他們打算賭一把：要是所有的果核都是黑的，就要摧毀所有已經存在的生物；假如所有果核都是白的，那麼就繼續留下這美麗的世界。他們玩了一次又一次，還是沒有結果。賭注來到最後一輪，若子兒都是黑的，遊戲就結束了。雙胞胎之一曾經體會過萬物帶來的快樂，於是向所有他所創造的生命傳送念波，希望牠們來幫忙支持主張生存的那方。湯姆告訴我們，最後一輪時，桃仁還沒落定，所有生物異口同聲大喊著想要繼續活下去！最後所有的果核都是白的——我們永遠都有選擇。

湯姆的女兒過來加入了遊戲。她拿了一個紅絨袋子，把裡頭的東西倒到鹿皮上，是鑽石，銳利的切面閃出七彩光澤。我們喔喔哇哇讚嘆個不停，她樂得眉開眼笑。湯姆解釋說這些是赫基蒙鑽石，美麗的石英水晶如水一般清澈，卻比燧石還堅硬。它們原本被埋在地下，在河流的淘洗下偶爾會出現，那是大地的恩賜。

我們穿上夾克走到外頭，湯姆在馬場停下，餵大隻的比利時馬吃蘋果。四周很安靜，河流沿岸向前奔流。要是能發揮一點想像力，無視鐵軌五號線和河上的九〇號州際公路，也許就能看到易洛魁族的白色玉米田和河畔草地，幾個女人正在採茅香草。彎腰、拉，彎腰、拉。但我們剛才經過的路上沒有茅香草、也沒有玉米。

天空女神當初灑落各種植物後，茅香草就在河邊長了起來，如今它們卻不見了。就像莫霍克語被英語、義大利語和波蘭語給取代，茅香草也被移民給踢出去了。失去一種植物對一個文化的威脅程度，不亞於失去一種語言。一旦沒有茅香草，祖母就不會帶孫女來到七月的草地，那麼，接下來事情會變得怎樣呢？沒有茅香草，要怎麼變出籃子？需要用到這些籃子的儀式又該怎麼辦？

植物歷史和人類歷史密不可分，也脫離不了創造和毀滅的雙重力量。在卡萊爾的畢業典禮上，年輕男子們必須發誓：「我再也不是印第安人。我會永遠放下弓箭，改拿鋤頭。」農具和耕牛徹徹底底改變了植群。就如莫霍克族人運用某些植物來形成認同感，歐洲移民也想把這裡變成自己的家園。他們帶來家鄉的植物，伴生的雜草跟著來到田裡，取代了當地的原生種。植物反映了文化和土地所有權的轉變，今天這片原野已經被茂盛的外來植物霸佔，第一個來採茅香草的人一定認不出來：魁克麥草、貓尾草、苜蓿、雛菊，沼澤邊緣還冒出一整排的入侵種千屈菜。若想復育此地的茅香草，我們就得送走這些植物移民，為本土種創造一條回歸的生路。

湯姆問我，如果想把茅香草種回來，要費多少功夫才能恢復成足以讓編籃人尋找材料的草地。科學家至今沒有投入什麼心力研究茅香草，但編籃人卻知道茅香草會出現在各種環境，從濕地到鐵軌都有它的蹤跡，在太陽下可以長得很好，尤其喜歡潮濕鬆散的土壤。湯姆彎腰抓起一把河灘上的淤泥，讓泥土從他手指間滑過，上面除了茂密的外來種，似乎還有一點茅香草生長的空間。湯姆看看鄉間小路上那台老舊的法瑪爾收割機，上頭蓋著藍色的帆布。「哪裡可以弄到種子？」

茅香草的種子挺奇怪的，茅香草的花莖在六月初會抽高，但很少種子能夠發芽。你若播下一百顆種子，幸運的話會有一顆長大。茅香草有自己增生的方式。每個晶亮的綠芽破土後會長出纖長的白色地下莖，蜿蜿蜒蜒鑽進土裡。整條根莖上都有芽體，發芽後便會向陽光長去。茅香草的根莖可以抽長到離母體好幾英尺遠，如此一來就能沿河畔恣意生長。萬一土地不夠完整大片，這樣的確是一種好的生存策略。

但那些柔軟的白色地下莖無法穿越公路或停車場，當一小塊土地上的茅香草被犁掉，也沒辦法靠其他種子來補充。丹妮拉曾多次重訪過去有茅香草生長的地方，半數以上都不再有茅香草飄香了。這似乎是因為開發的關係，在濕地被抽乾改作農地或鋪路，原住民被迫離開家園。非原生物種進來之後，可能會排擠茅香草——植物也在重現人的歷史。

我在學校的育苗床種了一堆茅香草，就是在等待這一天。之前我到處找誰有在種植茅香草，希望他可以賣一些給我，好進行育種工作，最後發現加州有人在種植。聽來很奇怪，因為茅香草通常不會出現在加州。我問他們這些植株是從哪裡來的，答案讓我驚訝：阿克維薩斯涅。這是天意啊！所以我把植株全買下了。

經過澆水、施肥，苗床越來越厚，但栽培離復育還差得遠。復育生態學關乎到無數其他的因子——土壤、昆蟲、食草動物跟競爭。植物似乎天生知道自己在哪裡活得下來，且不一定符合科學預測。不過，茅香草還有另一種層面的需求：長得最好的茅香草都曾受到編籃人的照顧，互惠互助是成功的關鍵。只要能被好好照料，並待之以禮，茅香草就會蓬勃生長，一旦關係打壞了，茅香草也會跟著凋萎。

我們真正想做的不只是生態復育，而是恢復植物與人之間的關係。科學家對於復原當地生態已經稍有把握，不過實驗主要針對土壤酸鹼度和保水度——都是物質面，無關精神面。或許我們應該從感恩語錄中求解，看兩者能夠如何結合。期待有一天，大地會向人類說聲謝謝。

我們走回小屋，叨唸著希望編籃課可以趕快開成。也許特雷莎可以當老師，帶她的孫女來到她曾親手種下的茅香草田。卡納加哈萊蓋有間紀念品店，店裡所得都用於社區的工作。

店裡有很多書、美麗的藝術品、串珠的鹿皮鞋、鹿角雕刻，當然還有籃子。湯姆打開門讓我們進去，靜止的空氣裡可以聞到椽條上的茅香草飄散出的香氣。該如何形容那個氣味？像媽媽把你抱近她時，你聞到她剛洗好的頭髮那種清香；像是夏天將盡、就要入秋那般傷感；也像記憶的味道，讓你閉眼沉吟半晌，然後又闔眼回味。

年輕時，沒有人對我說過這些事，像是莫霍克族、波塔瓦托米族把茅香草尊為四大聖草之一；沒有人告訴我茅香草是第一個從大地母親身上長出來的植物，我們編織茅香草，就像幫自己的媽媽編頭髮，讓她知道我們愛她。但支離破碎的文化沒辦法傳遞這個故事，它被卡萊爾偷走了。

湯姆走到書架前選了一本紅色磚頭書放在櫃台，《賓州卡萊爾印第安人工業學校》（*Indian Industrial School, Carlisle Pennsylvania*）書末有一長串名單，一頁又一頁：大樹夏洛特（莫霍克族）、銀跟鞋史蒂芬（奧內達族）、治療馬湯瑪士（蘇族）。湯姆指他叔叔的名字給我看。「這就是我們要這麼做的理由。」他說，「要撫平卡萊爾的傷。」

我知道，爺爺也在這本書裡頭。我讓手指順著一排排名字滑下，停在阿薩・沃爾（波塔瓦波米族），一個愛撿山核桃的奧克拉荷馬州男孩，才九歲就被送上火車，穿過草原，來到卡萊爾。下個名字是他弟弟，後來逃回家的奧利佛叔叔。但阿薩沒有逃出來，他屬於消失的一代，這些人再也回不了家。縱然他盡力嘗試，但歷經卡萊爾之後，其它地方都讓他無法適應，於是他加入了軍隊。後來他沒有跟家人一起回到印第安人領地，而是在紐約州北部定居，離這個河岸不遠，在外來者建立的世界裡撫育孩子。在那個汽車剛出現的年代，他就成為傑出的修車技師，總在修理壞掉的車，這裡敲敲那裡打打，想辦法讓東西恢復原狀。我在做的生態復育工作也是抱著相同的目標，希望一切完好如初。我想像他的尖刀鼻靠近引擎蓋，黝黑的手抹上油膩膩的破布。經濟大蕭條時，人們湧進他的車庫，付得出錢的人多半是為了買院子裡的雞蛋或蕪菁。但還是有些事，是他所無法圓滿的。

他不常提起當年，但我很好奇他會不會想念肖尼郡（Shawnee）的山核桃林，那裡有他的家人，獨缺了他，這個從此不歸的男孩。姨母們會寄東西來給我們這些孫子輩：鹿皮鞋、菸斗、印第安娃娃，但它們都被束之高閣。後來奶奶特地把它們找出來，對我們輕聲說：「要記得自己是誰。」

我猜，爺爺在別人眼中已經算是功成名就，有能力讓孩子和孫子過上更好的日子，擁有人人稱羨的美國生活。我的腦袋感謝他的犧牲，心卻痛了起來，他本來可以跟我說說茅香草的故事。我一輩子都在感受那份失落。被卡萊爾偷走的一切始終是我放不下的遺憾，像一顆沈沈壓在心上的大石。但不只我，所有出現在大紅書裡的名字，他們的家人也背負著同樣的傷痛。土地和人、過去和現在之間斷裂的關係，就像嚴重骨折後還沒接起來的骨頭，依然一陣陣疼痛。

賓州的卡萊爾市鎮歷史悠久，而且歷久彌新。為了慶祝建市三百週年，人們仔仔細細地把這座城鎮過去的經歷回顧了一遍。卡萊爾市當初從「卡萊爾兵營」起家，過去曾是獨立戰爭時軍人的校閱場。當時聯邦印第安事務局還隸屬於美國陸軍部，兵營建物就被建為「卡萊爾印第人學校」，成為大熔爐下熊熊燃燒的火。在這座斯巴達軍營裡，拉科塔族（Lakota）、內茲珀斯族（Nez Perce）、波塔瓦托米族和莫霍克族的孩子曾被囚禁在鐵床上，而現在這裡已經變成體面的軍官宿舍，門口的山茱萸花開了一樹。

為了紀念建市三百週年，從前那些被帶走的孩子後代都被邀請回到卡萊爾，參加所謂的「紀念和解儀式」。我家族三代從各地來到這裡相會，還有上百位其他家族的孩子、孫子，大家一起聚首。多數人都是第一次有機會認識卡萊爾，因為這個地名只在家族故事裡出現過，或者根本隻字不提。

市鎮上家家戶戶的窗戶垂掛著星條旗，主街上的橫幅旗幟宣告三百週年遊行即將舉行。這是一個可愛的城鎮，窄窄的紅磚街和建築物的粉紅磚牆頗有殖民時期的風貌，很像明信片的風景，精雕細琢的鐵柵門和鑲著日期的黃銅牌匾也透露古意。我知道聽起來有點荒謬：卡萊爾因積極投入文化資產保存而在全美名聲響叮噹，然而在印第安社會，這個名字卻是文資殺手的象徵，令人不寒而慄。我靜靜走在營房之間，要原諒實在太難。

我們聚集在墓前，那是閱兵場旁邊一塊矮籬圍起來的長方形區域，裡面有四排石頭。當時來到卡萊爾的孩子並沒有統統順利離開，塵土裡躺著一個個在奧克拉荷馬、亞利桑那、阿克維薩斯涅出生的孩子。清新的雨後空氣傳來陣陣鼓聲，燃燒鼠尾草和茅香草的香氣繚繞，包裹住禱告中的一小群人。茅香草是帶有療癒力的藥草，經過火蒸煙燻，能夠引發我們內在的慈悲和同情心，人類的第一個母親也是如此對待我們的。治癒心靈的神聖話語圍繞著我們。

被偷走的孩子。失落的關係。失去至親的沉痛瀰漫在空氣中，揉雜進茅香草的氣味，這一切提醒我們，曾經所有的桃仁差點就要黑面朝上。你可以選擇憤怒或自我了斷來減輕失去親人的悲傷，但凡事都有兩面，白色桃仁和黑色桃仁，一個是毀滅，一個是創造。人類若能對生命中所有美好與不美好都擊掌歡呼，桃仁遊戲便有機會創造出不同的結局。憑藉著創造的力量，再次重建被奪去的家園，內心的傷痛便能得到撫慰。心就算碎裂成一片一片，還是可以像梣木條一樣被重新織進整體裡。此刻我們身在河畔，跪在泥土上，手裡盡是茅香草的芬芳。

我跪在泥巴裡，找到了自己的和解儀式。彎腰、挖，彎腰、挖，我把最後一部分的植物種下時，已經沾得滿手黑。我輕聲念著歡迎詞，然後把土夯實。我看向特雷莎，她正專心完成最後一把茅香草的移植工作。丹妮拉在寫收尾的筆記。

一日將盡，金色餘暉在我們剛種下的茅香草田上勾勒出草葉細長的輪廓。只要稍微想像一下，彷彿可以看到從前在這裡來來去去的女人彎腰、拉，彎腰、拉，手上的草束越來越大把。我感覺今天被這條河照顧了，於是在心中向它致謝。湯姆、特雷莎跟我——與卡萊爾相關的不同生命在此交會。我們把根種進地裡，就像是彼此一起高聲歡呼，把桃子果核由黑轉成白。我把壓在心上的大石搬開，埋進這裡，修復這片土地，修復文化，修復我自己。

我手上的小鏟子被用力插進土裡，刮擦到一塊石頭。於是我把土撥到兩旁，撬開石頭，準備留出空間放根系進去。就在我正要把石頭扔到一旁時，感覺它輕得有點奇怪，我停下仔細檢查。這石頭差不多跟一顆蛋一樣大，我用泥濘的大拇指搓開土，露出一小塊底下的光滑表面，接著其他亮面陸續出土。雖然它表面沾滿泥巴卻還是清澈如水，閃閃發光，其中一面經過時光和歷史的打磨顯得粗糙混濁，其他面則明亮鮮豔。光透過形成一個稜鏡，經過微光折射，埋在土裡的石頭竟出現了一道道彩虹。

我把石頭拿到河邊浸洗乾淨，並叫上丹妮拉和特雷莎過來看。它在我手心裡晃動的樣子讓我們讚嘆不已。我猶豫著該帶走它，還是應該讓它繼續留在本來的家。不過，這顆石頭實在令我難忘，我還是忍不住把它帶走了。我們收拾好工具，準備走回小屋。我張開手掌給湯姆看這塊石頭，把心中的掙扎告訴他。「這就是天地運行之道，」他說，「彼此互惠。」我們種下茅香草，而大地送給我們一顆鑽石。他的臉上亮出一抹微笑，他將我的手掌闔上包握住那塊石頭，「這是給你的禮物。」他說。

石耳——世界的肚臍

Umbilicaria: The Belly Button of the World

冰川漂礫散落在阿第倫達克山脈之間。冰河滾累了花崗岩巨石，石群才終於停下，冰開始一路向北回融。這裡的花崗岩屬於斜長石，是地球上最古老的岩石，不易風化。大部分的巨石都在路程中被磨圓，但有些站得直挺挺的，或者有稜有角；眼前這顆就跟傾卸式貨車一樣大。我用手指滑過石頭表面，上頭帶著石英的紋路，頂部呈刀狀，側邊極度陡峭，很難攀爬。

這位前輩已經在這片湖畔林子裡靜靜坐了一萬年，森林來了又去，湖水有漲有落。經過這麼長時間，眼前景象還是後冰河時期的縮影：一片充滿石礫和土表擦痕的寂冷沙漠。年復一年，這裡被夏天的陽光炙曬，或在漫長的冬天被雪凍傷，在那個沒有土壤、因此樹木無法生長的年代，冰積物為先驅種提供了一個凶險的家園。

但是地衣百折不撓，自願紮根在石頭上起家——這當然是一種象徵性的形容，因為它們本身其實沒有根。在沒有土的地方，這種特質可算是一個優點。地衣沒有根、沒有葉子也沒有花，是最基礎的生命個體。從小坑洞或針孔深的裂縫裡長出薄薄一層繁殖芽，能夠穩固光禿禿的花崗石。這種微地貌能保護地衣免於受風，下過雨後凹陷處會形成水坑。資源不多，但也足夠了。數百年來岩石表面漸漸覆上一層灰綠色的地衣，跟石頭本身幾乎難以區辨，那是一件生命的外衣。陡峭的石壁跟湖上刮來的風導致土壤無法堆積，其地表風貌是冰河時期遺留下的最後痕跡。

我偶爾探訪此地，拜訪如此古老的生物。巨石上佈滿石耳（*Umbilicaria americana*）參差不齊的棕綠皺褶，是東北部最壯麗的地衣景觀。美洲石耳跟它們微小的殼狀祖先不一樣，其葉狀體可以跟一條展開的手臂一樣長，最高紀錄超過兩英尺，一簇就像一群小雞圍在母雞身邊，這種充滿魅力的生物有很多不同的稱呼，像是石耳或橡葉地衣。

雨水無法在垂直面停留，因此大部分時間這塊巨石都很乾燥，上頭的地衣縮水變脆，導致岩石看起來滿身疙瘩。因為沒有葉子或莖部，石耳只是單純的葉狀體，大致呈圓形，像一小塊破爛的棕色麂皮。上部表面在乾燥時呈暗褐灰色，葉狀體的邊緣捲成紛亂的皺褶，露出底下的黑色部分，薄脆又帶著顆粒有如烤焦的洋芋片。它的中心部位靠著一根短莖牢牢貼在石頭上，形狀像一把非常短柄的雨傘。這根短莖又稱「臍」（umbilicus），從地衣底部將其葉狀體黏著住岩石表面。

在地衣生長的這片森林裡，植物相非常豐富，但地衣並不是植物。它們模糊了個體的定義，因為地衣並不是單一生物，而是真菌和藻類的共生體。真菌和藻類極為不同，但具有非常密切的共生關係，兩者結合之後，成為一個全新的有機體。

我曾聽過納瓦荷族的藥草師解釋她怎麼知道哪些種類的植物可以「被結婚」：某些植物之間具有長久的夥伴關係，毫無保留地信賴對方。地衣正是這樣的組合，一加一大於二。我爸媽今年即將度過六十週年結婚紀念日，他們的婚姻似乎就有那種共生關係，彼此的付出與收穫一直保持平衡，施與受的角色不時交換。他倆所認定的「我們」能互相截長補短，而且這個「我們」不只是兩個人的事，還影響到家人和社區。有些地衣也像這樣，其共生體會嘉惠整個生態系。

從微小的殼狀地衣到氣勢不凡的石耳，所有地衣都是互利共生的結合體，結盟雙方都能從這段關係裡得到好處。在很多美洲原住民部落的結婚傳統裡，新娘和新郎要獻給對方一籃禮物，據說象徵著彼此要帶給這段婚姻的東西。通常女人的籃裡都裝著菜園或草地裡的植物，代表承諾為丈夫提供食物；男人的籃子則可能裝著肉或動物皮，表示他將靠著狩獵來養家。植物性食品和動物性食品、自營生物和異營生物——藻類和真菌也各自獻上它們獨特的天賦，結合成為地衣。

藻類這一方，是一堆單細胞的集合，像翡翠般閃閃發光，它們具有光合作用的天賦，能神乎其技地將光和空氣轉變成糖份。藻類屬於自營生物，可以自己製造食物，或者擔任家裡的廚師，也就是生產者。藻類可以自行產出生長所需的糖份，卻不擅長取得關乎生存的礦物質；而且只有在潮濕的環境裡才能行光合作用，卻沒辦法保護自己不乾枯掉。

真菌這一方則是異營生物，又稱「他養生物」，無法自己製造食物，必須靠其他生物作為碳源。真菌是非常厲害的分解者，能夠釋放出有機體身上的礦物質供利用，卻無法自行生產糖份。真菌這方的婚禮籃應該會裝滿特殊的化合物，像是酸和酶，將複雜的物質消化成單純的成分。真菌體是由纖細的絲狀網絡構成，向外尋找礦物質，並透過龐大的表面積來吸收分子。共生關係使得藻類和真菌彼此互惠，以交換糖份和礦物質。最終生成的有機體表現得就像單一個體，也有一個特定的名字。在人類的傳統裡，婚姻伴侶可能會更改自己的名字以表明彼此已結為連理。同樣地，地衣也沒有被命名成真菌或藻類，我們像稱呼一個新物種那樣稱呼它，一種跨物種的科別，可以說它們就是石壁花，就是美洲石耳。

構成石耳的藻類，若是單獨生長或沒有變成地衣，幾乎都屬於「共球藻屬」（*Trebouxia*）；至於真菌則都是「子囊菌綱」（Ascomycete），但不一定都是同物種。這取決於你怎麼看，真菌是非常忠誠的，總會選擇共球藻屬作為它們的藻類伴侶，但藻類可就有點用情不專，見到各種真菌都想勾搭。這種情況在婚姻裡也挺常見的。

在藻類和真菌形成的共同體中，藻體細胞就像綠珠被鑲嵌在菌絲形成的構造物上。葉狀體的剖面看起來好似一塊四層蛋糕：頂面的皮層觸感很像蕈類的頂蓋，平滑又有韌性，周圍被真菌菌絲包覆住以保持濕度；暗棕色的表面具有天然防曬乳的功能，能保護下方的藻層免受強光直曬。

在真菌屋頂的保護下，藻類形成一層明顯的髓層，由菌絲包裹住藻體細胞，很像手臂搭在肩膀上，也像充滿愛意的擁抱。有些菌絲甚至會穿透綠色的細胞，有如纖纖手指伸進小豬存錢筒裡。這些真菌扒手會自行取用藻類製造的糖份，把養分傳送給整個地衣，估計真菌用掉了藻類所生產出一半的糖份，甚至更多。這種情況在婚姻裡也挺常見的，一方需索的比他／她給出的更多。有些學者不認為地衣是一樁快樂的婚姻，倒比較像互相寄生的關係。地衣被形容是「懂得農耕的真菌」，利用菌絲圍籬捕捉能行光合作用的生物。

髓層的下一層是一團鬆散的菌絲網，具有保水能力，能讓藻類活久一點。最底層則黑得跟煤炭一樣，長著刺蓬蓬的假根，這個細微如髮的構造能讓地衣附著在岩石上。真菌和藻類的共生關係模糊了個體與群體的區別，很多人因此對它們展開研究。有些特化的組合無法脫離彼此獨立生存，有將近兩萬種的真菌只能在地衣的共生關係裡存活；其他真菌則能獨立生存，也能選擇要跟哪種藻類組合成為地衣。

科學家很好奇藻類和真菌如何結合，因此試著分辨是哪些因子能使得兩個物種以單一個體存活下去。但當研究人員在實驗室把兩者放在一起，並為藻類和真菌創造出理想的生長環境，它倆卻視而不見，繼續在同一個培養皿裡各過各的，完全就是柏拉圖式的室友關係。科學家非常困惑，於是忙著擺弄棲地跟調整一個又一個因子，但地衣還是沒有長出來。後來研究人員大砍資源，創造出刻苦有壓力的環境，如此一來，藻類和真菌才願意面對彼此，攜手合作。只有在迫切需要時，菌絲才會包纏住藻類；藻類也唯有在感受到壓力時，才會容許菌絲靠近。

原來，承平時期，在哪裡都能過得去，個別物種大可單打獨鬥；但當情勢艱困，連活著都很辛苦的情況下，就得靠願意相挺彼此的團隊才能好好活下去。在資源稀缺的地方，團結互助才能生存——地衣是這麼說的。

地衣是個機會主義者，懂得在有資源的時候善用資源，沒資源的時候也能夠自得其樂。我們大部分看到的石耳都像枯掉的葉子又脆又乾，但它可沒有死，它只是在等，因為它天生具備出色的耐旱能力。跟石頭上的苔蘚鄰居一樣，地衣也具有變水（poikilohydric）的特性，只有在潮濕的時候才能行光合作用跟生長，卻沒辦法調節自身的水份——它們的含水量反應了環境裡的濕度，岩石如果是乾的，它們也會是乾的。一場大雨就能改變一切。

頭幾滴雨落下，潑濺到石壁花堅硬的表面時，石壁花的顏色就立刻變了。泥棕色的葉狀體被淋出黏土灰的圓點圖案，雨滴的痕跡在接下來幾分鐘變深成鼠尾草綠，像一幅魔術畫開展在你眼前。隨著水份漸漸充塞在組織裡，綠色逐漸擴大，葉狀體開始移動，好似被肌肉牽動著，屈曲、伸展。在幾分鐘內就從乾巴巴的瘡痂變成嫩綠的皮膚，跟手臂內側一樣滑順。看著地衣恢復的過程，就知道它的另一個名字是怎麼來的。臍把葉狀體固定在石頭上，柔軟的表皮上佈滿凹點，皺褶順著中心處擴散開來。全世界的人都覺得它長得像肚臍，有些小肚臍長得特別可愛，看起來很像小嬰兒的肚子，你還會想親親它；有些則鬆垂充滿皺摺，像老女人曾經裝載過寶寶的肚子。

這種肚臍狀的地衣長在垂直的壁面，頂端會比底部乾得更快，因為濕度多半集中在底層。當葉狀體開始風乾，邊緣捲起來的時候，下緣就會形成一個接水槽。隨著地衣生長，形狀越來越不對稱，下半部的長度比上半部多了三成，就算上半部乾燥無風，濕度也不會太快消散，能進行光合作用，持續生長。接水槽還能收集碎屑，也就是地衣版的肚臍垢。

我靠近看，發現很多葉狀體寶寶散佈在石頭上，小小的棕色圓盤跟鉛筆擦差不多大。這個群落長得很好，少年葉狀體有的是從母株的碎塊裡長出來，有的則是從特化的繁殖芽「粉芽」裡長出，因此形狀完美對稱。這一小堆的粉芽能讓真菌和藻類共同繁衍擴散，因此它倆絕不會脫離對方獨自生存。

就連微小的葉狀體都看得出肚臍。這生物如此古老，是地球上生命的最初形式之一，竟然可以靠著一個肚臍巧妙地跟土地連結。藻類和真菌結婚之後，生出石耳這麼一個大地的孩子，一生都受到石頭的照顧。

人類也受到石耳的滋養，就如它的名字「石壁花」。石壁花通常被當作饑荒食物，但也沒什麼不好。我的學生跟我每年夏天都會煮上一鍋。每個葉狀體都要數十年才能長好，因此我們採的量很少，就只是嚐嚐味道。我們先把葉狀體浸在淡水裡一夜，去除上頭的砂礫，然後把浸泡的水倒掉，以過濾掉地衣侵蝕岩石的強酸物質。接著把葉狀體煮上半個小時，就是一鍋美味又有豐富蛋白質的地衣湯；冷掉的時候會形成肉湯凝膠，吃起來有點石頭跟蘑菇的味道。至於葉狀體，我們會把它切成條狀，像是有嚼勁的義大利麵，搭配起來就成了一碗有模有樣的地衣麵湯。

石耳常常受其成功所累，積累作用正是它失敗的原因。地衣的周圍一點點堆積出一層薄薄碎屑，可能是剝落的表皮、沙塵或掉落的針葉——都是森林裡的細小碎屑。這一層薄薄的有機物相較於光禿的岩石更能留住水分，聚積起來的土適合苔蘚和蕨類生長。根據生態演替法則，地衣為其他生物打下了良好的基礎，現在其他生物也出現了。

我知道有一片懸崖上長滿了石壁花。水從崖壁的裂縫滴下，樹慢慢長起來，為苔蘚提供舒適的遮蔭。地衣早在林木蔥蘢之前就已劃地為王，現在看來就像一片營地的岩石上搭著鬆垮的帆布帳篷，有些已破爛不堪，甚至屋頂的輪廓塌陷。我拿著放大鏡檢視最老的石壁花，它的表面覆著一層藻類和其他葉狀地衣，像是非常微小的藤壺，有些地方已被藍綠藻佔據，因而出現了滑溜的綠色條紋。這些附生植物會擋住陽光，阻礙地衣的光合作用。一層厚厚的灰苔（*Hypnum* moss）吸引了我的目光，在周圍暗淡的地衣襯托之下，灰苔顯得非常明亮鮮豔。我順著崖面突出的石頭往前走，欣賞壁上毛絨絨的輪廓。從底下往外伸、很像枕頭荷葉邊的東西，是石耳的葉狀體邊緣，已經快被苔蘚蓋掉。地衣即將要讓位了。

地衣的個體結合了兩種存活的途徑：所謂的放牧食物鏈，靠的是物種間一層又一層的依存關係；另一種的碎屑食物鏈，則有賴物種彼此分離。生產者與分解者、光明與黑暗、施者與受者，都在彼此的臂彎裡，同一條毯子的經緯線如此密切交織，根本不可能分辨誰付出、誰索取。地衣是地球上最古老的生物，天生就懂得互惠。老祖宗都知道，這些岩石和冰川漂礫是祖父的祖父的祖父的祖父，是預言的信差，也是我們的老師。有時我會去坐在它們之間，在世界的肚臍上，當個俗話說的「盯著肚臍看的人」（navel gazer），就只是發呆想事情。

這些古老事物的存在本身就充滿了教導，各物種不吝分享自己的天賦，讓我們知道互助才會長久。因為建立了平等互惠的關係，這些生物即使在最艱困的條件下，依然能闖出一片天。它們能蓬勃發展，靠的不是消費和擴張，反而是想辦法優雅地活久一點，過得簡單；無論世界怎麼變，依然對自己忠實。不過，現在不一樣了。

雖然地衣支持著人類，人卻沒有好好照顧地衣。石耳跟很多其他的地衣一樣，對空氣汙染非常敏感。你在哪裡發現石耳，就可以確定自己呼吸到的是最純淨的空氣。二氧化硫和臭氧造成的大氣汙染會直接殺死這些石耳。一旦它們開始消失，就是個警訊。

面對加遽的氣候亂象，所有物種和整個生態系正在我們的眼前消失；同時也有其他的棲地正在生成。冰層融化，幾千年來冰封的土地露出地面，冰川邊緣處的土地有被刮擦的痕跡，留下一堆堆冰磧石，摸起來粗糙又冰冷。石耳據說是最先佔據後冰河時期沿海地區的物種，但一萬年前土地還粗獷貧瘠的時候，石耳攻佔的速度也不遑多讓——即便經歷過一次重大的氣候變遷。我們的原住民藥草師說，當植物來到你面前，總會帶來一些要讓你學習的東西。

數千年來，地衣一直扮演著建構生命的角色，然而在地球史的須臾之間，我們就已磨耗掉它們所打下的基礎，進入另一個充滿環境壓力的時代，置身自己開拓的荒蕪之中。我猜地衣應該撐得下去，要是我們能夠遵循地衣的教誨，應該也還堪應付。但若事與願違，我想像石耳爬上這時代所留下的斷垣殘壁，分離的錯覺讓我們最後淪為一筆筆化石紀錄，綠皮皺摺裝飾著搖搖欲墜的權力廳堂。

石壁花、橡苔、長石耳……有人告訴我石耳在亞洲的另一個名字，字義是「石頭的耳朵」。在這個近乎寂靜的地方，我想像它們也一起聽著，聽風、聽隱士夜鶇、聽雷的聲音，聽我們無底洞似的飢餓。石頭的耳朵，當我們終於理解自己做了什麼，你能聽見我們的悲痛嗎？嚴酷的後冰河世界是你生命的起點，也可以是我們的起點，但我們得先好好聆聽，你體內的兩種力量孕育出什麼樣的智慧。我們跟土地結婚時，你也許會聽見歡樂的頌歌，那便是救贖的時刻。

原生林的子孫
Old-Growth Children

我們像綠鵑一樣嘰嘰喳喳聊著天，信步穿過颯颯搖曳的花旗松，來到某個肉眼不可見的邊界，空氣突然變得涼冷。我們下到一個盆地，對話嘎然而止。

深苔蘚綠的草坪上，一個個凹凹凸凸的樹幹向天竄去，樹頂隱沒在雲霧之間，整片林子籠罩著霧濛濛的銀光。森林的地面到處都是大塊木頭和成片蕨類，柔軟鬆厚的針葉上綴著斑駁的光點。光線從幼樹上方的洞穿透進來，祖母級的樹卻身處陰影中，那些樹幹長著巨大的板根，直徑達八英尺。在教堂般的寧靜裡，你自然會跟著安靜下來，任何話語都顯得多餘。

但這裡不是一直都這麼安靜。女孩們以前在這裡說說笑笑，她們的祖母坐在一旁，邊敲著手杖邊照看她們。對面的樹上有一條長長的疤痕，從三十英尺高的枝頭脫落下來的樹皮形成一個暗灰色的箭頭。要拔下這片樹皮，得往背後的山坡一路退走，手上緊抓著樹皮條，用力把它扯鬆下來。

在那個年代，原生森林的範圍是從北加州一路延伸到阿拉斯加東南部，介於山海之間。

這森林帶雲霧繚繞，太平洋吹來的潮濕空氣順著山坡向上攀升，每年製造出一百英寸的雨量，澆灌了此處天下無敵的生態系。這裡有全世界最高大的樹，早在哥倫布出航之前，就已經長在那兒了。

樹只是個開頭，哺乳類、鳥類、兩棲類、野花、蕨類、苔蘚、地衣、真菌和昆蟲的數量也很可觀。要描述這個地方，總是會把最高級的形容詞都用光，因為這裡是地球上最大片的森林，住著千百年來的生物，無數的原木和斷枝死後還繼續支持著各種生命。樹冠層是一個多層次雕塑，具有繁複的垂直結構，從最底部的地表苔蘚到高掛樹頂的成片地衣，數百年來歷經風倒、病害和暴風雨，樹冠之間有著參差不齊的縫隙。不過，在看似雜亂的樣態下，彼此其實緊密交織，靠著菌絲、蜘蛛絲和水瀑相互連結。森林的字典裡，沒有「單獨」這個字。

西北太平洋沿海地區的原住民上千年來在此安居，依山傍海，盡享山海資源。這裡多雨，盛產鮭魚，也有四季長青的松柏、越橘莓和腎蕨，當地的樹型凹凸有致，碩果壘壘，在薩利希語系（Salish languages）裡意為「富婆的產地」或「雪松媽媽」。不管人們需要什麼，雪松隨時準備伸出援手，從嬰兒揹板到棺材，給人類全方位的支持。

此地氣候潮濕，東西容易腐朽，耐腐的雪松便是理想的材料。雪松木應用性高且浮力佳，粗直的樹幹很適合做海船，裡頭可以坐進二十位划手。所有可以被裝進這些獨木舟裡的東西，也是雪松帶來的禮物：槳、浮標、魚網、繩子、箭和捕鯨叉。划手甚至還戴著雪松做成的帽子和披風，溫暖舒適，擋風又擋雨。

女人們沿著溪流和窪地沿路唱歌找樹，虔心祈求需要的樹種快點出現，無論她們獲得什麼，都會念頌禱文跟致上回禮。她們在一棵中齡樹的樹幹上切下一塊V形三角木塊，然後撕下一片手掌寬、二十五英尺長的樹皮。撕下的樹皮只佔了整個圓周非常小一部分，她們保證傷口會癒合，不會留下後遺症。她們將乾掉的樹皮搥打、分層，得到柔滑亮澤的內皮，再花好一段時間用鹿骨把樹皮切成碎條，就產出一堆毛茸茸的雪松「毛」。婦女的新生兒常被放進這種羊毛質感的小窩，這個「毛」也可以織成暖和、耐用的衣服和毯子。一家人坐在外皮織成的墊子上，睡雪松木蓋的床，吃雪松生產的食物。

這棵樹的每個部分都物盡其用，黏絲狀的枝條劈開後可以做成工具、籃子和魚柵，雪松的長根被挖出清洗後，表皮會被剝除，撕成一條條細長的纖維，編成知名的錐形帽和禮俗頭飾，彰顯穿戴者的來頭。冬天寒冷多雨，晨昏霧繞時誰來照亮家戶？誰能讓家戶溫暖？從弓鑽、火種到生火，雪松媽媽包辦了一切。

人們生病時，又想到了雪松媽媽。從平整的枝葉、充滿彈性的樹枝到根系，每個部位都是治病良藥，治身也治心。傳統的教導說，雪松的力量強大又變幻莫測，要是她覺得某個偎靠在她樹幹上的人是個可造之材，就會把力量傳送給那人。死亡降臨時，雪松棺木也負責承接死者，人類收到的第一個和最後一個擁抱，都是雪松媽媽給的。

成熟原始森林的林相十分複雜，形成的生態系統也不遑多讓。有些人把永續發展跟生活水平降低畫上等號，但沿海原生林地區的原住民卻是世上最富有的人。他們妥善運用、照顧各種海洋與森林資源，不讓任何物種過渡耗竭，反而誕育出可觀的藝術、科學和建築成就。繁榮促成了「誇富宴」的傳統，目的不是貪財炫富，而是將物質性的東西儀式性地贈予他人，顯現土地對人們的慷慨。富有代表有能力分享，若表現得大方，社會地位也會跟著水漲船高。雪松教導我們如何分享財富，人類也學到了。

科學家稱雪松媽媽為「美西紅側柏」（學名 *Thuja plicata*）。她們可說是原始森林裡脆弱的巨人，高度有兩百英尺，雖然不是最高的，但巨大的板根讓樹圍長達五十英尺，可比紅杉。樹幹從波形的底部逐漸變細，被漂流木色的樹皮包覆著。樹枝優雅下垂，末梢卻向上張開像隻飛撲的鳥，每根枝條都像一根窄長的綠色羽毛。

仔細觀察，你會看到每根嫩枝上微小的葉片像瓦片般重疊，這個物種叫 *plicata*，指的就是疊合交錯的樣子。葉子本身緊密交織和金綠色光澤看起來就像小小的茅香草辮，彷彿整棵樹本身就是由善意所構成的。雪松慷慨滿足人類的一切所需，人類感恩圖報。然而，時至今日，雪松被誤當成木材行的商品，「禮物」的觀念幾乎消逝無存，那麼，我們這群還受其恩惠的人，可以怎麼償還呢？

-✳-

就在法蘭茲．多普（Franz Dolp）奮力穿越灌木叢時，黑莓勾住他的袖子。抓住腳踝的鮭莓差點就讓他跌下近乎垂直的小丘。但後方有個八尺高的灌木叢，所以也摔不遠，就像荊棘抓住布雷爾兔那樣。你在一團混亂中失去方向感，唯一的出路只有往山頂去。清出路跡是第一步，沒有路，什麼都不用談。因此他繼續推進，一路揮舞著砍刀。他穿著軍褲和高筒橡膠工作靴，看起來又高又瘦，這種裝束在泥濘荊棘的地帶很普遍，頭上的黑色棒球帽壓得低低的。磨損的工作手套裹著一雙藝術家的手，他懂得如何順勢而為。那晚他在記事本寫下：「這種工作我應該在二十幾歲就開始，不該等到五十多歲。」

整個下午他都在砍草，清出一條通往山脊的路。在草叢裡盲砍時，他的節奏突然被刀刃一個噹啷聲給中斷，原來是黑莓灌木叢裡有個障礙物，那是一根巨大的老圓木，高度及肩，看上去像是雪松。他們那個年代只用花旗松當林材，其他的樹就任其腐爛。唯一的問題是：雪松不易腐爛，它可以在森林地表維持原狀一百年，甚至更久。眼前這棵就是以前森林的殘跡，一世紀以前初伐後所留下的。它的體積太大，很難一次切斷，得繞上很大一圈，於是法蘭茲另闢蹊徑。

現今的老雪松幾乎都絕跡了，人們才開始想到它，到處搜刮皆伐林林地上剩下的木頭來造屋頂，將老圓木變成高價的雪松瓦。雪松的木紋很直，裂開立刻就可以當作瓦片使用。看著地上這些老樹，想像它們的一生從被尊敬、被拒絕到消失殆盡，現在有人抬頭發現它們不見了，希望它們回來。想想這一切還真令人驚訝。

「我最愛的工具是扁斧，這裡大家都稱它『鶴嘴鋤』。」法蘭茲寫道。他利用工具銳利的邊緣斬斷樹根、把路整平，稍微阻擋圓葉楓的進逼。他又花了幾天跟密實的灌木叢纏鬥，終於突破重圍攻頂，從瑪麗峰看出去的景色讓辛苦有了代價。「還記得大夥當時爬到那裡的激動感，我們終於辦到了。然後在陡坡跟天氣害我們手軟腳軟的時候，大家坐倒在地上大笑。」

法蘭茲的日誌記錄著他從山脊上放眼望去的印象，原本拼布似的風景突然被變成幾片塊狀的國有林地：裡面有暗褐色多邊形和灰綠色斑點，旁邊是「密集種植的花旗松幼木，一區一區，就像精心修剪過的草坪」，方形和三角形混雜其間，像是山上散落著星星點點的玻璃碎片。只有在瑪麗峰的山頂，也就是保留區的範圍，才會出現連續的大片森林，遠看質地粗糙多彩，那是原生林的簽名，是森林從前的樣子。「我做的事源自於深刻的失落感。」他寫道，「我為那些當在卻不在的事物感到失落。」

一八八〇年代，海岸山脈剛開放伐木的時候，樹都很大棵——三百英尺高、樹圍五十英尺——連業者都不知道要拿它們做什麼用。後來有兩個窮小子聽說用了一種被戲稱為「痛苦之鞭」（misery whip）的雙人橫鋸，推拉了幾個禮拜，才終於砍倒龐然大物。這些樹蓋起了西邊的城市，城市繼續擴張，然後越來越需索無度。以前的人都這麼說：「這片原始林是砍不完的。」

在山坡上還咆哮著鏈鋸聲的最後幾年，法蘭茲跟妻兒在幾小時車程外的農場種起蘋果樹，期待有蘋果汁喝。身為一個父親跟年輕的經濟學教授，他在進行一場家庭經濟學的投資，夢想著在奧勒岡擁有一個農莊，就和他小時候的那座森林農莊一模一樣，而且他會永永遠遠住下去。他忙著養牛跟養孩子，渾然不知黑莓在陽光正盛時已悄悄爬上他在肖特波奇溪（Shotpouch Creek）畔的新土地，蓋住滿園樹墩和生鏽的伐木鏈、集材車和運材鐵路軌道遺跡。鮭莓的刺跟鐵絲網糾纏不清，苔蘚幫溪溝裡的舊沙發換上了新的椅面。

他的農莊婚姻生活漸漸走下坡，肖特波奇溪畔的土也鬆垮流失，後來出現赤楊木把土抓在原地，接著楓樹也來了。這塊土地本來說著松柏的語言，現在卻只會說高大闊葉林的俚語。原本這裡應該是整片雪松和冷杉林，但樹群無止盡地胡亂蔓生，那些長得直又慢的敵不過長得快跟多刺的。為了追求「至死不渝」的山盟海誓，他驅車離開農莊，女人跟他揮手道別時說：「但願你的下一個夢想別再一場空。」

他在日記裡自言，「實在不該在農莊被賣掉後才來到這裡。新主人把樹都砍光了，我坐在樹墩上，身邊有紅色的塵土飛揚，我哭了出來。離開農莊搬到肖特波奇地區的時候，我就知道要打造一個新家，不只是蓋棟小木屋或種一棵蘋果樹，還需要一些能治癒我和土地的東西。」所以，後來這個受傷的人搬到肖特波奇溪畔受傷的土地上生活。

這一小片土地位於奧勒岡海岸山脈的正中心，他爺爺以前就在這片山裡蓋了個勉強餬口的農莊，老照片裡有一棟簡陋的小屋，大夥滿臉愁容，周圍除了樹墩別無他物。他寫道，「這四十英畝的土地將是我的世外桃源，讓我能在野地裡靜一靜。但這裡不是原始的荒野。」他的落腳之處靠近地圖上一處叫「火燒林」的地方，其實叫「剝皮林」可能更貼切。這裡過去曾歷經幾次皆伐作業，整個被夷為平地，本來年高德劭的老森林後來都被新生林取代。當時冷杉還沒來得及長回來，每年的伐木工人就又來了。

地被夷平之後，一切都不同了。陽光突然變得充足，泥土被伐木機具翻起，土壤溫度升高，露出厚厚腐植層下的礦質土。生態演替的時鐘又被重新設定，鬧鈴嗡嗡響個不停。森林生態系經歷過風災、坍方跟火燒，身經百戰，自有辦法應付大規模的擾動。早期演替植物種立刻來到，加入控制破壞的行列。這些植物具有適應能力——所謂的機會主義或先驅種——能夠在受到擾動後仍生長蓬勃。由於光線和空間等資源十分充足，它們長得很快，一小塊空地在幾個禮拜內就會被淹沒。這些植物的目標是要盡快繁殖，所以不會費心發展主幹，而會想辦法在細瘦到不行的莖幹上長出葉子、葉子，更多的葉子。

成功的祕訣，就是什麼都要比你的鄰居搶得多一點、快一點，尤其在資源不夠的地方，這種生存策略很有效。但先驅物種跟人類的先鋒部隊沒兩樣，需要適合的開墾地、艱苦奮鬥的精神、強烈的生存意志，還要能多子多孫。換句話說，機會主義物種可把握的時機其實很短暫。一但樹出現之後，先驅物種所剩的日子就不多了，於是它們會趕快運用光合成的寶貴能力繁殖下一代，讓鳥帶到下一片皆伐林地。因此，莓果類是常見的先驅物種：鮭莓、接骨木、黑莓。

先驅物種產生群集的方法是這樣：無限生長、擴張、高耗能，盡可能吸收所有的資源，從其他物種手上奪得土地，然後持續繁衍，因此資源必然越來越少，於是互助合作跟幫助穩定的策略在演化上會較有利——像是雨林生態系裡的各種生存策略就十分巧妙。物種間的互惠共生形成既廣且深的關係，尤其原生林裡的種種都是為長遠利益打算的。

人工林、資源採集，以及其他面向的人類開發持續擴大蔓延，跟鮭莓灌木叢一樣吞噬掉土地，導致生物多樣性減少，因為社會的無度追求，生態系變得越來越單調。再過五百年，我們將會徹底消滅掉原生林文化和原生生態系，任憑機會主義取而代之。人類社會的拓荒者跟先驅植物群一樣，在演替方面扮演重要的角色，但這種狀態終究不會長久。一旦找到高效的能源利用方式，想辦法保持平衡、日新又新，才是唯一的出路，在早期和晚期演替階段之間有個互惠的循環，為彼此都留住一些機會。

原生林的功能跟它的外觀一樣優雅迷人，外在條件稀缺的時候，不太會有失控暴增或浪費資源的情況。森林的「綠建築」結構本身就是效率的典範，樹葉層形成複層的林冠，能夠有效捕捉太陽能。若要說哪些社群能夠自給自足，找原生林就對了，此外，與之密切共生的原生林生態系也不可錯過。

法蘭茲的日誌提到，在比較過肖特波奇未開墾地附近的破碎原生林帶之後——從前的森林只剩老雪松木還在——他知道自己找到目標了。眼前的世界跟他的理想天差地別，他發誓要療癒這個地方，讓它恢復成本來的樣子。他寫道：「我的目標是要種出一片原生林。」但他的雄心壯志遠不止於外在的修復。「復育行動很重要的步驟，是要跟土地和其間的生物發展出密切的關係。」他在與大地為伍的日子裡，彼此的感情日漸深厚：「彷彿找回了一部分失去的自我。」

繼菜園和果樹後，他的下個目標便是蓋一棟自給自足又簡樸的房子。伐木工人留了一些紅雪松在附近的山坡上，他本來想用這些木頭來蓋棟小屋——因為紅雪松外觀優美、芳香、防腐又有象徵意義。但長期伐木導致雪松樹所剩無幾，他只好改用買的來湊齊小屋所需的木頭，「而且保證我會種下更多雪松，比因為我的需求而被砍掉的樹更多。」

雪松重量輕、極度防水，氣味又好聞，是雨林地區原住民族的建築材料之一，以圓木和木板建成的雪松屋更是當地的重要象徵。雪松的木頭非常好劈開，有經驗的人不用鋸子就可以把它們扳裂成板材。有時樹會被砍來作木料，但木板大多可以從自然倒下的圓木直接劈開取得。特別的是，雪松媽媽的側邊也能切下成為木板，當一排三角形的石頭或鹿角被用力打進挺立的樹裡，長條型的木板就會沿著直線的紋理從樹幹上彈出來。木頭本身算是死去的支撐組織，因此從一棵大樹身上割下幾片木板，對整個生物體不至於構成什麼致命威脅——這種作法重新定義了永續林業的概念：不需要殺死一棵樹，也能夠產出木材。

不過，當今的人工林深深影響著地貌，也決定了林木的利用方式。由於肖特波奇地區被劃為林業用地，法蘭茲為了擁有此處的土地，必須為他的新財產登記一份經過核定的森林管理計畫。他帶著挖苦的口吻寫出這份沮喪，說他的地不被認定是「林地」，而是「林業用地」，彷彿鋸木廠是樹木唯一的歸宿。法蘭茲長著原始林的腦袋，卻身在花旗松的世界。

奧勒岡州林務局和奧勒岡州立大學森林學院提供了法蘭茲技術上的支援，指定用除草劑來抑制灌木叢生長，改種基因改良過的花旗松。倘若能夠排除林下競爭的狀況，確保充足的光照，花旗松出產木材的速度會比任何樹種都快。但法蘭茲要的不是木材，他要的是整片森林。「我愛我的國家，所以我才在肖特波奇買地。」他說，「我想在這裡做對的事，即便我還不知道什麼才是『對的』。光愛一個地方不夠，我們還要找到方法來療癒它。」要是他真用上了除草劑，唯一能經得住這場化學雨的樹種就只有花旗松，但他希望所有物種都能繼續存在，所以發誓要徒手清除灌木。

再造人工林是件苦差事。種樹團隊帶著鼓鼓幾大袋的幼苗來到，從陡坡邊緣繞行，每走六英尺就挖個洞把苗種下，再把土夯實。再走六英尺，重複上個動作。單一物種，單一模式。但當時沒有人曉得該怎麼種植天然林，所以法蘭茲去找他唯一的老師求助，也就是森林本身。

觀察過少數現存的原生林地上各物種的位置後，他試圖在自己的土地複製同樣的分布模式：花旗松長在陽光充足的空曠坡面上，鐵杉在陰影處，雪松則需要光線昏暗、地表潮濕的地點。他沒有照官方建議把赤楊和大葉楓的幼樹剷除，而是讓它們留下來重建土壤，並在它們的綠蔭下種植耐陰植物。每棵樹都有做了記號、標定位置跟悉心照料。原本他事必躬親，獨力清理蔓生的灌木叢，直到後來脊椎手術迫使他必須招募一個用心投入的團隊。

時間日久，法蘭茲成了一名優秀的生態學家，能從書本和森林提供的細微線索裡解讀出訊息。他的目標是要結合土地本來的條件種回一座原始林。他的日誌上明白寫著，有時他會懷疑自己投入的努力，背後究竟具有怎樣的智慧。他發現不管怎麼做、無論有沒有艱辛地把一大袋樹苗扛上山，大地最後都會恢復成某種森林的狀態。人類的時間跟森林的時間是不一樣的，但光靠時間也不保證能長成他心目中的原始林。附近都是混合著皆伐林和花旗松的草地，天然林未必長得起來。種子該從哪來？這裡的土地會歡迎它們嗎？

上面最後這個問題尤其關鍵，大大影響到「富婆的產地」的演替再生。雪松雖然身軀龐大，種子卻極細小，毬果小巧精緻，長度不超過半英寸，碎片隨風四處飄散。四十萬顆雪松種子加起來的重量只有一磅（約四百五十四公克），幸好成體有一千年可以一試再試、重新落地生根。在原本就繁茂叢雜的森林裡，這麼一個渺小的生命幾乎根本沒有機會長起來。

大樹能應付瞬息萬變的世界裡各式各樣的壓力，但幼樹很脆弱。紅雪松比別的覆蓋住它的物種長得還慢，完全接收不到陽光——尤其經過一場大火或伐木後，幾乎完敗給其他能適應乾燥、開闊環境的物種。紅雪松要是能活得下來，即便它們是所有西方植物物種裡最耐陰的，也還是沒辦法大鳴大放，仍需靜待時機，等哪棵樹風倒或死去，在綠蔭上穿出一個洞來。一旦機會來臨，它們會攀附著那束轉瞬即逝的陽光，一步步來到樹冠層；但幾乎沒有成功的先例。森林生態學家推估，雪松要這麼做，在百年裡只出現過兩次機會。在肖特波奇地區，要靠自然繁殖的話是不可能的。為了讓雪松出現在復育的森林裡，法蘭茲得自己種。

雪松的特徵——生長速度緩慢、競爭力弱、易受動物啃食之害、種苗生長極為困難——怎麼看都像稀有物種。其實不然。一種解讀是，雪松若爭不過高地上的物種，就會想辦法長在沖積土、沼澤或水邊，這些其他生物難以忍受的地方卻是雪松最愛的棲地環境。因此，法蘭茲精心挑選了溪畔的土地，種下密密一片雪松。

雪松獨特的化學組成既能救命也能救樹，其內部含有豐富的抗菌物質，對真菌類尤其具有抵抗力。西北邊的森林跟所有生態系一樣，易遭病害，最常見的就是一種叫作「木層孔菌」的本土真菌所引起的層根腐病。這種真菌對花旗松、鐵杉和其他樹種來說可能致命，但紅雪松卻能幸運免疫。當其他物種遭受根腐病之苦時，雪松已經蓄勢待發準備填補空隙，免去了競爭。「永生樹」從東一點西一點的死亡之中倖存了下來。

法蘭茲多年來獨自照料雪松，終於找到人可以跟他一起共享所謂的美好時光：種樹和切鮭莓。他跟道恩的初次約會就是在肖特波奇的脊頂。接下來的十一年，他倆一共種了一萬三千棵樹，開闢了步道路網，其名字透露了他們對這四十英畝土地的感情有多深厚。

林務單位對土地的命名，通常都是像「第三六一林班」這種名稱，而肖特波奇的地名則充滿了想像，被標示在手繪的步道地圖上：「玻璃峽谷」、「藤蔓谷」、「牛臀凹」。就連原始森林留下來的每棵樹都有名字：「憤怒楓」、「蜘蛛樹」、「破頭木」。有個字出現在地圖上的頻率遠高於其他：「雪松泉」、「雪松休憩小站」、「神聖雪松」、「雪松家族」。

「雪松家族」的形容尤其生動，因為一叢叢雪松就像個大家族。或許因為種子很難發芽，雪松是無性生殖的翹楚，樹的任何部分落到濕土上都會長根，這個步驟稱為「壓條」，低處俯垂的葉子可能抽根伸進潮濕的苔蘚層。它們柔軟的枝條本身就能夠長出新樹——就算枝條已從樹上被砍下也行。原住民族或許就是透過這種繁殖方法來照顧雪松。新生的雪松即便傾倒，或被飢腸轆轆的麋鹿踩扁，還是會整頓好枝條重新開始。樹的原住民名字「長壽寶」和「永生樹」實在是恰如其分。法蘭茲的地圖上最感人的地名，他稱之為「原生林的子孫」。種樹是一種信念，一萬三千個信念活在這片土地上。

法蘭茲邊學邊種、再學再種，他曾犯過許多錯誤，也從錯誤中學習。他寫道：「我是這塊土地暫時的管家，負責照料、管理它，更精確地說，我是土地的照護員。魔鬼藏在細節裡，而且處處都是考驗。」他觀察原生林的子代在棲地上的情況，試著找出長不好的原因，「造林就跟照顧花園類似，需要投入感情。當我來到這裡時，實在很難不東搞西搞：再種一棵樹、砍一根樹枝、把已經種下的樹重新移植到另一處更適合的地方。我稱之為『超前部署的歸化』，道恩說這樣叫修修補補。」

雪松不止對人類慷慨，對其他的森林成員也是如此。柔嫩低垂的枝葉是鹿和麋鹿最愛的食物，大家都以為幼苗長在各種冠層下很隱密，但它們實在美味可口，食草動物會像找巧克力棒一樣找出它們來吃。因為幼苗長得很慢，有好一段時間都必須面對被鹿吃掉的風險。

「我的工作充斥著未知事物，就像森林裡不可能沒有陰影。」法蘭茲寫道。在溪畔種雪松的主意是不錯，但這裡也是河狸的家，牠們會不會把雪松當成點心？他的雪松苗圃已經被啃噬到不成形，於是他重新種了一些，還加了一道圍籬。野生動物看了都暗自竊笑。他以森林的角度思考，於是又在溪邊種了一叢柳樹，那是河狸最愛的食物，希望讓牠們轉移注意力，別去靠近雪松。「我真該先跟老鼠、雄袋鼠、短尾貓、豪豬、河狸和鹿組成的委員會先開個會，再開始這個實驗。」他寫著。

這批雪松現在大多還只是高高瘦瘦的青少年，看上去是一堆粗樹枝跟鬆垂的嫩枝，還沒長出自己的樣子，被鹿和麋鹿啃咬之後，顯得更加奇形怪狀。它們在圓葉楓纏繞之下奮力朝向陽光生長，朝各方延展枝枒，但接下來就是它們的天下了。種完最後一片人工林，法蘭茲寫下：「我或許能治癒這片土地，但我不太計較最後究竟是誰受益，畢竟互惠就是這裡的最高指導原則，我給出什麼，就得到什麼。在肖特波奇河谷的山坡上，與其說我從事的是私人的林業復育工作，不如說是一種修復個人的林業工作。在復原土地的同時，我也療癒了自己。」

「富婆的產地」，這個稱呼自有其道理。雪松帶給法蘭茲的財富，就是能見證自己的願望在這世上實現；他送給未來的禮物，也將隨著時間越陳越香。他如此描寫肖特波奇這塊地：「我在這裡做的事既是私人林業，也是個人藝術創作，我就像在畫一幅風景畫或創作系列歌曲，幫樹分配適合的生長點有如改寫一首詩。我不具備技術專長，自稱是森林護管員總有點惶恐，但我可以是一個在森林工作的作家，跟森林共同創作，致力於呈現山林的藝術，並以樹為文。育林的方法與時俱進，但我沒聽說必須通過木材公司或農林學校認定的專業資格才能精通這方面的藝術。或許這才是我們需要的：讓藝術家來當森林護管員。」

在他的照看下，這片土地終於在歷經長久破壞之後迎來療癒的轉折點。他的日誌描寫到一百五十年後穿越回到肖特波奇，「過去長著一片赤楊叢的地方，都被古老的雪松林取代了。」但他知道在此時此刻，這四十英畝土地上的都還只是幼苗，而且非常脆弱。要達到他的目標，需要很多人悉心照料——細心和用心也不可少。透過他在大地和書頁上展現的藝術，他想讓人們更認識原生林生態系的世界觀，一種和土地重修舊好的關係。

原生林生態系跟原生林一樣還沒消失殆盡，大地仍保有它們生存的痕跡，有機會恢復往日風華。它們不僅跟種族或歷史有關，也象徵土地和人之間的互惠關係。法蘭茲為我們示範了怎麼種一片原生森林，但他更盼望的是讓原生林文化更加普及，讓這個世界恢復完滿健全。

為了實現這個心願，法蘭茲和夥伴一起發起「春溪計畫」（Spring Creek Project），「其挑戰是要整合環境科學裡實踐的智慧，以及哲學分析的明辨工夫，透過文字的豐富表達，找到新方法來理解跟重新想像我們跟自然世界的關係。」他把森林護管員視為藝術家和詩人，所謂生態學家的見解已經在肖特波奇的森林和溫馨的雪松小屋這兒成了基本信念，作家會來到此地尋找靈感或幽居獨處，化身為復育各種關係的生態學家。他們像鮭莓叢裡的鳥一樣，啣著種子飛到受傷的土地，準備讓原生生態系再現生機。

小屋裡總有藝術家、科學家、哲學家齊聚一堂，激盪出許多火花，誕生一連串多采多姿的活動。法蘭茲的靈光乍現也孕育了其他人的靈感。十年來，這裡生長著一萬三千棵樹，有無數科學家和藝術家受到啟發。他寫下：「我現在很有信心，當退隱時刻來到，我能夠放手讓其他人傳承這一條通往神聖之地的路徑，帶人走進巨冷杉、雪松和鐵杉形成的茂林，回到曾經存在過的古老森林。」他說的沒錯，從雜草叢生的黑莓灌木叢到原生林的後代，一路上已有越來越多人追隨他走出的這條路。法蘭茲．多普在二〇〇四年前往肖特波奇溪的路上被一輛紙廠的卡車撞上，不治離世。

在他的小屋門口，雪松幼木看上去像披著綠披肩的女子圍成一圈，身上的雨珠被光照得閃閃發亮，好似一群優雅的舞者，稍一挪步，披巾上的羽毛流蘇就跟著飛舞。它們的枝葉寬闊地展開，圈子開了個口，邀請我們加入這支新生之舞。我們一開始顯得笨手笨腳，不時絆得四腳朝天，畢竟世代以來你我都只是袖手旁觀，直到漸漸抓到音律才好一點。我們的記憶深處還識得這些舞步，那是天空女神傳承下來的，提醒我們不要忘了自己身負共同創造的責任。在我們親手種下的森林裡，詩人、作家、科學家、護管員、鏟子、種子、麋鹿、赤楊都加入雪松媽媽圍起的圓圈，以舞姿迎接原生林的子子孫孫來到世上。你我都受邀其中，拿起鏟子，一起來跳支舞吧。

見證雨滴
Witness to the Rain

冬初的奧勒岡州天空灰濛，大雨滂沱不歇，淅瀝淅瀝的聲音低低響著。你以為雨是平均地落在各處，其實不然，落雨的音律節奏在每個地方都不同。雨打在糾成一團的白珠樹和奧勒岡葡萄，在硬韌光澤的葉片上**滴滴答答**，那是硬葉植物的小鼓聲。杜鵑葉子又寬又平，被雨水滴出啪的一聲，葉片上上下下彈跳，在傾盆大雨中起舞。巨大的鐵杉下，雨水沒有直接滴落，而是沿著崎嶇的樹幹溝紋慢慢流淌到裸土地表，雨水潑濺到泥土，咕嘟一聲就被冷杉針葉給嚥下。

相較之下，雨水落在苔蘚上幾乎毫無聲響。我跪下來俯身埋進柔軟的苔蘚堆裡仔細看聽，水滴下來的速度很快，目光再怎麼追，都趕不上落地的那一刻，後來我只好把眼睛瞇成一條縫才看得見。水珠撞擊的力道讓幼枝往下低垂，但雨滴本身卻消失了。整個過程一片靜寂，沒有滴水聲也沒有潑濺聲，但可以看到水的邊界在移動，滲進莖部之後把莖柄染深，消散在層層疊疊的葉片裡。

我所知的其他地方多半把水當作單獨的個體，透過清楚的界線來劃定範圍：湖濱、河岸、成片岩岸。你可以站在交界處說：「這裡是水」、「這裡是陸地」。魚和蝌蚪屬於水域；樹、苔蘚、四隻腳的生物屬於陸域。但在霧氣瀰漫的森林，一切邊界似乎都模糊了，綿綿細雨跟空氣幾乎無從分辨，濃霧繚繞間只能隱隱看見雪松的輪廓。水在氣體和液體階段似乎沒有明顯的區別，空氣只是觸碰到葉子或我的捲髮，就突然變成了水滴。

就連瞭望溪（Lookout Creek）這條河都沒有清楚的邊界，一路沿著主河道跌撞溜滑下來，就像潭與潭之間的雲霄飛車。但安德魯實驗林的水文學家斯旺森（Fred Swanson）告訴我另一條溪的事，那條溪是瞭望溪的無形暗影，也就是伏流水，從溪流底下的卵石床和古沙洲流過。那條看不見的寬闊河流自坡腳處緩緩上升來到森林，穿過漩渦和濺水區下方；那條深而無形的河川流在樹根與石縫之間，水和土地的關係比我們以為的還要親密。這就是我正在諦聽的伏流水。

沿著瞭望溪岸走，我斜倚在一棵老雪松身上，背部貼著它的弧線，想像樹底下的暗流，但只感覺到水滴到我的脖子。雪松枝條被貓尾苔（*Isothecium*）的綠簾幕壓得低低的，小水珠不只懸在糾結的枝椏末端，也沾上我的髮絲，只消稍微低個頭就可以看見這兩串水珠。不過，貓尾苔上的滴露比我瀏海上的大多了。其實苔蘚上的水滴似乎大得超乎想像，隨著地心引力逐漸膨脹豐潤，長度遠超過我身上、樹枝或樹皮上勾掛的那些。珠滴垂墜旋轉，映照出整片森林，跟一個穿著亮黃雨衣的女子。

我不確定能不能相信眼前看到的東西。我好希望手上能有一組游標尺來測量苔蘚上的水滴，看看它們是不是真的比較大。水滴真的是生而平等嗎？我不知道，所以轉向各種科學假設求助：或許苔蘚周邊的濕度高，因此水珠可以維持得較久？也或者雨水落在苔蘚上會融合某些特性，增加表面張力，能夠稍微對抗地心引力？還是這一切只是幻覺，就像地平線上的滿月看起來總是比較大？還是苔蘚葉片的尺寸使得水珠感覺起來比較宏偉？或者其實雨滴想再多炫耀一下它們散發的光芒？

雨下了好幾個鐘頭，我突然覺得又濕又冷，禁不住想返回小屋喝茶和換上乾衣服，但我沒有拔腿就走。雖說溫暖的地方令人難以抗拒，但站在雨裡打開所有感官，也是無可比擬的經驗——被囚禁的感官，只會在意自己，不會留意自身之外的事。說實在的，我無法忍受當世界一片濕漉漉，自己是唯一乾爽的那個人，那種感覺太寂寞了。如今身在雨林，我不想當個只是旁觀雨的人，被動等著被保護；我希望成為傾盆大雨的一部分，和腳下被踩扁的黑色腐植質土一起濕到底；我期許自己像一棵枝葉濃密的雪松，雨水滲進我的樹皮，讓水消融我倆之間的隔閡。我想感覺雪松的感覺，體驗它們的體驗。

但我不是雪松，而且我好冷。像我們這種恆溫動物應該有適合的地方躲藏，周圍一定有不會被雨打到的地方。我試著以松鼠的角度思考，發現了幾個藏身處：我探頭去看溪流旁一處懸空的河岸，但它的壁面仍有涓涓細流，那裡不適合躲；倒木的洞也不適合，我本來還盼著它翻倒過來的根系可以減緩雨淋。有個蜘蛛網掛在兩條垂盪的樹根間，絲床上托著一小窩水，連這裡都滿了。看到低垂的圓葉楓下有個覆滿苔蘚的圓頂，我心裡燃起一線希望，於是推開貓尾苔的簾幕，彎身走進那迷你暗室，室內的頂上鋪著一層層苔蘚。這裡安靜無風，只夠一人容身，光線從苔蘚織成的屋頂穿透下來像細細點點的星光，但水滴也沒閒著，跟著答答落下。

當我走回小徑上，一根巨木擋住了前方的路，從坡腳一路滾進河裡，枝條被湧流拉走，樹頂落在對岸。從下方爬過去看起來比從上面越過容易，於是我跪趴下來，然後竟然找到一塊乾爽的地方！地表的苔蘚焦棕乾燥，土壤鬆軟呈粉末狀。在山坡接到溪流的V形空間裡，這根巨木在我頭上形成一個超過一公尺寬的頂蓋，我可以把雙腿伸直，坡度剛好容得我整個背躺上去。我讓頭枕著一片乾爽的塔苔（*Hylocomium*），心滿意足嘆了口氣，向上吐出一團霧，佈滿皺褶的樹皮還掛著棕色的苔蘚叢，自從這棵樹變成木頭之後，上頭綴著的蜘蛛網和地衣群都未曾見過天日。

這根木頭與我的臉只有幾英寸之遙，重達數噸。它之所以不會循著角度壓到我的胸部，是因為樹墩部位有一塊斷掉的木頭擋住它的去路，折裂的樹枝又從溪的另一邊撐住它；但這些支撐隨時可能鬆動。不過，雨滴的節奏很快，樹倒的節奏很慢，此刻我還是蠻安心的。我休息的步調跟樹倒下來的步調，各有各的時間感。

我從來都不能理解時間怎麼會是個客觀事實，真正重要的，應該是實際發生了什麼。人工裝置所計數的分鐘年歲，跟小昆蟲或雪松感受到的時光怎麼會是相同的？對今早頂端掛著薄霧的那些樹來說，兩百年只是青少年的年歲；之於河流，僅是一眨眼的工夫；至於岩石，則根本不算什麼。要是我們照料得當，這些岩石、河流和樹群很可能繼續在此存在兩百年。至於我、那隻花栗鼠和陽光下紛攘飛舞的小蟲子——我們也會隨著歲月前進。

若要說過去或想像的未來有什麼意義，必定得透過當下展現出來。當你擁有大把時間，你所要做的不是急著去哪裡，而是享受當下。所以我伸了個懶腰閉上眼睛，靜靜聆聽雨聲。

苔蘚軟墊令人感覺溫暖乾爽，我翻過來用手肘撐著身體，看向外頭濕漉漉的世界。雨滴重重落在一塊提燈苔（*Mnium insigne*）上，正好位於視線高度，站起來差不多兩英吋高，葉片又寬又圓像棵微型的無花果樹。其中一片葉子的尖端是長錐形，跟其他圓邊的葉片不一樣，吸引了我的注意。細長如絲的葉尖動個不停，栩栩如生，感覺不太像植物，那條絲線似乎牢固定在苔蘚葉頂端，跟葉子一樣是清透的綠色，不過葉尖在空氣中打轉搖擺，好像在尋找什麼似的。它晃動的樣子讓我想到尺蠖，尺蠖會靠後足的吸盤站起來之後，擺動長長的身體接近附近的樹枝，讓前足附著上去，再放開後足，弓身越過空隙之間的裂口。

但它不是多腳的毛毛蟲，只是一條閃亮的綠絲，一條長在苔蘚上的絲線，像光纖元件由裡而外透出光來。就在我細看時，本來飄來飄去的絲線突然觸碰到幾公釐以外的葉片，輕碰了新葉幾下之後突然像放心了似的伸長越過縫隙，變成繃緊的綠色電纜，比原本的長度還多了一倍以上。才片刻工夫，兩個苔蘚就被這條晶瑩的綠絲線接起來，綠光流轉，有如一條河穿流過橋然後消失，融散進苔蘚的綠意之中。觀察一隻由綠光和水構成、跟我沒什麼分別卻長成一條線的生物在雨中走路——豈不是上天的恩典？

我站在河邊仔細聽，雨滴的聲音淹沒在白色激流的泡沫裡，平順地從石頭上滑落。不知情的人可能不會把雨滴和河流想成親戚，畢竟它們單獨跟集體的樣子極為不同。我俯身望向一潭靜水，伸出手讓雨滴從指縫間滑落，想再確認一下。

森林和小溪中間有一片礫石灘，過去十年因為河道變遷氾濫，從高山沖落了一堆石頭，柳樹和赤楊、黑莓灌木和苔蘚已經據地為王，但此情此景有一天也會成為過去式。河流說。

赤楊的落葉鋪開在砂礫上，乾掉的葉緣向上捲翹成杯狀，好幾杯已經裝滿了雨水，水被葉子裡釋出的單寧酸染成紅褐色。一縷縷地衣被風吹開，散落在葉片之間。我突然知道該做什麼實驗來驗證我的假說了：所有材料都在我眼前排列就緒。我找到兩綹大小和長度差不多的地衣，用雨衣內的法蘭絨襯衫把它們壓乾。

我把一綹地衣放進葉子杯裝的紅色赤楊茶裡，另一綹則浸在一汪乾淨的雨水中，然後將它倆同時提起來，觀察滴下來的水珠。當然，水滴落的樣子很不一樣。清水的水滴又小又急，好像迫不及待鬆手一般，但浸泡在赤楊木水裡的水珠則又大又重，它先掛住一會兒才被地心引力帶走。發出「啊哈！」的那一刻，我感覺自己臉上漾開笑意。水滴的狀態各有千秋，端看水跟植物的關係如何。如果說是赤楊木水因為單寧酸豐富而讓水滴的體積變大，那麼滲過一整簾苔蘚的水不也會累積丹寧酸，形成我先前看到的大水滴？我從森林裡學到的一課，就是沒有什麼是隨機的。每件事物都有意義，都受關係牽動，彼此依存。

新礫石來到舊河岸，在綠樹掩映下形成一潭靜水。由於主河道被切斷，伏流水上升，水從底部湧升注入淺淺的窪地，下雨時，就連夏天的雛菊都會被浸潤在兩英尺深的水坑裡。在夏天，這個水塘是開滿花的沼澤地，現在則是一片淹水的草原，顯示河流從低窪的辮狀河道到冬天滿水位的變遷過程。八月的河跟十月的河完全不同，你得站在這裡很長一段時間才有機會認識它們的面貌，甚至要待得更久，才有機會知道在礫石灘出現之前，河流長什麼樣子，還有礫石灘消失之後，河流又變成怎樣。

也許我們無法真正了解河流。那麼水滴呢？我站在水塘邊良久，仔細地聽。潭水成了一面鏡子，整個鏡面霧雨濛濛。我豎起耳朵想從各種聲音中辨識出雨的低訴，發現真的可以聽得見：非常輕的**唰唰**聲只微微吹皺了明淨的水面，卻不扭曲倒影。水塘上方，圓葉楓的枝條從岸邊向外延展，鐵杉自低處探出一根枝枒，赤楊的莖幹越過礫石灘往水邊傾。水從這幾棵樹之間落進潭裡，各有各的韻律。鐵杉的節奏很快，針葉上的水聚積到末端，沿著滴水線掉落，發出規律**的滴嗒**、**滴嗒**、**滴嗒**、**滴嗒**、**滴嗒**，在底下的水面點出一條線來。

楓樹莖排水的方式比較不一樣，從楓樹滴落的水珠都又大又重。我看著它們凝聚生成又跌落，撞到池面時發出深沉空洞的聲音。**咕咚！**彈跳的力道導致池面濺起水花，看起來像從底部噴發上來的。楓樹下不時出現**咕咚**的聲響。同樣是水滴，為何楓樹的跟鐵杉的如此不同？我站近一些，想看仔細水在楓樹上如何移動，我發現並不是莖幹上隨便一處都能生成水滴，通常都是從前的芽痕上有個小小的脊部，雨水嘩啦啦沿著綠樹皮向下流，在芽痕背面給截住了，水越積越多，最後高過了芽痕的小堤壩向外溢流，往水面大滴滾落。**咕咚！**

雨的**唰唰**、鐵杉的**滴嗒**、楓樹的**咕咚**，最後是赤楊的**啵啵**聲。從赤楊滴落的水珠是柔緩的輕音樂，細雨穿過粗糙的赤楊葉需要花點時間，水滴的體積不像楓葉的那麼大，不到會濺起的程度，但這聲**啵啵**也讓水面泛起漣漪，漫散出一圈圈的同心圓。我閉上眼睛，靜聽雨聲。

水塘表面的波紋像各種簽名，每個名字都帶著不同的節奏和共鳴。各個水滴的樣子因它們跟其他生命的關係而異，看它遇到的是苔蘚、楓樹、冷杉皮，還是我的頭髮。我們只把雨當成純粹的雨，覺得它是某種物質，以為自己很了解它，但我覺得苔蘚比我們懂得更多，楓樹也是。或許沒有所謂雨這種東西存在，有的只是雨滴，每一滴都有自己的故事。

聽著雨聲，時間感便消失了。若說時間是從上個事件到下個事件的期間來估量，赤楊上的水滴落的時間跟楓樹上的水滴落的時間肯定是不一樣的。森林由各種不同的時間織構而成，如同潭水水面大大小小的漣漪，皆因形形色色的雨滴而起。冷杉針葉落下時伴著高頻的淅瀝雨聲，樹枝斷落時是大雨點的**咕咚**聲，樹倒下時出現了稀罕的響雷轟鳴。確實稀罕，除非你以河流的角度來衡量時間。或許，沒有所謂「時間」這種東西存在，有的只是累積起的來片刻，每個瞬間都有自己的故事。

我從垂掛著的水滴裡看見自己的臉，魚眼鏡面讓我的額頭變得十分巨大，耳朵卻小到不行。我猜人類就是這樣，想得太多而聽得太少。我們對事物付出注意力，就代表願意向自身以外的智慧學習。仔細聆聽，耐心見證，會感覺自己向世界敞開胸懷，彼此之間的界線可能因一顆雨點而消融。雪松枝葉末端的水珠逐漸膨潤，我伸出舌頭舔了一口，感受上天的恩賜。

05

燃燒聖草

點燃茅香草辮進行煙燻儀式，參與的人將得到善念與慈心的能量淨化，從而療癒身體和心靈。

Burning Sweetgrass

溫迪戈的腳印
Windigo Footprints

明亮晃眼的冬日，唯一存在的聲響只有外套的摩擦聲；雪鞋的**咯吱**聲；樹被來福槍的子彈射中心臟、在冰天雪地爆裂開的聲音；還有我心跳的砰砰聲，將熱血輸送到雙層連指手套裡凍得刺痛的手指。強陣風間歇之際，天空藍到不行。下方的雪地閃閃發光，好似綴滿了碎玻璃。

最近這場暴風雨刮出了許多雪堆，看來像是結凍的海上出現片片浪花。剛剛我的來時路上滿是粉色和黃色的影子，現在光線漸暗，影子又變深成了藍色。沿線有狐狸的腳印和田鼠的地道，還有一個被老鷹翅膀印痕包圍的鮮紅斑點。

大家都餓了。

風再起的時候，我聞到更多的雪味，才沒幾分鐘，颮線在樹頂上呼嘯，雪片紛飛，像灰色的簾幕朝我席捲而來。我回頭想趕在天色全暗之前回到休息站，於是原路折返，路上已經開始積雪。細看之下發現，我的足跡裡還有另一個印記，但不是我踩出來的，我在漸深的暮色中四處張望，想看能否找到誰的身影，但雪已經太大，視線不清。雲移動得很快，下方的樹浪翻騰。我背後突然一陣劃然長嘯。大概是風吧。

溫迪戈（Windigo）就是在這樣的夜晚才出來活動，你會在它穿過暴風雪尋找獵物時聽到奇怪的尖叫聲。

溫迪戈是阿尼什納比族傳說中的怪物，在北方森林天寒地凍的夜裡出現的反派角色。你會感覺它悄悄朝你逼近，它的身形魁梧達十英尺高，霜白的頭髮隨著身軀擺盪，手臂彷如樹幹，腳的大小跟雪鞋差不多。它在饑荒時節的風雪裡來去自如，監視著我們的一舉一動。當它在後方喘氣追趕著我們，渾身散發出腐屍的惡臭，雪的清新氣味就會完全被腥臭掩蓋。它的血盆大口長滿了黃色尖牙，因為太過飢餓而已經咬下了自己的嘴唇。更驚人的是，它的心是冰做成的。

大人常在火堆前聊起溫迪戈的傳說，用來嚇唬小孩子要守規矩，不然這個奧吉布瓦族的怪物會把他們抓來吃，甚至還有更可怕的下場。這怪物不是熊、不是嚎叫的野狼，也不是自然裡存在的野獸，它不是經由繁殖而來，而是被造出來的。溫迪戈其實是人類，但變成了食人魔；被它咬到的人也會變成食人魔。

我終於從大風雪裡回到休息站，脫下變成冰甲的外衣，燒柴爐裡有火熊熊燃燒，上頭燉鍋正滾燙沸騰。但並非每次都這麼好運，有時候風雪會把小屋給埋掉，食物全都沒了。人們稱這段時間叫作「飢餓月」——雪已經太深，鹿都跑光了，存糧處空空如也。長輩會在這時期離家打獵，然後再也沒有回來。到了只剩骨頭可以吸的地步，小嬰兒也撐不住了，日久盼來的是無邊的絕望。

每年冬天我們的族人都要面對飢餓的考驗，尤其在小冰河期，冬天特別酷寒綿長。有學者認為，溫迪戈的傳說在毛皮貿易的年代盛行，原因是過度的捕獵造成饑荒。人們對冬季饑荒揮之不去的恐懼，體現在溫迪戈只在冰天抓人和它吞噬一切的大嘴裡。怪物的尖叫隨風傳開，飢餓和絕望在冬日小屋外蠢蠢欲動，溫迪戈的故事更加深了食人的禁忌感。一旦屈服於這種可憎的衝動，啃人骨頭者就會變成溫迪戈，終生在外遊蕩。據說溫迪戈永世不得超生，經年受盡生存之苦。溫迪戈吃得越多就越餓，它尖叫出聲以宣洩渴望，但無論如何都沒有辦法被滿足，因而飽受折磨。溫迪戈整天要這個要那個，把人類趕盡殺絕。

但溫迪戈不只是一個用來嚇唬小孩的傳說怪物。創世故事讓人一窺每個民族的世界觀，還有他們如何看待自己、他們跟世界的關係，以及他們的渴望和追求是什麼。同樣地，這個民族集體的恐懼與根深蒂固的價值觀也在他們創造出來的怪獸身上體現。溫迪戈的誕生源於我們內心的恐懼和弱點，象徵著我們把自己的生存擺在第一位，完全不顧其他。

從系統科學的角度，溫迪戈是一個「正回饋循環」的案例，單一個體的變化促成其他個

體的類似轉變，串起整個系統裡的一部分。以這個案例來說，溫迪戈因為飢餓，於是吃得更多，但吃得更多只是更餓，陷入無窮無盡的消耗。無論自然世界或人造世界，正循環必然導向改變——有時是成長，有時是毀滅。但當成長失衡，不見得都能分得出是那種情況。

至於穩定、平衡的系統，則多半都是「負回饋循環」，單一要素的改變會引發完全相反的變化，如此方能彼此平衡。飢餓導致吃得更多，但吃多了就能感到飽足。負向回饋是一種互惠的形式，不同的力量相互結合以達到平衡和永續。

溫迪戈的故事試圖在聽者的心裡產生負回饋循環。傳統的教養方式為了強化自律、克制貪欲，認為每個人都帶有溫迪戈的天性。怪物雖是傳說裡的角色，我們還是應該學習避開自己內心的貪婪，這也是為什麼阿尼什納比族的長輩提醒我們，想要了解自己，永遠要記得事物有兩面——生命有光明面，也有陰暗面。要能看見黑暗的部分，承認它的力量，但不要餵養它。

這個怪物是會吞噬人類的惡靈。「溫迪戈」這個詞，根據奧吉布瓦學者強斯頓（Basil Johnston）的說法，字根意思是「脂肪過量」或「只顧自己」。作家皮特（Steve Pitt）認為「溫迪戈也是人，它克制自己的能力最終敵不過自私，再也不可能得到滿足。」不管人們怎麼稱呼它，強斯頓和其他學者指出當前氾濫的各種自我毀滅行為——嗜酒成性、吸毒、賭博、科技成癮——都是溫迪戈還活躍的徵兆。皮特說：「任何過度放縱的習慣都是在自殘，傷害自己的作為就是溫迪戈。」溫迪戈咬人是會傳染的，我們深知自我毀滅的行為會把更多人拖下水——在人類家庭如此，非人類世界亦然。

溫迪戈來自北方的森林，但過去幾世紀以來，它出沒的範圍持續擴張。強斯頓指出，跨國公司孕育了新一代的溫迪戈，貪得無厭地吞噬地球資源，「出於貪念，而非需要」。一旦我們發現自己渴望什麼，溫迪戈的腳印就會出現在我們身邊。

我們的班機被迫降落在叢林裡一小段鋪過的臨時跑道上好進行維修，這座叢林位於厄瓜多亞馬遜雨林的油田正中央，離哥倫比亞邊境只有幾英里之遙。我們剛飛過一整片雨林帶，底下的河像藍絲緞閃閃發亮。但就在我們經過輸油管沿線、紅土裸露的長窪地上空時，河水的顏色突然轉成黑的。

我們的飯店位在一條髒亂的街道，街角有死狗和妓女，廢氣燃燒塔把天空點亮成萬年不變的橙色。拿到房間鑰匙後，管理員告訴我們要把櫃子推過來抵住門，還有晚上不要離開房間。大廳的籠子裡有幾隻緋紅金剛鸚鵡，個個沒精打采，街上有半裸的小孩子在乞討，不到十二歲的男孩肩上掛著 AK-47 步槍，守在毒販的房子外頭。那一夜我們平安度過了。隔天早上太陽剛從濕熱的熱帶叢林上升起，我們又起飛了。下方就是我們前一天待過的煩囂小鎮，四周圍繞著彩虹色的潟湖，湖裡全是石化廢料，多不勝數——溫迪戈的腳印。

溫迪戈無處不在。它們一腳踩進奧農達加湖的工業污泥；越過奧勒岡海岸山脈被「鬼剃頭」的山坡，土石都滑落河裡；你會在西維吉尼亞州被煤礦削掉的山頭見到溫迪戈，或在墨西哥灣的海灘上看到沾滿浮油的腳印。一平方英里的工業大豆、盧安達的鑽石礦、滿櫃的衣服，這些都是溫迪戈的腳印，都是無度消費的蛛絲馬跡。很多人都被溫迪戈咬了。你可能遇過他們在逛商場，虎視眈眈垂涎你的農場想開發房產，之後又去選議員。

你我都是共犯。我們允許「市場」來定義我們所珍視的東西，眾人的共同利益被重新定義後，總是倒向對商人有利的奢靡生活方式，然後繼續掏空靈魂和土地。具有警世意味的溫迪戈傳說出現在有共同利益的群體裡，因為分享是生存的關鍵，個人的貪慾會傷及全體。古時候，如果有人因需索太多而危害群體，會先被勸誡，然後被放逐，要是貪性不改，最後甚至被驅逐出境。溫迪戈的神話可能就是要紀念這些被驅逐的人，這些人流落他方，又餓又孤伶伶，一心想報復那些一腳踢開他們的人。被互惠之網排除在外是種可怕的懲罰，再也沒有人跟你一起分享，你也沒有人可以關心。

還記得某次我走在曼哈頓的街上，溫暖的陽光從一棟豪宅灑落到人行道，正好照在一個翻攪著垃圾桶尋覓晚餐的人身上。也許我們都曾經執迷於追求財富，而把自己逼向孤獨的角落。我們甚至放逐自己，甘願把美好獨特的生命用來賺更多錢、買更多東西，卻從不滿足。這就是溫迪戈的招數，讓我們以為擁有東西可以填飽飢餓，尤其是擁有所渴望的東西。格局放大來看，我們似乎活在一個溫迪戈式經濟的年代，處處都是虛構的需求和強迫過度消費。原住民族過去曾極力克制的事，如今我們以系統化的政策來鼓勵大家貪婪。

對我來說，有種恐懼是比承認內心有溫迪戈的存在更令我害怕，那種恐懼就是這個世界已經是非不分、顛倒黑白了。若有人耽溺於一己之私，從前我們部族會視之為惡行，現在卻被當作成就來慶賀；過去不可饒恕的作為，現在卻要我們崇拜。被消費所驅動的思維冒充成「生活品質」，卻由裡而外徹徹底底腐蝕了我們。就好比我們受邀品嘗一頓大餐，但吃了桌上的食物只會感覺更空虛，永遠填不滿胃口的黑洞。我們放出了一頭怪獸。

生態經濟學家主張改革，認為經濟發展必須遵循生態原則和熱力學的限制。他們懷抱著激進的想法，呼籲我們若想維持生活品質，就應該保有自然資本和生態系統服務。但政府還繼續抱著新古典主義的謬論，認為人類消費沒有產生什麼不好的影響，我們依然服膺於「在有限的星球上，追求無限成長」的經濟體系，以為宇宙會為我們廢除熱力學定律。永續成長並不符合自然法則，但著名經濟學家、任職哈佛大學、世界銀行和美國國家經濟委員會的桑默斯（Lawrence Summers）曾發表聲明：「地球的承載力沒有任何限制，在可見的將來也不會有。要人們因應自然的極限去規範成長的上限，這個想法大錯特錯。」我們的領導者故意忽略了地球上其他物種的智慧和生存模式——當然，那些已經滅絕的物種沒被算進來。這標準溫迪戈式的思維。

神聖之地與超級基金[52]
The Sacred and the Superfund

我家後面有一道泉水，泉上生苔的樹枝末端凝成一顆水珠，只一會兒的晶亮閃爍就鬆開落下。其他露滴也跟上，匯成丘陵上流下的數百條小溪中的一部分。速度越來越快，撞到突出的岩石濺起水花，更急速地朝九英里溪（Nine Mile Creek）奔去，最後流進奧農達加湖。我用手捧起泉水喝，因為我知道這些水滴接下來要面對什麼樣的旅程，我很擔憂，巴不得把它們永遠留在這裡。但水是留不住的。

我家所在的流域位於紐約州北邊，奧農達加族的傳統領域，易洛魁聯盟（或稱長屋民族）的神聖中心。奧農達加的傳統觀念認為世界上所有生物都被賜予了一種天賦，同時這天賦也代表對世界的責任。水的天賦就是要維持生命，它肩負多重責任：讓植物生長、打造魚和蜉蝣的家園，然後還有，對今天的我來說，賞我一杯涼的喝。

52 譯注：美國「超級基金」（Superfund）是一種環境補救計畫，用於追究污染者的責任及清理有害廢棄物場址。

這水有種特殊的甜味，來自周圍小山丘極度純淨、細緻的石灰岩。古老的海床上都是碳酸鈣，幾乎沒有其他雜質摻入海床的珍珠灰之中。小丘上其他泉水就沒這麼甜了，這些水自石灰棚湧出，裡頭藏著鹽洞，像一座座晶瑩剔透的宮殿，佈滿岩鹽的結塊。奧農達加族用這些鹽泉幫玉米湯和鹿肉調味，或保存泉水裡捕撈上來的一籃籃鮮魚。歲月豐美靜好，水繼續沖流，日日盡心履行責任。但人可不像水分分秒秒這麼有覺知——我們很容易忘事。因此長屋民族憑藉「感恩語錄」提醒自己，當眾人齊聚一堂，記得向自然世界的所有成員致意、表示感恩。他們對水這麼說：

感謝世界上的水。感謝水繼續在此克盡職責，支持大地母親眷顧所有生命。水就是生命，為我們解渴，賜予我們力量，讓植物生長並維繫眾生。讓我們齊心向水奉上感恩之情。

這些話語正是此部族存在的神聖目的。水被賦予支持世界的責任，這個部族的人也一樣，首要任務就是感謝大地的恩賜並且照顧之。

據說很久很久以前，長屋民族也曾忘記要懷抱感恩的心，於是變得貪婪善妒，內鬥不斷。衝突導致了更多的衝突，後來演變成國與國之間的連年戰爭。很快地，每間長屋都籠罩著悲傷的氣氛，但暴力沒有停止，大家都苦不堪言。

在那個悲傷年代，西邊遠處的休倫有個女人生了一個兒子，這位俊朗的年輕人長大後知道自己具有特殊使命。某天他告訴家人，他要帶個上天捎來的消息給住在東邊的人，因此必須離家。他用白色的石頭打造了一艘很棒的獨木舟，啟程去到很遠的地方，最後他上岸的地方剛好有一群長屋民族在對戰。他宣達了和平的訊息，因此被視為和平使者。剛開始沒什麼人注意到他，但那些聽他話的人真的改變了。

他冒著生命危險且滿懷憂思，這位和平使者和他的盟友在亂世遊說各方休戰，其中一位就是海華沙。多年來他們周遊各部落，參與戰事的各國首領陸續接受和平的觀念，只剩一個人例外：奧農達加族的酋長塔多達荷（Tadodaho）拒絕接受和平協議。他心中充滿仇恨，髮上有蛇盤據扭動，身體飽受言語的霸凌。塔多達荷威脅信使要取他們性命、令他們痛苦難當，但平靜的力量比他更強大，最後塔多達荷終於願意接受和平的想法，他原本扭曲的軀體也恢復了健康，和平使者幫他梳去了髮上的蛇，讓他整個人煥然一新。

和平使者將五個長屋部族的首領聚集在一起，他們同意放下嫌隙，於是以一棵巨大的白松木作為「和平之樹」。白松木的五針一束象徵了五個部族的聯合。和平使者單手將這棵大樹連根拔起，所有首領將武器扔進地上的洞裡。就在這個湖畔，各族決定化干戈為玉帛，遵循《和平大法》，規範各部族之間以及和自然世界的關係。四條白色的根鬚伸向四方，邀請所有愛好和平的部族一起接受樹木的庇蔭。

長屋聯盟（Haudenosaunee Confederacy）於焉形成，這個星球上最古老的現存文明。和平大法也是在奧農達加湖畔誕生，奧農達加族扮演著非常關鍵的角色，從那時起便成為聯盟的火源守護者，「塔多達荷」也成了聯盟精神領袖的名字。最後，和平使者請目光如炬的老鷹停在「和平之樹」上，警告族人有哪些危險將至。接下來數百年，這隻老鷹善盡職責，長屋民族一片祥和繁榮。但後來又有新的危機降臨——另一種不同的暴力出現了。那鷹叫呀叫，聲音卻被騷亂給淹沒。和平使者過去行過的江山，現在是超級基金場址。

⁜

其實，奧農達加湖畔有九個超級基金場址，都位於現在的紐約州雪城市附近。由於這裡的工業發展超過一世紀，過去曾是北美神聖殿堂的奧農達加湖，如今成了美國汙染最嚴重的湖泊。

產業巨頭看中此地豐富的資源和新開闢的伊利運河，將各種新事業帶進奧農達加族的領土。早年報紙記載，大煙囪讓空氣變成刺鼻的毒氣，製造商樂得有奧農達加湖這麼近的地點可以當作垃圾場。上千萬噸工業廢棄物被扔進湖底，發展中的城市也紛紛仿效大排汙水，讓情況雪上加霜。新來到奧農達加湖的人彷彿在此宣戰，不是對彼此，而是對土地。

時至今日，和平使者行過的大地，還有「和平之樹」佇立的所在，已經不能算是一片土地了，而是六英尺深的工業廢棄物層。廢棄物黏在鞋子上，就像幼稚園時要把剪下來的小鳥黏到勞作紙剪成的樹上時，中間那層厚厚的白膠。但這裡沒有很多鳥，「和平之樹」也被埋掉了，先祖們熟悉的湖岸弧線不復存在，舊時的輪廓都被填掉，超過一英里長的新湖濱邊緣底下都埋著廢棄物。

有人說廢棄物填埋層可以創造出新的土地，這論調是個謊言。廢棄物層其實還是本來的土地，只是其化學成分被重新打散。眼前沾滿油汙的淤泥從前是石灰岩、清澈的水跟一片沃土，而這塊新地層過去的土地被磨碎、抽取、再從管子末端排放出來，這就是蘇威化學公司（Solvay Process Company）留下的廢棄物。

「氨鹼法」是一種突破性的化學技術，能夠製造出純鹼，也就是製造玻璃、清潔劑、紙漿和紙類等工業生產過程中至關重要的元素。本土石灰岩在煉焦爐裡融化後，跟鹽產生反應，因而製造出純鹼。這項工業帶動了整個地區的發展，化學加工擴大囊括了有機化學、染料和氯氣。不斷有一列列火車駛離工廠，載走數噸的製成品；另一頭的管線，則不斷傾倒出數噸廢棄物。

這座堆滿廢棄物的小山跟露天礦坑是完全顛倒的地形——當時紐約州最大的露天礦坑還是無主狀態——石灰岩已經被開採，土被挖出堆在一旁，準備用來填補另一邊的地。要是時光能倒流，就像電影那樣倒轉，就會看到眼前這一團亂的東西重新排列組合，變回鬱鬱蔥蔥的山丘，突出的石灰岩壁上覆滿苔蘚，小溪回流向山丘上的湧泉，鹽還在地下發光閃爍。

我很容易想像那是什麼樣子，剛從管子裡噴出來的粉白色噴濺物像巨大的機械鳥落下的糞便。管線像幾英里長的腸子一路連接到工廠裡的內臟，剛開始因為管子裡有空氣，噴出來的東西不斷衝撞跳動，但很快就安靜下來變成穩定的水流，淹過蘆葦和燈心草。青蛙和水貂有及時逃走嗎？烏龜呢？太遲了——牠們已經卡在排出物的底層動彈不得，跟造物故事所說烏龜背上馱著世界，完全顛倒過來了。

剛開始人們把排出的東西積在湖畔，數噸的淤泥形成羽流被推進了水裡，藍色的水變成了白色的漿糊。接著，人們把管子末端移到附近溼地，就在上方溪流的邊緣。九英里溪一定很希望能往上坡回頭，對抗地心引力，重新回到泉水下長滿青苔的清潭裡。但它還是繼續前進，滲進廢棄物層，一路來到湖邊。

去往廢棄物層的雨水也遇上困難。剛開始，因為廢棄物顆粒實在太小，會把水卡在白泥裡。最後重力把雨滴向下拉，穿過六英尺深的淤泥，探出廢泥堆的底部後，來到排水溝而非溪流。穿過白堊土之後，雨水忍不住發揮所長：溶解礦物質，帶走離子以滋養植物和魚群。雨水來到底部時，水已經累積了夠多的化學物質，變得跟湯一樣鹹、跟鹼液一樣具有腐蝕性。「水」，它原本美麗的名字再也不見了，現在的它被稱為「滲濾液」。滲濾液從廢棄物層滲出來，pH 值為十一，跟通樂一樣會灼傷皮膚。一般飲用水的 pH 值是七。現在工程師收集了滲濾液，把它跟鹽酸混在一起以中和酸鹼值，排放進九英里溪後，再流到奧農達加湖裡。

水被騙了。開頭上路時滿是天真無邪，雄心壯志，爾後自己沒犯錯，卻陷入了腐敗。本該是萬物之源，現在卻得散播毒素。既然水無法停止流動，就必須順應而行，善用造物主賜予的天賦。只剩下人還有選擇的機會。

今天，你可以在和平使者划船的湖上開汽艇，從水上望過去，西岸顯得格外醒目，亮白的峭壁在夏日陽光下閃爍，看上去很像多佛白崖（White Cliffs of Dover）。但靠近的時候，你會發現那些峭壁根本不是石頭，而是蘇威化學留下的廢棄物形成的壁面。當船隨著浪上下晃動，可以看見壁面上被腐蝕的溝槽。此外，氣候也來參一腳，將廢棄物混進湖中：夏日陽光蒸得這些廢料蒼白乾脆，風一吹就飛跑；冬天的零下氣溫又讓它們裂成碎片，掉進水裡。那裡明明有一片海灘卻不見泳客，也沒有碼頭，這個亮白廣袤的區域是個充滿廢棄物的平坦平原，多年前一堵擋土牆倒塌後，平原就突然陷落進水裡。表面一層白色處理過的廢棄物遠遠從岸上伸向水邊，但沒有浸到水，平滑的陸棚穿插著一些鵝卵石大小的石頭，在水下矇矇朧朧，不像一般認得出來的石頭。這些是滿布在湖底的核形石，也就是碳酸鈣的沉積物，好比腫瘤般的岩石。

樁基像脊椎一樣穿透水邊的窪地，那是擋土牆的殘跡。生鏽的管子以奇怪角度東一點、西一點探出來，上頭還掛著爛泥。爛泥堆跟蘇威廢料堆交會之處有小小的涓滴，反倒令人想起泉水，但冒出的液體似乎比水還黏稠些。越往湖邊，乾掉的小溪沿線還有些夏日浮冰，那是鹽的結晶，底下的水像冬末融化的溪流一般冒著泡泡。每年廢棄物填埋地不斷漂出鹽份進入河裡，繼蘇威化學公司之後，後來的聯合化學公司（Allied Chemical Company）歇業之前，奧農達加湖的鹽份是九英里溪源頭的整整十倍。

鹽份、核形石和廢料阻礙了札根水生植物的生長。湖泊依賴沉水植物行光合作用產生氧氣，沒有植物，奧農達加湖的深處便會缺氧；少了水裡的植被，魚、青蛙、昆蟲、白鷺——也就是整個食物鏈——都會失去棲地。不過，雖然根固著性水生植物長得不好，奧農達加湖上的浮游藻類倒是生機盎然。數十年來，城市汙水裡大量的氮和磷使湖泊充滿營養，促進了藻類生長。藻華覆蓋住水體表面，然後死去、沉入湖底，腐敗後更加耗盡水裡稀少的氧氣，湖水漸漸聞起來像夏天被沖到岸上的死魚。

這裡還活下來的魚，你或許不該吃。一九七〇年，此湖因為水銀濃度過高而禁止釣魚。據估計，一九四六到七〇年代間，有六萬五千磅的水銀被排放到奧農達加湖。聯合化學利用汞極法以當地的鹽水來製造工業用的氯氣。水銀廢料毒性極高，卻被隨意棄置在湖裡。當地人回憶說，那時小孩可以靠「回收」水銀賺到不少零用錢。老人家告訴我，可以帶著一根湯匙去廢棄物層那邊，舀起地上亮晶晶結成球狀的水銀，小孩會用舊罐子裝滿水銀，回賣給公司，可以賺到一張電影票錢。一九七〇年代，排入湖裡的水銀量急速減少，但原本的水銀還卡在沉積物裡，一但甲基化[53]就會透過水生食物鏈循環。如今這湖裡，估計還有七百萬立方碼的沉積物受到水銀汙染。

採樣核鑽進湖底，切過淤泥和一層層排出的氣體、油和黏呼呼的黑泥。針對這些採樣核的分析，顯示有高濃度的鎘、鋇、鉻、鉛、苯、氯苯、混合二甲苯、殺蟲劑和多氯聯苯。沒有什麼昆蟲，也沒什麼魚。

一八八〇年代，奧農達加湖的白鮭遠近馳名，新鮮的魚被裝在冒著熱氣的大淺盤，配上鹽水煮過的馬鈴薯。湖畔的高級餐廳門庭若市，觀光客有的來賞景，有的到遊樂園玩，也有禮拜天下午來鋪開墊子野餐的。一輛台車載著乘客來到沿岸的豪華飯店，知名的渡假勝地白沙灘（White Beach）最大的特色就是一座長長的木造溜滑梯，上頭掛著一串串散發熠熠光芒的煤氣燈。遊客會坐在輪車裡，呼地衝下斜坡，撲通一聲掉進底下的湖裡，業者保證「男女老少咸宜，最刺激的浸泡體驗」。但一九四〇年此地已經禁止游泳。美麗的奧農達加湖，曾經在人們說到它時，語氣裡帶著驕傲，但現在幾乎沒什麼人談它了，好像某個家人的離世是件可恥的事，再也不願提起它的名字。

你可能以為這樣的毒水會近乎透明，裡頭沒什麼生物，但有些區域的水幾乎是不透明的，帶著一團黑色的泥沙。水之所以混濁，是因為有條泥濘的河口浮流從另一條支流奧農達加溪

53 譯注：汞的甲基化（methylated）乃指環境中的無機汞在水體中經由微生物的作用，轉化為毒性更大的甲基汞的過程。

（Onondaga Creek）流進湖裡。這條溪從南邊、塔利谷（Tully Valley）之上的高高山脊、從森林、農田和氣味香甜的蘋果園一路流過來。

泥水通常來自於農地的逕流，但這裡的泥巴是從下面來的。流域的上方是塔利泥潭（Tully mudboils），像泥火山一樣噴發後流進溪裡，給下游帶來數噸鬆軟的沉積物。關於泥潭的地質成因是否自然，有著不同的論點。奧農達加族的長輩記得，不久前，奧農達加溪流經部落時還非常清澈，族人光靠燈籠的光就能夠鏢到魚。溪裡本來沒有泥巴，後來上游開始挖鹽礦，一切就變了。

工廠周圍的鹽井耗盡之後，聯合化學公司運用水溶採礦法，以開發上游源頭的地下鹽礦床。工廠將水打進地下礦層，使它們溶解，再抽取鹽水送到幾英里之外的谷地給蘇威化學的工廠。鹽水的管路經過奧農達加族剩餘的領地，但裂開的管線汙染了普通的井水，最後溶解的鹽丘在地底下崩解產生了孔隙，地下水因為高壓而噴出。新生的自噴井形成泥潭，向下流之後進入河流，變成沉積物。這條溪曾是大西洋鮭的漁場、孩子們游泳的水塘、群體生活的中心，現在卻成了巧克力牛奶似的咖啡色。聯合化學和後來接手的人拒絕承認是他們造成了泥潭，推說是上天的安排。什麼樣的神會這麼做呢？

水身上的這些傷，就跟塔多達荷頭髮上的蛇一樣多，而且要先有辦法名之，傷才能夠被清除。奧農達加的傳統領域從賓州邊界起始，北至加拿大，有著多樣的林地、遼闊的玉米田、清澈的湖泊和溪流，數百年來支持著原住民的生活。這片原始領地也包含了現今的雪城，以及奧農達加湖的神聖湖畔。奧農達加族和土地的權利關係由兩個主權國間的條約來保障，這兩個主權國就是奧農達加部落（Onondaga Nation）和美國政府。但水比美國政府更忠於自己的職責。

在美國獨立戰爭期間，喬治・華盛頓（George Washington）指揮聯邦軍隊趕走所有的奧農達加人，過去成千上萬人的部落在一年之間只剩幾百人；之後也沒有一項條約說話算話。紐約州搶地的結果，奧農達加族的領土只剩下四千三百英畝的保留區。現今奧農達加族的領地根本沒比蘇威廢棄物填埋地大上多少。此外，對於奧農達加文化的攻擊也沒少過。家長千方百計不讓孩子被印第安人事務官發現，但孩子們還是被抓起來送到像卡萊爾這樣的寄宿學校，用來表達《和平大法》的語言全部被禁，傳教士被派遣到部落，告訴族人說尊崇男女平等的母系社會是有問題的。長屋民族的感恩儀式，跟用來維持世界的平衡的儀式，全都被法律禁止執行。

奧農達加人眼睜睜看著家園崩壞，但從沒有放棄照顧土地的責任，依然維持禮敬大地的儀式，努力保持彼此的連結。他們依據《和平大法》的準則生活，相信若要回報大地之母賜予的禮物，人類有責任照顧非人類族群，也必須好好經營土地。只不過，奧農達加人對他們的傳統領域並沒有土地所有權，想保護也沒辦法。他們只好束手無策地觀望，眼看陌生人埋沒了和平使者的足跡，想要守護的植物、動物和水一年比一年減少，但是和土地的盟約卻永遠不滅，就好比湖上方的泉水，族人們就只是繼續做他們該做的，不管下游如何變化。奧農達加人繼續向大地獻上感恩，就算這片土地對他們來說已經越來越沒有什麼可感謝的了。

歷經幾個世代的悲傷和失落，但力量不曾消失——奧農達加人並沒有投降。他們始終保持信念，傳統教導還在，律法也還在。奧農達加族在美國的原住民部族中是個稀有案例，他們的傳統政府從未屈服，也從未放棄認同，或讓主權地位被妥協。起草聯邦法的人大概忘了自己寫過什麼，但奧農達加族依然遵照《和平大法》過日。

悲傷終於化為力量，二〇〇五年三月十一日出現了公開的復興運動，奧農達加部落在聯邦法庭上提出申訴，希望重獲過往家園的土地所有權，恢復照料世界的責任。長者逐漸老去，新生兒漸漸長大，部落的人一直夢想能夠收復傳統領域，但於法無據。數十年來，正義的殿堂對他們緊閉大門。隨著司法風氣轉向，原住民向聯邦法庭提出訴訟逐漸被接受，其他長屋部族也申訴要收復失土。最高法院支持訴訟的內容，裁定長屋民族的土地是被非法奪取，導致族人受盡委屈。「購買」印第安人的土地屬不合法行為，跟美國憲法牴觸。雖然紐約州被命令要達成和解，但協商補救和賠償的過程卻困難重重。

有些部落協商以現金賠付、土地收益或賭局來沖抵土地權，以擺脫貧窮的困境，也確保能在遺留下來的領土上延續本來的文化；有些部落則企圖從有意願的賣家手上買斷、跟紐約州進行土地交換，或者威脅個別地主說要提告，想收回原有的土地。

奧農達加部落採取了不一樣的方法。他們按照美國法律來爭取土地權，但其道德力量卻來自《和平大法》的指引：一切作為，皆需維護和平、自然世界和後代子孫。奧農達加人不說自己在爭取土地所有權，因為在他們的心中，土地不是商品，而是禮物，是維繫生命的事物。希爾（Tadodaho Sidney Hill）曾說，奧農達加部落永遠不會把人們趕出家園。奧農達加人深知流離失所的痛苦，所以不願讓鄰居也承受這份苦楚。他們把訴訟當作是一種「土地權運動」，該動議的開場聲明在印第安律法中也前所未見：

> 自古以來，奧農達加族就盼望能為自身及同住在奧農達加部落這片土地上的人帶來療癒的力量。本部落及族人，在靈性、文化、歷史和土地有種獨特的關係，透過Gayanashagowa，也就是《和平大法》體現出來。這種關係遠遠超越聯邦或各州對於所有權、財產和其他法律權利的考量層次，因為奧農達加族人和土地渾然一體，我們把自己視為土地的管理人，部落領導者有責任要療癒、保護之，將之傳給後世的子孫。奧農達加部落代表全體族人採取行動，為的是加快和解的腳步，讓居住在此的人得享永恆的正義、和平和尊重。

奧農達加土地權運動試圖讓法律承認族人的家園，不要趕走他們的鄰居，也不要把地拿來蓋賭場，因為這麼做會對部落生活造成毀滅性的傷害。他們希望取得必要的法律資格，好讓土地復原。只有當他們握有土地所有權，才能確保礦井有被妥善復墾、奧農達加湖被清理乾淨。希爾說：「那時我們只能袖手旁觀，眼睜睜看著大地之母的遭遇，沒人願意聽我們的想法。而土地權運動讓我們有機會發聲。」

被告名單以紐約州為首，罪名是非法奪占土地，導致土地劣化的企業也在起訴之列：一個採石場、一個礦場、一個導致空污的發電廠，還有繼聯合化學之後另一家名字比較好聽的漢威聯合公司（Honeywell Incorporated）。就算不被起訴，漢威也得負責湖泊清理的工作，但說到該怎麼處理污染沉積物，讓湖泊自然恢復生機，各方莫衷一是：是該清淤、掩蓋起來，還是不管它？州政府、地方政府、聯邦環保單位的處理方法樣樣都要錢，湖泊復原計畫的競圖所牽扯到的科學議題非常複雜，每種方案都必須面對環境和經濟的權衡。

經過數十年的拖延，企業果然提出了清理計畫，打算以最少的支出達到最小的效果。漢威協商出方案，準備疏濬、清開污染沉積物最嚴重的區域，然後把這些沉積物掩埋到廢棄物填埋地裡。剛開始或許效果不錯，但那一大塊分散在沉積物裡的污染物質散落到整個湖底，接著進入食物鏈。漢威打算讓這些沉積物留在原地，覆上四英寸厚的沙土，跟生態系的部分隔離開來。雖說隔離在技術上辦得到，但實際執行時，他們是希望覆蓋面積少於湖底的一半，讓其他部分能夠正常循環。

奧農達加族的酋長鮑爾斯（Irving Powless）形容這種作法叫「幫池底貼ok繃」。ok繃處理小傷可以，但你不會用ok繃來治癌症。奧農達加部落要求為聖湖來個徹頭徹尾的大清理，但部落因為不具有湖泊的法定所有權，當權者並不會給部落平等談判的機會。

奧農達加人希望歷史會朝預言所說的發展，就像奧農達加部落從聯合化學的頭髮上把蛇梳開。當其他人還在為湖泊清潔的支出爭吵不休，奧農達加族已經表明立場，採取跟主流相反的作法，強調身心健康比經濟更優先。奧農達加部落土地權運動明確要求徹底清理湖泊，作為一部分的賠償，無法接受任何只做半套的處理。流域裡的其他非原住民也響應療癒湖泊的訴求，形成一個堅實的夥伴關係「奧農達加好鄰居」。

在法律攻防、技術辯證和環境模式之間，重要的是不能失去做這件事的神聖性：要讓這座被嚴重褻瀆的湖泊，重獲水的青睞。和平使者的精神仍縈繞湖畔，族人要爭取的法律行動，不僅是接近土地的權利，還有使用土地的權利，以及活得完整、健康的權利。

族母雪納朵（Audrey Shenandoah）把目標說得很清楚：族人要的不是賭場、不是錢，也不是報復。「我們透過這個行動尋求正義。水的正義；地上爬、天上飛的族群的正義，牠們生活的棲地所剩無幾。我們追求正義，不單為了自己，還為世上的所有生命。」

二〇一〇年春天，聯邦法院就奧農達加部落的訴訟作出裁決，本案被駁回。面對司法盲目不公，該如何繼續？我們要怎麼活出自己的責任，最終得到療癒？

⚹

我第一次聽說這個地方的時候，它早已經沒救了；但完全沒有人知道。這裡被藏得很好，直到有一天那個招牌突然莫名奇妙地出現。

救命

綠色的正楷字體跟一個足球場差不多大，公路旁就可看到。但即使這樣，還是沒有人注意到。十五年後我搬回雪城，我以前在雪城念書，看著那些字褪成棕色，淹沒在熙熙攘攘的路邊。但那個訊息的記憶還在我腦海揮之不去——我得再親眼見見那地方。

某個舒服的十月午後，我沒有課要上。我不太確定怎麼去到那裡，但聽人家說，那個湖藍到你會認不出它是湖。我開車經過露天市集後方，現在這個季節休市，顯得一片荒涼。但在周圍的一條土路上，我發現入口閘門大開，在風中搖啊搖，於是我開了進去。這塊後側空地裡本來可以容納上千個逛市集的人，眼下只有我跟我的車。附近看起來沒有地圖說明圍欄後有些什麼，但有一條勉強算小路的路徑大致向湖的方向，於是我跟著走。雖然四下無人，我還是記得鎖車。我只是要去一下，回來之後還有很多時間去接女兒放學。

這條小路其實只是一條穿過蘆葦叢的輪胎車痕，細長的莖密密地擠成一團，在兩邊都形成一堵牆。我聽說每年夏天的農業博覽會，馬房裡的糞便都倒在這裡。藍絲帶乳牛跟中途大象被掃得乾乾淨淨的欄舍，最後也都進了廢棄物填埋地。市政府後來有樣學樣，載來一車又一車的陰溝污泥，傾倒在這裡。田間雜草叢生，羽狀的種子穗比我高上好幾英尺。大把的蘆葦遮住了我的視線，我看不到湖在哪，方向感盡失。蘆葦莖彼此相互摩挲，迎風搖曳。小路岔開向左又往右，變成一座被牆圍起來的迷宮，看不見任何地標。我感覺自己就像一隻困在蘆葦叢迷宮裡的小老鼠。然後我選了感覺是往湖邊的路，一邊嘟囔希望自己有帶上指南針。

湖畔沿岸有一千五百英畝的土地都成了荒地，以往還可以靠公路傳來的聲音辨識方向，現在連這些聲音都被蘆葦的沙沙聲給蓋掉了。一陣狐疑爬上我的後頸，我是不是不該單獨來這種地方？但我叫自己別怕，連個人影都沒有，還有什麼好擔心的？誰會來這種鳥不生蛋的地方？大概只有另一個生物學家，那我倒是樂意碰上。不然，可能就只有來蘆葦叢棄屍的斧頭殺人魔，果真如此，那屍體大概永遠找不到了。

我跟著這條蜿蜒彎曲的路前行，終於瞥見寬葉白楊的樹頂，從遠處就能聽見它葉子的聲響，絕不會弄錯，那是個受歡迎的地標。又一次在小路上彎身下來，我看見了樹的全貌，那是一棵巨大的寬葉白楊，枝繁葉茂地開展在路的上方，最低的枝幹上掛著一個人的身體，旁邊有個空空的繩索在風中搖來擺去。

我尖叫著跑起來，整個人驚慌失措，撞進重重包圍的蘆葦。我心臟怦怦跳，不管三七二十一跑了又跑，然後遇到了恐怖電影裡必出現的死路，眼前正是恐怖片的場景造型，劊子手戴著黑頭套、手臂肌肉結實，還有一把滴著血的斧頭。一個女人的屍體被搭在砧板上，她的金色鬈髮從被砍下來的頭部流瀉而下。我動都不敢動，他們也是，動也不動。

灌木叢被砍出一個小空間，形成一個蘆葦牆包圍的空地，像是博物館的情境模型裡謀殺案現場的真人尺寸記號。我一身冷汗，終於鬆了一口氣。那雖然不是屍體，只是這古怪想像成為觸手可及的存在，但也只比真正的屍體稍微好一點。更糟的是，我完完全全迷路了，當下只想趕快出去，尤其還得去接校車上的孩子。一想到她們，我冷靜下來，盡可能躡手躡腳地前進，以免被我想像出來的殺人魔給發現。

找路出去時，我遇上幾個蘆葦叢裡劈出來的空間：一間模擬監獄牢房，裡面有張電椅；一間病房，病人穿著拘束衣，護士看起來不懷好意；最後是一個開蓋的墓穴，長長指甲的住客正從裡面爬出來。再穿過一大群詭異的蘆葦叢，小路又接回停車場。燈柱照出斜長的影子，我的車就停在路另一邊的盡頭。我在口袋裡摸找鑰匙。還在，也許還趕得上。看不出來大門此刻是開還是關，我回頭看最後一眼，路旁的地上被釘了一個招牌，字跡還很清楚：

蘇威獅子會
夜遊試膽馬車行
十月二十四至三十一日
晚上八點至午夜

我笑自己太蠢，又忍不住想哭。

蘇威廢棄物填埋地來作為恐怖探險的地點，多麼適合啊！我們真正該怕的不是鬼屋裡、而是鬼屋下的東西。厚達六十英尺的工業廢棄物蓋在土上，毒素一點點滲進奧農達加湖和五十萬人的家園——死亡來得比斧頭揮下來還慢，但一樣可怕。劊子手的臉被遮住了，名字卻如雷貫耳：蘇威化學公司、聯合化學染料公司、聯合化學公司、聯合信號公司，現在是漢威聯合公司。

對我來說，比起殺人這件事，更可怕的是容許殺人的心態：覺得把毒物倒進湖裡沒關係。不管這間公司是誰，決策桌的後面是一個個的人，那個帶著兒子去釣魚的爸爸就是決定把湖底填滿爛泥的人。是人類一手造成了這一切，而不是面貌模糊的企業。沒有人威脅他們，他們也非環境所迫才這麼做，只是在商言商。這個城市的人容許這樣的事情發生。蘇威的員工受訪的說詞千篇一律：「我只是做好我的工作。我有要家養，沒工夫擔心廢棄物堆裡發生了什麼事。」

哲學家梅西（Joanna Macy）描寫我們為自己創造出一種「無知覺狀態」，如此就可以不用正視環境問題。她引用心理學家克里夫頓（R. J. Clifton）的話，克里夫頓專門研究人類對大災難的反應：「壓抑我們對災難的本能反應，其實是我們這個時代的一種災難。拒絕承認這些反應會導致危險的分裂感，將我們的心智活動與生命中種種的直覺、情感和生物互動分隔開來。那種分裂感使我們懷抱消極的態度，默默迎向自己的死亡。」

「**廢棄物填埋地**」（Waste beds）——整個新生態系的新名字。**廢棄物**（waste）作為名詞，是用來指稱「剩餘殘渣」、「廢料或垃圾」、「如排泄物之類，由生物體產出但無法被使用的物質」；更當代的用法是「無用的產品」，被拒用或丟棄的工業材料。因此，荒地（wasteland）就是被拋棄的土地。作為動詞，英文 to waste 指的是「使有價值的事物變得無用」、「減少、逐漸消失、浪費」。我很好奇，要是我們不把蘇威集團製造的廢棄物藏起來，而是立個牌子在公路旁，歡迎大家來湖邊體驗「被工業廢料耽誤的土地」，社會大眾對這些廢棄物的觀感會不會有所不同。

土地遭受破壞，通常都被視為發展過程中附帶的傷害。但回到一九七〇年代，紐約州立大學環境科學與森林學院的諾姆．理查茲（Norm Richards）教授決定著手進行一場廢棄物填埋地生態失衡的研究。既然地方官員漠不關心，「旋風諾姆」（Stormin' Norman）只好親自下海。他也走在我多年後走的這條小路上，偷偷溜進沒有圍籬的湖畔，卸下游擊用的園藝工具，接著把後院草坪用的播種機推到面對公路的廢棄物填埋地長坡上。他推著裝草籽的袋子和肥料規律地來回走動，往北二十步，往東十步，然後再往北。幾個禮拜後，「**救命**」兩個大字就寫好了，光禿禿的坡地上出現了長達四十英尺長草的字。這一大塊荒地本可大書特書，但只寫一句話是最正確的作法。這塊地已經遭到脅持，被五花大綁，沒辦法自己說話。

⁂

廢棄物填埋地並非什麼新鮮事。起因跟污染物質各處皆不同，但都可稱為傷痛之地，令我們時刻掛心煩憂。問題是，接下來該怎麼辦？

我們可以選擇恐懼和絕望，就算我們有辦法記錄下每個面臨生態滅絕的恐怖畫面，還是永遠不缺把環境災難當作馬車試膽夜遊的素材，而且繼續製造各種環境悲劇的場景，包括單一栽培外來入侵植物的溫室，或是在美國污染最嚴重的湖邊。那些沾了油污的鵜鶘也有人看過，別忘了還有皆伐林山坡上的電鋸謀殺行為，造成坡地被沖刷到河裡，以及那些受難、瀕絕的亞馬遜靈長類動物的一具具屍體。大草原被鋪路蓋成停車場，北極熊在融化的浮冰上舉步維艱。

面對如此景象，除了悲傷和淚水，怎可能還有其他感受？梅西寫道，除非你我真的為所身處的這個星球傷心，才算真正的愛它——悲傷象徵靈性上的健康。但光為失去的河山哭泣還不夠，我們得身體力行，才能讓自己真正好起來。即使世界受了傷，也還是繼續哺育我們；即使世界受了傷，也依然帶給我們歡樂時光。因此我選擇喜悅，而非絕望。不是要逃避現實，只因喜悅是土地日日所賜，我必須回報這份禮。

我們已經接收到太多世界如何被人類殘害的消息，但幾乎沒聽說該如何照料它。這也難怪環境主義漸漸跟殘酷的預言和無力感劃上等號。我們想對世界釋出善意卻處處碰壁，明明該採取行動，反倒滋生絕望。人類理應照顧土地的健康，但我等角色卻不復以往，人和土地之間互相照應的關係化成了「禁止靠近」的標牌。

當我的學生得知近期發生的環境危害，都會立刻奔相走告。他們說：「要是人們知道雪豹瀕臨絕種」、「要是人們知道河流快要乾涸」、要是人們知道……那又如何？他們會停手嗎？我很敬佩學生們對人類的信心，但目前這個「如果……就」的公式一點也不管用。人們的確知道集體破壞的後果，也確實知道榨取式經濟的代價，但還是沒有就此罷休。他們變得憂鬱、沉默，以至於連要保護環境，想辦法讓環境能繼續供他們吃、供他們呼吸、供他們為孩子想像一個未來，都擠不進生活中的優先順位。毒廢棄物掩埋場的馬車夜遊、融化的冰山、一連串的末日預言——以上種種，都只會讓聽者陷入絕望。

絕望使人癱瘓，奪走我們的行動力，使我們忽略了自身和土地的力量。對環境感到失望，就跟奧農達加湖底的甲基汞一樣戕害身心。但我們怎麼能在土地大喊「救命」時，繼續任憑信心崩潰？復育行動是對治絕望的好辦法，提供具體措施讓人類重新跟人類以外的世界建立積極且創造性的關係，同時承擔起物質上和精神上的責任。光是悲傷還不夠，光是不做壞事也不夠。

人類已經享受過大地母親為我們精心準備的盛宴，現在桌上杯盤狼藉，用餐的空間一團亂，是時候到大地母親的廚房來洗碗了。洗碗一向不太受歡迎，但曾經在飯後移駕廚房的人都知道那裡是充滿歡笑的地方，可以好好聊天，享受彼此的陪伴。洗碗就跟復育工作一樣，能夠建立關係。

當然，我們如何進行土地復育，端看怎麼定義「土地」。倘若我們視之為不動產，相較於把土地當作生存的經濟來源和心靈的家，所採取的修復行動就會非常不同。為了利用自然資源而修復土地，跟為了文化認同而讓土地重生，是完全不同的兩回事。我們得想想土地對我們的意義。

關於這個問題和其他思考，也可以藉由蘇威廢棄物填埋地表現出來。在某種意義上，廢棄物填埋地的「新」土地就像一塊乾淨的石板，在「救命」訊息出現之後，陸續有人在這石板上寫字表達想法，四散在廢棄物填埋地的各處，令人聯想到馬車試膽夜遊團的場景。要是有機會到奧農達加湖畔來趟小旅行，便可一窺土地的意涵，同時理解土地復育大概是怎麼回事。

第一站應該要先來看那塊空白的石板，黏膩灰白的工業淤泥被傾倒在過去綠草如茵的湖畔。某些區域還是跟淤泥剛排放出來時一樣光禿禿的，是一片白堊石形成的沙漠。這裡的情境模型應該要安插一個正在放置排水管的苦力人偶，身後有個穿西裝的男子。第一站的指標牌大概是「土地即資本」。倘若土地只是一種賺錢手段，這幾個傢伙真的是幹得好。

理查茲喊出**救命**差不多是一九七〇年代。要是養分和種子就能夠讓廢棄物填埋地變綠回綠地，雪城已經做了現成的示範。把污水污泥排進廢棄物填埋地的階地，其養分供植物生長，也藉此處理掉淨水廠排出的廢水，最後導致的結果就是開卡蘆惡夢：入侵種蘆葦密集生長，高度達十英尺，排擠掉其他物種生存的機會。遊程第二站，指標牌寫著「土地即財產」。假如土地只是私人財產，一個「資源」寶庫，那麼你便會為所欲為。

還不到三十年前，收拾自己的爛攤子也算有負起責任——反正就是把土地當成垃圾桶。按照政策規定，因採礦或工業受損的土地必須要種植被，憑著這種治標不治本的方法毀掉一整片森林裡兩百多個物種的礦業公司，只要在礦渣堆上種植苜蓿，再加個灑水器跟施肥噴霧，就算盡到法律責任了。只要聯邦調查人員來檢查過、簽個名，這間公司就可以掛上「任務完成」的布條，然後把灑水器關掉，一走了之。植被消失的速度跟公司高層落跑的速度有得比。

幸好，理查茲等科學家和一群人想到更好的主意。一九八〇年代早期，我還在威斯康辛大學念書，夏天晚上我會跟年輕的喬丹（Bill Jordan）一起散步穿過植物園小徑，植物園裡的廢耕農地已經形成一群群自然生態系，算是向李奧帕德（Aldo Leopold）的建議致意：「修補守則第一條，就是要把所有的碎片先撿起來。」同時，像蘇威廢棄物填埋地這種地方遭受的破壞終於被大眾知曉，比爾設想了一套完整的復育生態科學，生態學家運用他們的技術和哲學來治癒土地，期望恢復自然地景，而非將大面積的植物群加諸其上。他沒有向絕望屈服，沒有將想法束之高閣，他成為「生態復育學會」的推手和創辦人。由於他的努力，新的法規和政策都要求遵照復育的概念：復原的場址不只要看起來自然，生態功能也要完備。美國國家科學研究委員會如此定義「生態復育」：

> **恢復生態系到一個接近它原來非受干擾的狀態。在復育過程中，資源受生態破壞的狀況能有所改善，重新建立生態系的結構和功能。僅是重建形式而沒有恢復功能，或者重建的功能是在人工配置的狀況下，跟自然資源沒有相似之處，都不能算是復育。真正的目標是要模仿自然。**

接著，大夥應該回到遊園馬車上，準備往第三站瞧瞧復育實驗，去看土地的另一種面貌跟土地意義的其他詮釋。從遠處就看得見粉白底襯著鮮綠色的地塊，像草原般迎風搖曳，還聽得見風吹過柳樹的聲音。這個情境的名稱或許叫作「土地即機器」，裡頭有工程師和森林管理員等假人正在操作機器。他們站在一台割草機飢餓的鉗口跟一片無窮無盡的灌木柳前，這片林地跟開卡蘆一樣茂密，物種也沒有比較多樣。他們的目標是要重新建立結構，尤其要使功能恢復，以達成特殊的目的。

這麼做的用意，是要利用植物作為解決水污染的工程方案。雨水從廢棄物層被過濾出來，累積了高濃度的鹽分、強鹼和其他眾多化合物，直接就流進湖裡。柳樹吸水能力最佳，水份會蒸發進大氣中。於是柳樹被當作綠色海綿，就像一台活機器，能夠在雨水進入淤泥之前就把它們攔截下來。柳樹的另一個好處是可以定期修剪，用來作為生質燃料發酵槽的木本原料。運用植物來推動「植物性污染整治」的前景很被看好，但柳樹就算意義再好，單一種植行為也不太能稱得上是真正的復育。

這種解決方案屬於機械論的自然觀，認為土地是一架機器，人類是機器的操控員。根據這類化約式、物質主義的範型，針對問題採取應對的工程方案是很常見的。但倘若我們以原住民的觀點來看待世界呢？生態系並不是一部機器，而是一群獨立的生命，是有意識的主體，而非物品。另外，假如各個生命都是各自的操控員呢？

接著，我們該爬回乾草車，往下一個點前進。只有接下來這個地點沒有清楚的標示，它們散布在歷史最悠久的湖岸掩埋場周邊，形成雜亂的植被。第四站的復育生態學家不是學院裡的科學家或企業工程師，而是經驗最老道、歷練最豐富的土地治療師，也就是植物本身，出身於「自然之母和時光之父設計有限公司」。

經歷過多年前那次意義重大的萬聖節郊遊，我在廢棄物填埋地感到非常自在，喜歡到處逛，觀察進行中的復育行動。我再也沒遇到過另一具屍體，但那也是問題之一。當然，屍體有助於培育土壤、延續養分循環以促進生長，但這裡的「土」卻是白上加空。在這個天寬地闊的廢棄物填埋地，不見任何生命之物，卻依然存在著具有療癒力量的老師——樺樹、赤楊、大蕉、香蒲、苔蘚和柳枝稷。在最貧瘠的土地上，在我們造成的傷口上，植物都沒有不理我們，反而自己來到眼前。

幾棵勇敢的樹已經先紮穩腳跟，通常是能夠耐受土壤環境的寬葉白楊和白楊樹。另外還有幾叢灌木、幾群紫菀花和一枝黃花，但最多的還是一堆凌亂的路邊野草。倒是風吹來的蒲公英、豚草、菊苣和野胡蘿蔔長得不錯。擅於固氮的莢豆為數眾多，以及各種類型的三葉草都來盡一份心力。對我而言，那片綠野充滿了各式各樣的生存掙扎，象徵著一種和解。植物是最先到來的復育生態學家，牠們運用自己的天賦來修復這片土地，給我們指出一條明路。

想像看看，幼苗從種皮裡冒出來後，竟遇上一個廢棄物堆形成的棲地，而且還是歷代的植物祖宗都沒遇過的，它們會有多驚訝。多數幼苗因為旱災、鹽分、陽光曝曬或養分不足而死亡，只有少數撐了過來，拚盡全力活下去。尤其是草。我把鏟子挖進草地底下時，發現了不一樣的土。廢棄物底下不是純白濕滑的土壤，而是深灰色，用手指就可以揉碎，且土坨間盤根錯節。土的顏色變深，是因為混入了腐植質，廢棄物被轉化了。再往下幾英寸又是密實的白土，但這個表層帶來了一點希望。植物在努力執行它們的任務，想辦法重建整個養分循環。

你要是跪下來，就會看到螞蟻窩，體積不超過一個二十五分硬幣。洞口周圍的土堆，土都是顆粒狀，顆顆跟雪一樣白。螞蟻靠著微小的下顎骨，一粒粒把下方的廢棄物搬上來，再把種子和葉子碎片搬下去進入土壤深處，來來回回。草餵螞蟻吃種子，螞蟻餵草吃土。它／牠們彼此交換生命，懂得緊密相依，知道個體的性命得仰賴全體。一片又一片葉子，一條接一條植物的根，樹木、莓果、草都加入行列，鳥、鹿、蟲子也來了。世界於焉形成。

灰樺樹陸陸續續從廢棄物層上長出來，它們隨風來到，毫無懸念，然後偶然埋靠在水坑裡冒著泡的念珠藻的膠狀凝塊上。樺樹被念珠藻透明的黏液包圍，依靠藻類產生的氮素生長，現在長成此區最大的樹種，但它們並不寂寞，因為幾乎每棵樺樹底下都有小灌木，那不是隨便什麼路邊的灌木種，而是會結果的：歐洲酸櫻桃、忍冬、沙棘、黑莓。這些灌木幾乎都沒有長在樺樹之間廣袤的土地上。果樹呈現裙帶狀分布，表示有鳥經過廢棄物填埋地上方時停在樹上，將吃下肚的種子排泄到樺樹底下。更多的果子吸引了更多的鳥，然後排出更多的種子，餵飽了螞蟻，如此循環下去。類似的互惠模式在這整個區域屢見不鮮，這也是我敬重此地的原因之一：你會在這裡看見新生命，以小規模漸進的方式，慢慢建立起生物群。

廢棄物填埋地變得更綠了。就算我們不知道該做什麼，大地就是曉得。我希望這片廢棄物填埋地不要完全消失——我們還需要它們來點醒我們，想想自己還可以做些什麼。我們還有機會向它們學習，了解自己是自然的學生，而非主人。最優秀的科學家懂得如何謙虛聆聽。

我們可以把這個場景命名為「土地即老師，土地即治療師」，植物和自然演化全然受到土地的支配，土地確實為我們帶來源源不絕的知識和生態觀。人類造成的破壞創造了全新的生態系，而植物已經逐漸適應，為我們示範如何讓傷口癒合，證明植物的巧妙和智慧，非人類所能為。希望我們足夠明智，讓植物繼續它們的工作。復育行動給我們攜手合作，讓人類也能貢獻一分心力。我們的工作還沒完成。

就在過去幾年，奧農達加湖出現了一線生機。工廠陸續關閉，流域附近蓋了更好的污水處理廠，水回應了關懷者的心意。湖泊恢復有目共睹，溶氧漸漸增加，魚也回來了。水文地質學家將泥潭的流向做了一些調整，減輕了湖泊的負擔。工程師、科學家、社運人士都為水發聲，努力發揮人類的聰明才智。水也盡了本分，由於流進來的東西變少，湖泊和溪流似乎藉著波波水流展開了自我淨化。某些地方的植物開始在池底生長，鱒魚再度出現在湖裡，水質的大幅改善還上了頭條新聞。有人在北岸看見一對老鷹。水沒有忘記自己的責任，它在提醒我們，水能啟動自身的療癒力量，人類也能。

水的淨化能力非常可觀，可見未來有更重要的工作要做。老鷹出現似乎代表牠們信任人類，不過牠們接下來要是一直從受傷的水裡捕魚，會怎麼樣呢？

緩慢增生的各種雜草可說是復育行動中的合作夥伴。它們逐漸建立生態系的結構和功能，慢慢創造出營養循環、生物多樣性和成土作用等生態系服務。當然，在自然系統裡，沒有什麼比繁殖增生更重要的了。相比之下，專業的復育生態學家的目標則是要盡量恢復成「參考生態系」，也就是遭受破壞之前的原始狀態。

自願參與演替的群落在廢棄物填埋地上頭繁衍，算是「歸化」，但不算原生種。只不過，不太可能出現奧農達加部落古早時代的植物群，最後也不會恢復成原本的樣貌、長回過去曾經長在這裡的植物，那時還沒有大煙囪，聯合化學更是連八字都還沒一撇。工業污染造成巨大的改變，在沒有其他援助的情況下，復育雪松沼澤和野米田或許不太可能。我們可以信賴植物會做好它們的部分，但除了那些被風吹來的志願者，新的物種還是沒有辦法通過公路和大片的工業土地。自然之母和時光之父應該找個誰來推一把。接著，幾個勇敢的人站出來了。

在這種環境，可以長得好的植物群落都是那些耐鹽和耐濕「土」的，很難想像會有哪個原生種的參考生態系可以存活下來。但殖民時期以前，湖周邊有鹽泉，支持了最稀有的本土植物群之一：內陸鹽沼濕地。利奧波德（Don Leopold）教授和學生帶來了幾台手推車，上面載著已然消失的原生植物開始進行種植實驗，觀察植物存活跟生長的情況，希望催生鹽沼回歸。我到外頭跟這群學生聊天，聽他們講故事，並且看看植物。有些植物死了，有些還在苟延殘喘，有些則生意盎然。

我朝綠意最濃的地方走去，途中一股香氣勾起我的回憶，但不一會香氣就消失了。應該是幻覺。我停下來欣賞一群欣欣向榮的海濱一枝黃花和紫菀花。親眼見到土地的再生能力，讓我們感受到土地的韌性，植物和人共同形成的夥伴關係充滿了各種可能。利奧波德教授的工作很符合復育的科學定義：建立生態系的結構、功能，並形成生態系統服務。我們應該要讓這片新生的原生草原成為下一個馬車遊園的景點：第五站，指標牌寫著「土地即責任」。這項工作為我們非人類的親屬創造適合的棲地，復育的意義又更上一層樓。

不過，儘管植被重建頗有展望，還是不夠全面。我跟手上拿著鏟子的學生們談話時，他們很得意能夠參與種植工作。我問他們為什麼想來參與這件事，聽到的答案是「想要搜集足夠的資料」、「希望想出解決方法」和「可以當論文題目」。沒有人提到愛。也許他們是在害怕。我經歷過太多次論文口試時，學生因為用「**美麗**」這種不科學的詞彙來形容他們研究了五年的植物而遭到奚落。「**愛**」這個字眼也不可能出現，但我知道的確有愛存在。

那陣熟悉的香氣又拽住我的袖子。我往上看向那片亮眼的綠幕，帶著光澤的葉片在陽光下閃爍，像個好久不見的老友正對我微笑。是她——茅香草——長在我根本意想不到的地方。但我早該知道的。根狀莖暫時伸入淤泥，纖細的分櫱大大地岔開，茅香草是一位擁有療癒力量的老師，是慈悲與同情心的象徵。她提醒我，真正毀壞的不是土地，而是我們跟土地的關係。

想要治療大地，復育行動是當務之急，但互惠關係才是長遠順利復原的關鍵。生態復育跟其他有意識的努力一樣，可算是一種互惠的方式：人類對一直供養著自己的生態系負起照顧的責任。我們修復大地，大地也修復我們。作家豪斯（Freeman House）告誡眾人：「我們會一直需要科學的洞見和方法，但要是我們允許復育行動被科學領域獨霸，將會失去它對我們最重要的承諾，如此一來，簡直就是要重新改寫人類文化。」

我們或許無法將奧農達加流域復原到工業化之前的情況。這裡的土地、植物、動物，以及它／牠們跟人類形成的夥伴關係，的確對修復小有貢獻，但最終還是要靠大地自我復原整體的結構、功能和生態系服務。我們或許對參考生態系的真實性有意見，但她自己會決定一切，我們無法控制。我們能掌控的只有跟自然的關係。自然本身是一個不斷變動的目標，在氣候快速變遷的時代尤其如此。物種組成或許會變，但關係將持續存在，這就是復育最真實的一面。對我們而言，最挑戰、也最有價值的任務，便是要恢復懂得尊敬、責任感和互惠的關係。還有愛。

一九九四年，原住民環境網（Indigenous Environmental Network）的聲明說得最好：

> 西方的科學和科技很適合用來表達劣化的程度，不過在概念跟方法上卻有許多限制——那是屬於「頭腦和雙手」的實踐，原住民的靈性則是由「心」來引導頭腦和手……文化要能

存續，必須有健康的土地，人和土地之間必得建立起合理、負責任的關係。傳統的照顧責任有助於維持土地健康，這種作法也應該擴展到復育工作。生態復育跟文化傳承、心靈修復有密不可分的關係，也必然肩負精神上的責任，例如對他人付出關懷、讓世界變得更好。

要是我們能擬出一個復育計畫，所有判斷都從理解土地的多重意義出發，那會如何？土地是養育者。土地是身分認同。土地是雜貨舖和藥房。土地是我們跟祖先的連結。土地是道德義務。土地是神聖不可侵犯的。土地是自我。

我剛來雪城念書時，第一次、也是唯一一次跟一個本地出身的小夥子約會。我們開車出去玩，我問他要不要去傳說中的奧農達加湖，因為我從來沒親眼看過。他不情不願地答應了，開玩笑說這是雪城有名的地標。但當我們到了那裡，他不願下車：「實在太臭了。」他說，而且他難為情到極點，彷彿他就是惡臭的來源。我從沒遇過有人會這麼厭惡自己的家鄉。我朋友凱瑟琳就在這裡長大，她說，每個禮拜她跟家人去上主日學都會經過奧農達加湖畔，路過坩堝鋼鐵製造公司（Crucible Steel）和聯合化學，就連在週日，天空都滿布黑煙，路的兩旁都是一灘灘爛泥。當牧師講到火和硫磺和地獄的硫磺噴氣口，凱瑟琳很確定他說的就是蘇威廢棄物填埋地。她覺得自己每個禮拜都開車經過「死亡之谷」來上教堂。

恐懼和厭惡，人類心中最終極的試膽夜遊——我們性格裡最黑暗的部分在湖邊展露無遺。

人們因為絕望而拒絕面對，斷定奧農達加湖無力回天。確實，要是走在廢棄物填埋地上，你會見到毀滅之手伸進來的痕跡，但也同時可以看見希望：種子落在微小的縫隙，向下探出根系，開始生成土壤。植物提醒我，我們在奧農達加部落的鄰居，所有族人都正面臨不可能的任務，而且各方敵意環伺，身邊的環境跟當初養育他們的沃土也已是天壤之別。但植物和人都活下來了。「植物民族」和「人類民族」還在，也還繼續善盡各自的職責。

儘管奧農達加族遭受無數的法律挫折，但他們沒有放棄這片湖泊，反而想辦法要治癒它，因此提出「奧農達加族願景：許一座乾淨的奧農達加湖」。這份復原的夢想遵循著「感恩語錄」的古老教誨，依序向各種宇宙中的元素致意。此一聲明點出願景，支持湖泊恢復健康，湖和人彼此都得到療癒。這個範例是一種新的全面性療法，稱為生物文化或互惠關係的復育。

根據原住民的世界觀，健康的環境必須完整且慷慨，樂意為夥伴提供支持。土地不被視作機器，而是一群受到敬重的非人類族群，我們人類對其負有責任。復育需要具有不斷更新生態系服務和文化服務的能力。所要改善的關係，其中一項是希望水裡可以游泳，人也不用怕碰到水。修復關係意味著，當老鷹回來的時候，牠們可以安心吃這裡的魚。人們也希望如此。生物文化的復育提高了參考生態系的環境品質，如此一來，要是我們照顧土地，土地也會回頭照顧我們。

復育土地卻不修復關係，最終只會是一場徒勞。照顧好關係，才有機會長長久久，也唯有關係能夠繼續維繫修復後的土地。因此，重新連結人和環境，跟重建水文或清理污染物同等重要。這是給大地的藥物。

⁂

九月下旬的某一天，土方機械正在奧農達加湖西岸進行疏濬工程清除污染底泥，另一群搬土的人卻在東岸忙著跳舞。他們跟著水鼓的節奏轉圈，我仔細觀察他們腳下裝飾著珠子的莫卡辛鹿皮鞋、流蘇樂福鞋、高筒休閒鞋、人字拖鞋、漆皮平底鞋，通通跟著儀式舞蹈一起敲打著地面來禮敬水。所有的與會者都從所來之處裝來乾淨的水，他們對奧農達加湖的希望都寄託在那些容器裡。穿著工作靴的人，裝來了山上的泉水；穿著綠色Converse帆布鞋的人，裝來都市的自來水；穿著粉色和服、底下露出一截的紅色木屐的人，裝來遠從富士山一路流過的聖水，準備為奧農達加湖添上一份純淨。

這場典禮也是一種復育生態學，以水之名，療癒彼此的關係，觸動情感和心靈。歌手、舞者、演說家在湖畔一一登台，呼籲跟水重修舊好。信仰守護者萊恩斯（Oren Lyons）、族母奧黛莉．雪納朵和國際保育運動者珍古德都參與了這場水的盛會，一起慶祝湖的神聖，更新人和水之間的盟約。我們在「和平之樹」從前佇立的湖畔種下了另一棵樹，紀念和湖泊和解的一刻。這也該是復育小旅行的一個站點：第六站，「土地即聖域，土地即共同體」。

自然專家威爾森（E. O. Wilson）寫道，「應該沒有比復育自然、重新編織你我身邊美妙絕倫的繽紛生命，更激勵人心的目標了。」土地一點點地恢復，各種故事漸漸多了起來：河流淤積改善，鱒魚又回來了；受污染的土地轉為社區花園；原本長滿黃豆的地方變成草原；狼群在老地方嚎叫；上學的小孩幫助蠑螈過馬路。如果你看見美洲鶴又出現在牠們過往飛行的路線，卻沒有感到雀躍，那你肯定是沒心沒肺。這些成就確實跟紙鶴一樣渺小而脆弱，但其中蘊含的力量卻能鼓舞人繼續向前。你的雙手發癢，因為你拔除了外來種，重新種下原生種的花；你的手指顫抖，因為你希望炸掉廢棄水壩，讓鮭魚洄游。以上種種，都是緩解絕望之毒的解藥。

梅西形容「大轉向」（the Great Turning）為「我們這時代必不可少的冒險；從追求工業化發展的社會，轉向扶持生命的文明。」修復土地和關係推動了那道轉輪。「為生命發聲的行動會帶來轉化的力量，自我和世界總是互相成就的關係，並非要先開悟或被拯救，才展開行動。人與自然，共生共癒。」

環湖的最後一站還沒完工，但場景已經想好了。到時候孩子們會在湖裡游泳，幾個家庭在一旁野餐。人們熱愛這個湖泊，也願意照顧它，在這裡舉辦各種儀式和慶典。長屋民族的旗幟在星條旗旁飛舞，有人在淺灘上釣魚，收穫豐碩。柳樹撫媚地垂落，枝條上滿滿的鳥。一隻老鷹端坐在「和平之樹」的樹頂上。湖畔的濕地裡有許多麝鼠和水鳥。原生的草原抹綠了整個湖畔。現場的指標牌寫著「土地即家園」。

玉米族與光之族
People of Corn, People of Light

我們跟自然的關係，寫在土地上的比寫在書頁上的更真實，而且永垂不朽。土地記得我們說過的話和做過的事。故事是最有力量的工具，能夠修復土地，也修復我們跟土地的關係。我們需要挖掘地方上的老故事，然後創造新的故事，因為我們不只是說故事的人，還是創造故事的人。所有故事都互相關聯，新的敘事來自於舊的線索。其中，老祖宗的故事正等著我們洗耳恭聽，那就是瑪雅人（Mayan）的創世傳說。

據說天地初開時一片荒蕪，就在神靈和哲人呼喚宇宙之名後，世界於焉成形。語言令世間萬物一一活了起來。但神靈還不滿意，祂們創造的所有美妙生物之中，沒有一個擅於表達。牠們會唱歌、會尖叫，也會咆哮，但誰都沒有聲音可以說出自己被創生的故事，更別說讚頌了。因此神開始著手造人。

神造的第一批人是用泥土塑成，但眾神對成果不太滿意。這群人長得不好看，又醜又畸形。他們不會說話，也幾乎不能走路，自然也不會跳舞或歌頌神。而且又弱又笨又膽怯，沒辦法繁衍下一代，下雨天時就溶解掉了。

於是神再試了一次，想要做出懂得尊敬、感恩、支持和養育他人的優秀人類。祂們用木頭刻了一個男人、用蘆葦的莖髓刻了一個女人。噢，他倆可真好看，肢體柔軟優雅又強壯，還會說話、跳舞、唱歌。他們也很聰明，懂得善用其他植物和動物來達到目的。他們做了很多東西，建了農場、做了陶器、蓋了房子，還編了網子來抓魚。這些人有優異的身體跟心智，加上種種努力，他們繼續繁衍後代，在世界上擴散開來，到處都有他們的一份子。

但過了一段時間，無所不知的神發現這群人的心中缺乏同情和愛。他們會唱歌、會說話，但對他們所得到的神聖天賦沒有絲毫感恩。這群聰明人不懂得言謝，也不會關照他人，危害到其他物種。神打算終結這場失敗的人類實驗，便給世界降下大災難——洪水、地震，更重要的是讓其他物種展開報復。以前沉默的樹、魚和土得以發聲，說出被人類輕視的悲傷和不滿，何況人類還是木頭造出的。樹對人類銳利的斧頭感到憤怒，鹿生氣他們的箭，連陶土做的壺罐都憤恨地抗議自己被隨便燒個不停。所有被濫用的世間萬物集結起來摧毀掉木造的人，以求自保。

神又想試造人類，但這次只用光來造，也就是太陽的神聖能量。這群人刺眼到無法直視，比太陽亮上七倍，美麗、聰明且強而有力。他們懂得很多，自認無所不知，不但不感謝造物主賜給他們的天賦，還自比為神。神靈發現這群光造的人會帶來危險，又想辦法滅了他們。

接著神再一次造人，他們會好好生活在自己創造的美麗世界裡，懷著敬意、感恩和謙遜的心。神把黃色和白色兩籃玉米磨成細粉，加入水攪拌，捏出一個玉米人。他們靠玉米漿為食，噢．這批人都很好。他們會跳舞、唱歌，會使用語言來說故事跟禱告。他們對其他的造物充滿同情心，也有智慧，懂得感恩。神已經學到教訓，不要讓玉米族像他們的前輩光之族一樣目中無人，因此在玉米族人眼前放上一張面紗，讓他們看不清楚，就像用呼吸讓鏡面起霧。玉米族人對養育他們的世界總是心懷尊重與感激——因此他們成為受飽受土地恩澤的民族*。

*改編自口傳。

那麼多種物質中，為何是由玉米族來繼承土地，而非泥人族或光之族？難道玉米造的人其實是另一種神靈？畢竟，玉米不就是光經過關係轉化的結果？玉米的存在仰賴四種元素：地、水、火、風，而且玉米也是關係之下的產物，不僅跟物質世界有關，也跟人有關。源頭的神聖植物創造了人，人創造了玉米，也就是它們的祖先大芻草歷經農業改良的成果。玉米仰賴人類種植並照顧它們，我們的生命也投入在這種「絕對共生」的關係裡。在創造彼此的過程中，幾次嘗試打造一個穩定人格所遺漏的那些特質漸漸長了出來，也就是感恩，和互相照顧的能力。

我熱愛這段勉強稱得上歷史的傳說——講述在很久以前民智初開，人類是玉蜀黍做成的，而且從此以後過著幸福快樂的日子。但在許多原住民的世界觀，時間不是一條河流，而是個湖泊，過去、現在、未來共同存在，「造物」是持續發生的進行式，傳說不僅是歷史也是預言。我們已經成為玉米人了嗎？抑或還是木頭人？難道我們是光造的人，陷在自身力量之中無法自拔？我們跟土地的關係還沒讓我們脫胎換骨嗎？或許這個傳說可以作為一種使用者手冊，讓我們知道自己何以成為玉米一族。它被收錄在神聖的瑪雅文本《波波爾・烏》（*Popul Vuh*）裡頭，此文本不僅只是歷史紀錄。

大衛・鈴木[54]在《長者的智慧》（*The Wisdom of the Elders*）一書提到，瑪雅傳說被視為 *ilbal*——一種珍貴的觀察工具或信念，能看見神聖的關係，他認為這類故事可能帶有矯正的意圖。但即使原住民傳說充滿許多智慧，值得好好聆聽，我也不認為有必要全盤接收。世界不斷在改變，移民文化必須寫下在地方建立的新敘事——也就是新的 *ilbal*，但也要依靠比我們更早來到這世間的長輩所擁有的智慧來調和。

那麼，科學、藝術和傳說如何賦予我們新的眼光，來認識玉米造的人所代表的關係？有人說，一件事就是一首詩。如此，玉米族人就置身一首美麗的詩中，以化學的語言寫成。詩的第一節是這樣的：

二氧化碳加上水，在有光和葉綠素時，進入一個由膜所包覆且非常優美的生命運作機制，產生醣類和氧氣。

換句話說，光合作用的空氣、光線、水憑空結合成為糖份——紅杉、水仙、玉米都是如此。稻草被紡成金子，水變成酒，光合作用連接了無機界和生物世界，使無生命變成有生命，同時產出氧氣。植物賜給我們食物和呼吸的空氣。詩的第二節跟第一節內容相同，但是倒著念的：

醣類和氧氣，進入一個由膜所包覆而且非常優美的生命運作機制，稱為「粒線體」，帶我們瞬間回到出發點——二氧化碳和水。

呼吸作用——讓我們可以蓋農舍、跳舞、說話的能量來源。植物的呼吸讓動物活了下來，動物的呼吸也讓植物繼續存活，你我之間脈息相通。這是一首關於施與受的偉大詩篇，訴說著相互照應如何讓世界充滿了生機。這故事豈不很值得好好言說？惟有人們理解到自己存在

---

54 譯注：大衛．鈴木（David Suzuki）是享有盛名之科學家與環境保護論者，主持多個科學電視節目，如加拿大廣播公司廣受歡迎的電視帶狀節目《萬物之道》（*The Nature of Things*），在世界上多個國家轉播。

於什麼樣的共生關係裡，受到怎樣的支持，才會成為玉米族，懂得感恩和回饋。

世界的種種**集合起來**也是一首詩。光轉成醣類；蠑螈順著地磁磁力線回到古時的池塘；水牛吃草時，牠們的口水讓草長得更高；菸草種子聞到煙味就會發芽；工業廢棄物裡的微生物會分解水銀。這些不都是我們應該知道的故事嗎？是誰留下了這些故事？很久以前故事都是老人家在說，來到二十一世紀，科學家常是第一個聽到故事的。水牛和蠑螈的故事屬於土地獨有，但科學家是翻譯，身負重任，要把這些故事說給世界知道。

只不過，科學家用來說故事的語言，常把讀者排除在外。一味追求效率和精準的結果，導致了科學論文對其他人來說有如天書。而且說真的，對我們同行而言其實也很難。如此要進行環境的公眾對話就很困難，對真正的民主更是不利，尤其是物種間的民主。除非真正「在乎」，不然光「理解」有什麼意義？科學讓我們「理解」，但「在乎」卻要從其他地方來。

我覺得，若要說西方世界擁有 *ilbal*，那就是科學，這說法還滿合理的。科學讓我們看見染色體在跳舞、看見苔蘚的葉片，還有遠在天邊的星系。但科學是跟《波波爾．烏》一樣的神聖信念嗎？科學會容許我們感受世上的神聖嗎？還是它折射出來的光線就是為了要遮掩神聖？只聚焦物質世界卻模糊了精神世界，木頭族就是如此。如果希望變身成玉米族，光有資料還不夠，還得有點智慧。

雖說科學可以是知識的來源和寶庫，科學的世界觀卻經常與生態情懷為敵。在大眾心中，以下兩種意涵實在有必要區分開來：科學實踐，和這種實踐所仰賴的科學的世界觀。科學是一種藉由理性探問來揭露世界的過程，從事科學研究時，隨著認識到越來越多人類世界以外的奧秘，發問者會跟大自然產生一種無與倫比的親密感，而且充滿驚奇和創造力。想了解其他生物的生命歷程，通常表示願意虛心學習，對很多科學家來說，這也是一種深刻的靈性探索。與之對比的是科學的世界觀：某個文化採行了科學的詮釋法，運用科學和科技來強化化約論跟唯物論，以達成經濟與政治目的。我堅信導致木頭族毀滅的信念不是科學本身，而是科學的世界觀，讓他們誤以為能支配和控制一切，以為知識和責任互不相干。

我夢想有個世界能以科學發現為根基，以原住民的世界觀為骨架，就這樣發展下去。在那個世界裡，物質和精神同樣鏗鏘有力。科學家擅長研究物種如何生存，他們所累積的觀察結果，傳達出其他物種生命的內在價值其實跟人類一樣豐富有趣，甚至有過之而無不及。只不過，雖然科學家是最有機會接觸到其他智能生物的一群人，但他們之中似乎很多人以為得到的智慧只歸自己所有，這些人缺乏最基本的品德：謙遜。神試過傲慢的後果，給了玉米族謙虛的特質。惟有保持謙遜，才能從其他物種身上學習。

從原住民觀點來看，人類在各物種共同形成的社會之中，其實是較為次要的存在，被稱為「萬物的小老弟」。身為小弟，我們應該向前輩學習。植物是最先來的，它們什麼大風大浪沒見過。植物長在地上、也長在地下，負責穩定土地。它們懂得怎麼利用光和水製造食物，不只餵飽自己，還夠供養所有生命。植物是群體裡主要的供應者，充分展現慷慨的美德。要是西方科學家能把植物當作老師而非研究對象，要是他們能用這樣的角度來說故事，又會如何？

⁂

許多原住民族都相信，每個人生來就被賦予獨特的天賦，也就是個人獨有的能力，比方說鳥會唱歌、星星會閃耀。不過擁有一份天賦，也等同於一份責任。鳥的天賦若是歌唱，那麼牠就有責任以歌聲迎接每一天，鳴唱是牠所肩負的責任，至於對我們來說，牠的歌聲就是禮物。

如果要問我們的責任是什麼，或許就等於問我們的天賦是什麼？該怎麼運用天賦？玉米族的故事為我們指點迷津，既把世界看成禮物，也要思考我們如何回應。泥人族、木頭族和光之族都不懂感恩，也沒有產生互惠的念頭，只有玉米族意識到自己受到土地的支持，同時身負天賦和責任，因而得到轉化。感恩的心是第一步，但光是感恩還不夠。

其他生物也都各有所長，具有人類所沒有的天賦，例如會飛、會夜視、用爪子撕開樹皮、製造楓糖漿。人類又會什麼？我們或許沒有翅膀或葉子，但人類會說話，語言就是我們的天賦和責任。我越來越覺得，寫作就是在跟活生生的大地互相照應。用字詞記下古老的傳說，用字詞創造新的敘事，故事把科學和靈性一起帶回來，滋養我們這些從玉米變成的人。

附帶傷害
Collateral Damage

車子的頭燈從遠處發出兩道光束射破霧氣，向我們蜿蜒駛來。光線高高低低，告訴我們何時該衝進路上，快手抓起一個軟黑的身軀。光束在凹地與彎道之間時而出現、時而消失，我們也來來回回穿梭，手電筒的光在地上鋪面照出斑斑光點。聽到引擎聲時，我們知道在車子爬上山頂、逼近我們之前，時間只夠再跑最後一趟。

我站在路肩，隨著車子靠近漸漸看清車裡的人，他們的臉被儀表板燈照得有點綠綠的，直盯著我們看，輪胎輾過的水花濺上來。我們目光交會，煞車燈的紅光閃了一下，像司機的腦袋突然靈光乍現。光是人類同胞站在雨中寂寥的鄉間小路邊，就可以傳達想法。我等著他們搖下車窗，詢問我們需不需要幫忙，但他們沒停下來。駕駛往後看，然後加速離開，煞車燈熄滅了。要是車都不願為**智人**停下，我們還能指望他們為了夜間爬過路面的鄰居斑點鈍口螈而停下嗎？

黃昏時分，雨打在廚房的窗子上，谷地低處傳來雁群的叫聲。冬日將盡，我經過火爐邊停下來攪拌一鍋豆子湯，雨衣還披在身上。湯的熱氣氤氳得窗面也掛著一層薄霧。我們很樂意在夜晚降臨前先來上暖暖的一碗。

六點新聞響起，我還埋頭在衣櫃裡，正轉開手電筒。新聞開始了——炸彈今晚落在巴格達。我站在地板中央，兩手都是靴子，一雙紅的一雙黑的。某處有個女人從窗戶探頭出來，但她頭上黑壓壓一片並不是一群回歸的春雁。煙浪在天空中翻滾，房子著火，警報聲大作。CNN 新聞正在報導突襲的次數跟武器的數量，看起來很像棒球賽的數據表。新聞裡的人說，附帶傷害的程度還未可知。

「附帶傷害」是一個防禦性用語，以避免細數飛彈誤炸的結果。這個詞要我們別過頭去，好似人為破壞是自然中無可避免的事實。附帶傷害：以打翻的湯鍋和哇哇大哭的小孩來計數。我感到非常無力，便把收音機關了，叫家人來吃晚飯。洗過碗後，我們套上雨衣走進夜色裡，抄小路開往拉布拉多谷（Labrador Hollow）。

巴格達下起炸彈雨，我們谷地的第一場春雨也降臨了。綿綿細雨穿透森林地表，融化最後一點冬日枯葉埋藏住的冰晶。雪地歷經了漫長的靜默，連水珠滴濺的聲音都像在表示歡迎。對木頭底下的蠑螈來說，第一滴重重落下的雨滴，聽來肯定像春天用指節在牠頭上大力敲門。經過六個月的冬眠，牠慢慢伸展僵硬的肢體，搖了搖冬日完全靜止不動的尾巴，沒幾分鐘後就向上探出鼻子，推開冰冷的泥土在夜色中爬了出去。雨沖掉掛在牠們身上的土，露出光滑的黑皮膚。在雨水的呼喚中，大地漸漸甦醒。

我們在路邊把車停好，聽慣了擋風玻璃雨刷的咻咻聲跟除霧器開到底的運轉聲，下車之後，外頭的寧靜反而如雷貫耳。溫暖的雨落在冰冷的泥土上飄起了地面霧，團團圍住光禿禿的樹，我們的說話聲在霧氣裡變得低沉，手電筒的光散開成溫暖的光暈。

此地此刻的紐約州北部，一群群大雁來臨，代表季節正在轉換，牠們從度冬的地方一路聒噪回到春天的育雛地。同樣壯觀卻不易見到的景象是蠑螈從冬天的洞穴到春池的遷移，牠們會在春池進行交配。春天下了第一場暖雨後，土層裡濕透的雨水溫度超過華氏四十二度（約攝氏五度），森林地表窸窸窣窣地騷動起來。所有蠑螈集體從藏身處立起身子朝外頭的空氣眨了眨眼，接著動身上路。除非下雨的春夜你人正好在濕地邊，否則幾乎不可能見到這種動物蜂擁而出的畫面。蠑螈有夜間移動的習性，藉此躲開天敵，雨水能幫助牠們保持皮膚濕潤。數以千計的蠑螈一起移動時，看起來很像一群行動緩慢的水牛；而且蠑螈跟水牛一樣，數量年年減少。

拉布拉多埤塘（Labrador Pond）跟附近的五指湖（Finger Lakes）一樣，都位在V型山谷的底部，側邊是上次冰河期留下的兩面陡坡。被樹林覆蓋的山坡在池塘處轉彎，像是碗緣的兩邊，將森林裡的兩棲動物集中送到池塘水域週邊。但牠們的移動路徑卻被一條蛇行穿過谷地的馬路給打斷，這個埤塘和周圍山丘屬於受保護的州立森林，但這條路卻完全通行無阻。

⁜

我們走下荒地，手電筒來回照著鋪築過的路面。蠑螈不是惟一在夜間移動的生物，木蛙、牛蛙、青蛙、豹蛙和蠑螈都聽到了這聲呼喚，準備進行牠們的年度旅程。另外，蟾蜍、雨蛙、紅色水蜥和大批樹蛙蠢蠢欲動，想要交配。路上熱熱鬧鬧，滿是各種跳來跳去的生物，在光線掃過的地方進進出出。我的手電筒照到一隻閃亮的金色眼睛，嘗試靠近牠時那隻雨蛙先是僵住不動，接著就跳開了。前方的路上到處都是跳個不停的青蛙，我燈下就有兩隻，另一處有三隻，一路往埤塘蹦去。憑藉優秀的跳躍力，牠們沒幾秒就來到馬路對面。但是，蠑螈就不是這樣了，牠們的身體比較重，得挺著大肚子過馬路，這一路得花上兩分鐘。兩分鐘可以發生很多事。

只要在蛙群裡看到比較遲緩的，我們就停下，一一把牠們撿起來，小心放到路的另一邊。我們來來回回走在這一小段路的車道上，越看數量越多——大地似乎在大雁飛過沼澤上方時，把無窮無盡的蠑螈都放了出來

我用手電筒掃視路面，車道的中心線反射出亮黃色，襯著兩邊黑亮的柏油。眼角餘光掃去，有個東西比旁邊更暗，反射線出現了一處中斷，我忍不住對那個位置多照了一下。那塊陰影原來是一隻體型巨大、身帶斑點的斑點鈍口螈，跟路面一樣黑黑黃黃的。牠的外形很原

始，直角狀的四肢從側邊伸出來，急匆匆踏著機械化的步子衝過馬路，後面拖了一根厚重的尾巴，彎曲著左搖右擺。當牠停在我的燈光中，我伸手想觸碰牠的皮膚，藍黑色，像被夜色給凝固住。牠的身體帶有不透明的黃色斑點，好似顏料滴在濕潤的表面上，邊緣都糊掉了。三角形的頭部甩來甩去，鈍鈍的口鼻部和眼睛顏色非常深，看起來像是消失在臉上。這隻體型約七英寸長，身側鼓脹，根據這些線索，我猜應該是母的。我很好奇，拖著那麼嬌嫩的皮膚過柏油路是什麼感覺——那平滑、柔軟的肚子本是用來滑過濕葉子的。

我彎腰把她撿起來，手指圈在她的前腳，她竟沒怎麼掙扎。我的手指陷進她的身體，冰涼、柔軟、濕潤，感覺就像撿起一根過熟的香蕉。我輕輕把她放下到路肩，手直接在褲子上擦了擦。她根本沒有回頭看一眼就衝過了堤岸，下到池塘裡。

母的通常都會先到。她們身負重「卵」，滑進淺灘或鑽進地底的腐葉中，大腹便便，行動遲緩，在冷水裡靜靜等待公蠑螈從山坡上循著同樣的路，晚她們一兩天來到此地。牠們爬過木頭下方、又越過溪流，目標只有一處：牠們誕生的池塘。

蠑螈行走的路線非常迂迴，因為牠們沒有爬上障礙物的能力，必須沿著木頭或岩石的邊緣走到盡頭，然後再往前走，一路回到池塘。牠們誕生的池塘距離先前過冬的地點可能有半英里遠，不過蠑螈還是可以準確找到池塘的位置。蠑螈天生內建精細複雜的導航系統，能像今夜的「智能炸彈」一樣蜿蜒前進，接近藏身在伊拉克鄰里中的目標。蠑螈的導航能力不靠衛星或晶片，而是一整套磁力和化學信號，近年來爬蟲學家還在了解中。

蠑螈的定向能力，部分來自於牠們判讀地球磁場磁力線的精準程度。蠑螈的大腦有一個小器官能處理磁力資訊，引導牠們回到原來的池塘。即使路上會經過許多其他的池塘或春池，牠們還是會不辭辛勞地跋涉，直到回到出生地才停下來。一旦接近故鄉，蠑螈的歸巢行為似乎跟鮭魚能辨識出家園的河有點像：只要靠著口鼻部的鼻腺，就可以聞出回家的路。跟著地球的磁信號，牠們先來到周邊鄰里，接著靠氣味引領回到自己的家。就像下飛機之後循著週日晚餐妙不可言的香氣和媽媽的香水味，找到幼時的家。

⁂

去年到谷地執行任務時，我女兒央求想跟著蠑螈去看看牠們要去哪裡。我們用手電筒照馬路，跟在這群兩棲動物的後方，看牠們盤繞在紅柳山茱萸腥紅的莖部或爬上平坦的莎草草叢。蠑螈停在春池邊，此地離真正的池塘還差得遠。一個個春池形成了一幅水汪汪的馬賽克鑲嵌畫，這些池子在夏天都是不起眼的小窪地，春天雪融後便注滿了水。蠑螈選擇這些暫時的窪地來產卵，因為這種窪地很淺，魚不容易存活，蠑螈幼體才不會被魚一口吃掉。春池轉瞬就消失，反而保護了蠑螈寶寶免被魚吃。

我們跟著蠑螈來到水邊，岸邊還掛著一些碎冰。牠們絲毫不猶豫，堅定地大步邁進水裡，然後就消失了。我女兒很失望，還以為牠們會在岸邊徘徊或正面跳水。她用手電筒照了照水面，想看看接下來會發生什麼事，但只照到了池底斑駁的葉子一塊亮一塊暗，沒什麼好看的——然後我們突然意識到那一塊亮一塊暗根本不是葉子，而是眾多蠑螈身上的黑斑和黃斑。光照到的地方都有蠑螈，整片池底都是動物。牠們動來動去，圍繞著彼此打轉，像一堆舞者擠在房間裡。跟陸地上笨拙的樣子比起來，牠們在水裡可是身手矯健，游泳的姿態跟海豹一樣優雅。尾巴才一個輕甩，就從燈光下溜開了。

池塘明淨的表面突然由下往上破開，像是泉水的湧升流，整群蠑螈一起移動時，水開始劇烈的翻攪，黃色的斑點閃動個不停。我們驚奇地看著牠們的交配儀式，一大群蠑螈呢。大概有五十隻公母蠑螈在跳舞跟轉圈圈，經過一整年在木頭下吃蟲子的孤獨隱士時光，終於可以歡喜慶祝。池底冒上來的泡泡就像香檳酒。

斑點鈍口螈跟大部分的兩棲動物不太一樣，牠們不會把卵子和精子直接排進水裡，自己去進行受精大亂鬥，這物種演化出一種更有效的機制，確保精卵能夠相遇。雄體先脫離跳舞的蠑螈群，接著潛入池底排出一團閃亮亮的精包（一團膠狀的精囊），有一根柄連接到樹枝或樹葉上。然後雌體離開舞群尋找這四分之一寸長的囊部，囊部看起來就像幾顆光亮的聚酯纖維氣球在水裡漂浮。雌體把精包吸進身體裡的孔洞，卵子已經等在那裡了。由於待在雌體內很安全，精子便從囊部裡頭被釋放出來，讓珍貴的卵受精。

過了幾天，每隻雌體會生出一個大膠團，裡頭有一兩百顆蛋。這位準媽媽會在附近徘徊，直到所有的蛋都孵化，接著她獨自回到森林。蠑螈寶寶安全待在池裡幾個月後就會開始變態，最後終於有能力在陸地上生活。當池塘乾掉，牠們不得不離開，身上的鰓會被肺所取代，這時牠們也能獨自覓食了。這群幼蠑螈會到處遊走，直到四、五年後性成熟，才回到池塘。蠑螈算是長壽的生物，成體一生經歷的遷徙交配可長達十八年，但也只有在牠們成功越過馬路之後才算數。

兩棲動物是地球上最脆弱的族群之一。由於濕地和森林消失，牠們也喪失了生存的棲地，這就有點像人類無條件接受了某些附帶傷害，視之為發展的代價。也因為兩棲動物是透過皮膚呼吸，身上那層介於肉體和大氣間的濕潤薄膜過濾毒素的能力很有限，即便棲地沒有受到工業污染，但牠們身處的空氣可不一定。因此，空氣和水裡的毒素、酸雨、重金屬和合成激素，最後全都來到牠們孕育下一代的水裡，像六腳蛙、變形蠑螈等發展異常情形，在工業化國家都有例可循。

⁂

今晚，蠑螈面對的最大威脅就是呼嘯而過的車，開車的人完全沒有覺察到輪下是何等風景。人在車裡聽著深夜廣播時，真的是不會發覺，但如果你人站在路邊，就可以聽見軀體跳動的聲音，聽到一隻亮晶晶的小生物跟隨著磁力線去追愛時，瞬間被輾成紅色泥漿的聲音。我們努力想讓動作再快一點，但數量實在太多，我們人又這麼少。

一台我認得的綠色道奇卡車開過，我們站在後方的路肩，那是我鄰居的車，前面就是他的農場，但他根本連我們都沒看見。我猜他今晚的思緒全飄到巴格達了，因為他兒子米奇在伊拉克駐軍。米奇是個好孩子，他是那種只要跟他招手，他就會把慢吞吞的拖拉機停到路邊，讓其他車子先通過的好人。我猜他現在應該在開坦克吧？他老家的蠑螈過馬路所經歷的福禍生死，似乎跟他現在日日面對的情境，壓根沒有任何關係。

不過，今晚每個人都被裹在同樣的冷霧裡，一切邊界似乎都模糊了。黑壓壓的鄉間小路上的大屠殺，和巴格達街上的殘肢碎體，似乎還是有那麼點關連。蠑螈、孩子、穿著制服的年輕農夫——他們都不是敵人，也不是問題本身。我們並沒有向這些無辜的人宣戰，他們卻死了，好像我們其實是要跟他們對抗一般。他們全都屬於附帶傷害。倘若我們的孩子是因為石油而必須上戰場，倘若谷地裡轟隆作響的引擎要靠石油來發動，那麼我們每個人都是共犯，士兵、平民和蠑螈，皆因我們對石油的渴望而死。

我們又冷又累，於是停下來從保溫杯裡倒出一點湯來喝。湯的熱氣向上蒸散在霧裡。我們小口小口啜飲，一邊聽著夜裡的聲音。突然間我聽到人聲，但附近並沒有住家，路前方的彎道出現了其他手電筒的光明滅閃爍，我立刻關掉手上的燈光，旋緊保溫瓶，我們一起退到陰影處，等待光線逐漸靠近——那是一整排的人。誰會在這樣的晚上出來？除了想要找麻煩的人。我才不要跟他們扯上關係。

小孩子有時會聚在這條路上喝東西，也會在這附近射啤酒罐。有一次我看到兩個年輕男子像踢沙包一樣，把一隻蟾蜍在腳邊踢來踢去。我邊想邊打顫，他們到底來幹嘛。光線越來越靠近，至少有十幾個人走在路上，像一支巡邏隊。光束在路上來回掃射，他們走近時，照光的方式突然變得十分熟悉，因為我們整晚也在做一模一樣的事。接著，我聽到霧裡傳來聲音。

「看，這裡還有一隻，母的。」

「欸，我這裡有兩隻。」

「再加三隻雨蛙。」

我在漆黑中咧嘴笑開，再次扭開燈光向前走去，跟正在彎身撿拾蠑螈的他們打招呼。我們很開心能遇見彼此，使勁握著彼此的手，高八度的笑聲迴盪在手電筒形成的虛擬營火間。我倒了熱湯給每個人，這一刻我們心意相通，因為寬慰而感到飄飄然，彼此都知道迎面而來的燈光是朋友，不是敵人。尤其欣喜的是，發現在這條路上，我們不是孤單的。

我們自我介紹了一輪，見到濕漉漉帽T下的一張張面孔。這群夥伴是大學爬蟲學課的同學，隨身攜帶板夾跟防水筆記本，準備隨時記錄觀察。我有點不好意思剛才把他們當作來鬧事的——我們很容易因為無知，對不懂的事情太快下定論。這堂課是要研究道路對兩棲生物的影響。他們告訴我，青蛙和蟾蜍只要十五秒就可以通過馬路，多半也能躲開車。但斑點蠑螈則需要八十八秒，牠們或許閃避了無數天敵、熬過夏天的乾旱、努力不在冬天凍死，但在這八十八秒裡，一切都結束了。

學生們為了斑點鈍口螈所做的努力不僅止於道路救援。公路局本打算建置蠑螈通道（讓動物避開車道的特殊涵洞），但建置費用太貴，必須有理由讓官方認同做這件事的重要性。這個班級今晚的任務就是要進行兩棲生物過馬路的調查，以推估有多少動物會從山丘移動到池塘，以及途中有多少動物喪生，要是他們能獲得足夠的資料來證明路殺會危害到這種生物群的生存力，或許就有機會說服當地政府採取行動。只有一個問題待處理：為了精確估算蠑螈的死亡率，他們必須計算成功過馬路的，也得計算那些沒有成功過去的。

最終證明，計算死亡隻數還是比較容易：他們發展出一套流程，根據路上留下的斑點大小來辨別物種，辨識過之後就立刻刮掉，以免下一次穿越馬路時重複計數。有的蠑螈根本沒被撞到就死了，因為牠們的身體很柔軟，就連車子經過的壓力波都足以致命。沒算到的部分則是這個死亡公式裡的分母——也就是有順利過馬路的那些動物數量。這整條路那麼長，他們要怎麼在黑暗中計算成功過路的總數？

這條路上，每隔一段距離就設有一道流動柵欄，流動柵欄是一道長八英尺的避雪牆，一條一英尺高的鋁製防雨板被鐵絲栓住，沿著底邊向上形成一堵牆，蠑螈沒辦法扭動身軀穿過來。遇上此等障礙，牠們只能沿著流動柵欄移動，把它當作一塊木頭或岩石，在黑暗中順著邊緣曲折滑行到盡頭，憑藉柵欄接觸皮膚的觸感向前走，直到地面突然消失，掉進一個埋在地下的塑膠桶，然後再也逃不出去。學生們三不五時來數算桶裡的動物，在板夾上記下物種，然後輕輕地把牠們放到柵欄的另一邊，那是前往池塘的路上。夜晚結束時，流動柵欄裡抓到的動物數量就可以算作有安全過馬路的估計值。

這些研究或許可以作為佐證來拯救蠑螈，但為了得到長遠的益處，短期間還是要付出代價。為了妥善進行研究，不應該有任何人為干涉。車子駛近時，學生必須往後退，咬緊牙根讓一切發生。事實上，我們善意的蠑螈拯救行動會讓今晚的實驗產生偏誤，因為我們減少了正常情況下被撞到的蠑螈數，導致過份低估損失的情況。這讓學生們陷入了道德兩難。原本可以被救下的死體，成為了這個研究的附帶傷害，我盼望牠們的犧牲能為將來保護這個物種做出貢獻。

這個路殺監控計畫是由吉布斯（James Gibbs）所推行，他是一位享譽國際的保育生物學家，亦是推動加拉巴哥象龜和坦尚尼亞蟾蜍保育行動的領導人物——但他也很關注拉布拉多谷。他和學生們架設了流動柵欄、上路巡邏、整晚不睡的計數生物。吉布斯承認，有時在下雨的夜晚，他想到蠑螈正在路上行走——然後死掉——他就睡不著覺，於是穿上雨衣到外頭把牠們一一撿到路的對面。李奧帕德說得對：愛好自然的人活在一個滿是創傷的世界，那些創傷只有他們才看得見。

夜更深了，再也沒有頭燈在山谷裡彎來繞去。到了半夜，就連動作最慢的蠑螈都能平安過馬路了。於是我們拖著疲累的身子回到車上準備回家，一路用蝸牛的速度開車，直到離開谷地，以免車輪底下又多了冤魂。我們極度小心，但我知道，我們造的孽不比別人少。

穿過大霧回家的路上，收音機傳來更多戰爭的消息。在我們被濃霧包圍的同時，一列列坦克和布雷德利裝步戰車也正穿越飛沙走石，步步逼近伊拉克的鄉下。不知道他們經過的時候，輪底下會壓到什麼。我又冷又累，打開了暖氣，車裡瞬間瀰漫著濕羊毛的味道。腦袋裡轉著今晚的成果和方才遇見的好人。今晚是什麼樣的魔力吸引我們到山谷去？哪個瘋子會在雨夜放著溫暖的家裡不待，跑出去幫蠑螈過馬路？雖然我很想稱這種舉動為無私，但其實不是，這麼做根本不算是毫無私心。這一晚，付出者和接收者都收穫豐碩。我們非去不可，除了親眼見見奇妙的儀式，還想花一個晚上跟其他生命建立關係，感受牠們的確與我們不同。

據說當代人都苦於一股深沉的悲傷，稱為「物種孤寂」——一種和萬物疏離的狀態。我們因恐懼和傲慢，以及為了夜色中亮晃晃的家園，創造出這種格格不入的感覺。但就在我們走上這條路的傾刻之間，所有障礙全都消失了，我們不再那麼寂寞，而且重新認識了彼此。

蠑螈的確是「異己」，一種涼冷、黏呼呼的生物，對溫血的人類來說甚至有點噁心。牠們出人意表的另類模樣，更顯得我們今晚為了保護牠們而來到這裡是多麼奇特的一件事。兩棲動物很少給人暖暖的感覺，不像充滿魅力的哺乳動物會用小鹿斑比的感激眼神回望，讓我們忍不住想保護牠們。兩棲動物迫使我們面對自己先天的仇外情結，有時針對其他物種，有時則是針對同類，無論是發生在這片山谷，還是半個地球之外的沙漠。和蠑螈相處，學習尊重他者，能解仇外之毒。我們每拯救一次這些滑溜又帶著斑點的小生命，便再一次證明，牠們也有權利生活在屬於牠們的主權領土上。

帶蠑螈過馬路，能幫助我們記得互相照顧的盟約，不忘記對彼此的責任。在這條堪稱戰區的路段，身為兇手的我們，難道不該想辦法彌補自己烙下的傷痕嗎？

新聞讓我感到無助，我阻止不了炸彈落下，也阻止不了車子在下坡時自動加速，這些事都超出我的能力範圍。但我可以撿起蠑螈，希望能有一個晚上還自己一個清白。什麼樣的魔力吸引我們去到這座寂寥的山谷？或許是愛，就跟蠑螈從木頭下鑽出來的緣由一樣。也或許我們今晚走上這條路，是為了尋求寬恕。

⁜

隨著氣溫驟降，清朗又低沉的單一聲調取代了熱烈的大合唱——那是蛙類的古老語言。有一個字變得很清楚，聽來像用英語說：「聽哪！聽哪！聽哪！這世界可不許你如此輕率地來來去去。我們對你們來說可有可無，卻也代表了你的財富、你的老師、你的平安，你的**家人**。你對安逸的執著渴望，不該成為其他宇宙萬物的死刑。」

「聽哪！」頭燈燈光下的雨蛙叫著。
「聽哪！」遠在千里之外，坐困坦克上的年輕人叫著。
「聽哪！」家園被大火燒成廢墟的母親叫著。

這一切該作個了結。

到家時已經很晚了，但我睡不著。我走上家後方的小丘池塘邊，此處空氣中也迴盪著蛙鳴。我想點燃一座茅香草的煙燻火堆，讓煙雲帶走悲傷的感覺。但霧太濃了，火柴只在盒子上擦出一條紅色的紋路。理應如此。今晚什麼都不該被洗去，應該繼續感受這份悲傷，像穿著一件濕透的外套。「哭吧！哭吧！」水邊一隻蟾蜍大叫。於是我哭了。倘若悲傷能領人走向愛，就讓我們為這分崩離析的世界好好哭一場。如此，有朝一日我們又會把完整的世界再愛回來。

白樺茸——第七火焰的民族
Shkitagen: People of the Seventh Fire

那堆待生的火何其重要。火堆整齊地安放在寒冷的地面，周圍圍著一圈石頭。平台上有乾楓葉當火媒、一層冷杉底部折下來的嫩枝、一窩樹皮碎片托著煤炭，煤炭上面堆著斷松枝，好讓火焰能向上燒。燃料足夠，氧氣足夠，所有東西都到位了。但若沒先來點小火花，也不過是一堆枯木罷了。星星之火何其重要。

我的家族很自豪我們可以用一支火柴就把火生起來。我爸是老師，木頭堆也是。不過我們沒真的去上課，光靠玩、觀察，以及模仿爸爸在野地裡悠然自得的樣子，就學會了。他耐心示範怎麼找到對的材料，接著學習觀察能夠助燃的結構。他很重視好的木料，我們經常在森林裡砍樹、拖木頭、劈柴。「自己砍柴能溫暖你兩次。」每次我們從林裡大汗淋漓鑽出來時，他總這麼說。做這些事的過程中，我們學會依照樹皮、木材，還有燒柴的方式跟用途來辨別樹種：多脂松木燒來照明，山毛櫸用來做煤床，糖楓則放進反射爐裡烤派用。

他從沒直說，但生火需要的不只有木藝技術——想把火生好得費點工夫。生火的木柴標準很高，柴堆裡不准出現一根半爛的樺木。「朽木。」他會這樣說，然後把它扔開。先要有植群的知識，然後恭敬地處理木頭，如此才不會在集木的過程中傷到它們。林裡總有很多乾枯風化的聳立死木可以採集。天然材料才能讓火燒得旺——不能加入紙，或汽油！千萬不要！——連用新伐的原木在美學和倫理上都是冒犯的行為。不允許用打火機。我們因為有辦法用一根火柴生火而贏得很多稱讚，但掌聲多得有點過頭，這麼做有時是自然而然，其實沒什麼了不起的。我發現一個保證有效的生火秘訣：火柴點起火的瞬間，要對著火唱歌。

爸爸的生火教學蘊含著對森林的感恩，謝謝它賜給的一切，也提醒我們要負起互惠的責任。去露營時，我們一定會留下一個火堆給之後來的人。全神貫注，做好準備，保持耐心，一次就做到位：所有技術和價值觀互為表裡，生火之於我們，成了某種品德的象徵。

精通用一根火柴生火的技術之後，新的考驗是用一根火柴在雨裡生火；還有雪裡。要是能妥善收集好材料，掌握空氣和木頭的特性，一定能把火生起來。那個小小動作帶有魔力——一根火柴就能令人感到安適快樂，把一群本來溼答答的人變得歡樂融洽，心心念念著燉肉跟唱歌。火柴是個超適合隨身攜帶的完美禮物，你有責任好好用它。

⁂

生火也是跟前人最重要的連結。波塔瓦托米（或者更精確一點，我們的語言說

Bodwewadmi）意思是「火之族」，這項技術對我們來說似乎理所應當，是注定要分享出去的天賦。我想到，要真正了解火，手上應該要有一把弓鑽。現在我嘗試不用火柴生火，而是跟前人一樣先弄來一塊煤炭，然後用上鑽弓與鑽棒，讓兩根木棍不斷搓揉摩擦來鑽木取火。

Wewene，我對自己說：「順時，適性」，沒有捷徑，必須在萬事俱備、身心合一的時機，用對的方法進行下去。當所有工具就位，全體目標一致，做起來可真是無比容易，否則就會徒勞無功。你可以試了失敗，再試再失敗，直到所有力量達到平衡，形成完美的互惠關係。我知道。只不過，就算再怎麼沮喪，你也得吞下急躁，穩定好呼吸，這樣能量才會真正灌注到火裡，而非加重你的挫折感。

我們都長大了，很會用火，爸爸開始想教孫兒也用一支火柴來生火。他八十三歲時，在我們的原住民青少年科學營教生火，跟其他人分享那些曾教給我們的經驗。他們比賽看誰可以先讓手上的小火燒穿橫在火圈上面的一條線。比賽分出勝負之後的某天，他坐在一個樹墩上撥弄著火，「你知道嗎？火其實有四種。」我本以為他要講硬木跟軟木的事，原來他腦袋裡轉著其他念頭。

「嗯，首先，這是你生的營火。你可以用它來煮東西、圍著它取暖，也很適合唱歌——還可以趕走郊狼。」

「還有烤棉花糖！」一個孩子尖叫。

「沒錯。還有烤馬鈴薯跟薄麥餅。想用營火煮什麼都可以。還有誰知道其他種類的火？」他問。

「森林大火？」一個學生試探地問。

「沒錯。」他說，「人們以前管閃電造成的森林大火叫作『雷鳥之火』。有時林火會被雨給澆熄，有時候卻演變成野火燎原，因為溫度太高，方圓百里內所有東西都被燒個精光，沒有人喜歡那種火。但我們的族人學會要先把火的規模控制得小一點，而且要在對的地方和對的時間，如此一來，火就能幫上忙，而不會造成傷害。他們放火的目的是為了照顧土地，像是促進黑莓生長，還有幫鹿創造出草地。」他握著一張樺樹皮：「其實，仔細瞧瞧火裡的樺樹皮。新生的白樺樹只有在大火之後才會長出來，我們的祖先燒森林，是為了幫樺樹清出空間。」利用火來創造生火的材料，對這群孩子來說很難以理解。

「人們需要樺樹皮，於是他們發揮用火的科學來創造樺樹森林。火能幫助許多植物跟動物，據說那就是造物主賜給人類火把的原因——要把好的事物帶給大地。你多半會聽人家說，人類可以為自然所做最大的貢獻，就是遠離自然，任其發展。對某些地方來說的確如此，我們族人也很尊重這種作法，但我們也身負照顧土地的責任。只不過，人們忘了照顧土地就代表要參與其中——自然界需要靠著我們的善行來維持。如果總是把所愛拒於門外，要怎麼表現我們的愛與關心？你得身在其中，做出一點貢獻，來讓世界圓滿。」

「土地賜給我們這麼多禮物，而火正是我們回饋的方法。現代人覺得火會造成破壞，但他們可能忘了、或從來不知道從前的人如何發揮火的創造力。火把就像大地的油漆刷，這裡輕輕點一下，就幫駝鹿創造出一片青青草地，那裡再隨便點個幾下，就燒光了灌木叢，橡樹因此生出更多橡實；點在樹蔭底下，能降低林分密度，避免極端大火；再把火刷沿溪一路刷過來，隔年春天就會長出一群黃柳；若在草地塗上一層，綠地就變成一片藍色的北美百合。若想來點藍莓，就讓筆刷乾上幾年，然後重複以上的動作。我們的族人身負天職，要用火讓事物更加美好豐饒——火就是我們的藝術，也是我們的科學。」

⁂

這片受到原住民定時焚燒的樺木林是個聚寶盆：獨木舟的外皮、棚屋的外層篷罩、工具和籃子，寫字的卷軸，當然，還有作為火種。但這些都只是檯面上的禮物。白樺樹和黃樺樹上長著白樺茸，它們會穿透樹皮，形成無繁殖力的重疊子實體，看起來像顆粒狀的黑色腫瘤，約莫壘球大小，表面有溝紋和硬殼，上面佈著煤渣，彷彿被燒過似的。西伯利亞地區的人都稱之為 chaga，是一種非常受推崇的傳統草藥。我們族人稱之為「*shkitagen*」（白樺茸）。

要找到白樺茸的瘤、並把它從樹上掰下來需要花點力氣，但如果把它切開，這個菌蓋的邊緣是帶著明亮的金銅色，質地像海綿狀的木頭，完全由細絲和氣孔建構成。我們的祖先發現了這種生命體的重要特性，雖說有些人形容它，是透過燒焦的外表和金子般的心來告訴我們它的功用。白樺茸是一種可以作為火種的真菌，它是火的守護者，也是火族的好朋友。餘燼若遇上白樺茸，火不會發起來，而會在真菌菌絲裡繼續悶燒，留住高溫。就算只是倏忽即逝的小火星掉到一塊白樺茸上，也會被留下慢慢長大。但是，隨著森林被砍伐，林火撲救措施更讓依賴野火地生存的物種無處容身，被燒過的森林地越來越難找了。

⁂

「好的——還有其他什麼種類的火？」爸爸問大家，然後將一根樹枝放進腳邊火堆。太歐托拉克（Taiotoreke）知道：「聖火，像儀式看到的那樣。」

「的確，」爸爸說，「就是我們用來祈禱、治療，用在發汗小屋[55]的那種火。那可說是我們的生命，以及從源頭而來的靈性教誨。聖火是生命和靈性的象徵，我們有專門的守護者來照看這些火。「你或許還沒機會接觸到其他種類的火，但有一種火，你必須天天照顧。最難照顧的就在這裡。」他用手指點點胸口：「你內在的火炬，你的靈魂。我們每個人心中都有一道聖火，需要敬重、照顧它。**你**就是火的守護者。」

「從現在開始記得，你對這些所有類型的火都有責任。」他提醒，「這就是我們的職責，男人更要有肩膀。男人負責照料火，女人負責照顧水，按此道而行，男人和女人就會找到平衡。

55 譯注：發汗小屋（sweat lodges）是印第安人的傳統神聖儀式，小屋由樹枝、木頭等天然材料製成，營造出類似桑拿蒸氣浴的環境，讓人透過出汗來淨化身心。

這兩股力量會穩定彼此。我們都要活下去。從現在開始，你永遠也不會忘了火啦。」

他在孩子們面前站起身來，那一刻我聽見人世間第一課的回音，納納伯周從他的父親身上學到這些事，今天我父親又教給了孩子們，「要記得，火有兩股力量，兩個力量都很強大。一邊是創造的力量。火可以用在好的方面──例如照顧你的健康或出現在儀式上。你內心的火也是好的力量。但同樣的能量也可以造成破壞。火對土地有好處，但也可能摧毀土地。你心中的火可能會被拿來做壞事。千萬不能忘記，一定要認識並尊重力量的兩面。它們比我們強大多了，要學著小心使用，不然它們可能會毀掉一切。我們必須想辦法創造平衡。」

對阿尼什納比族來說，火有另一層意義，跟當代部落生活有所呼應。所謂的「火」，意指我們生活過的地方，以及這些地方發生過的事，和它們帶來的教導。

阿尼什納比族的知識守護者──我們的史家和學者──早在境外民族登陸前就已留下古早先人的描述。他們也記下了後來的事，畢竟歷史總跟我們的將來相互交織。這個故事就是「七火預言」，埃迪．本頓．巴奈和老人家都耳熟能詳。

「第一火焰」出現的時代，阿尼什納比族住在大西洋沿岸的黎明之地。這些人受過深刻的靈性教導，懂得以人和土地為先，因為人與土地是一體的。但有個先知預言，阿尼什納比族必須要遷到西方，不然將因接下來的大災難而滅族，他們得找到「水上長有食物的地方」，才能安心落腳。族長們聽從了預言，帶領整個部落沿著聖羅倫斯河向西走，深入內陸接近現今的蒙特婁，在那裡重燃火炬，沿途不離身的是一碗碗白樺茸。

另一位新師尊崛起，建議族人繼續往西，在一座大湖的岸邊紮營。族人們信了他的預測，繼續上路。他們在休倫湖畔架起營地，地點接近現在的底特律，從那時起「第二火焰」的時代開始了。不過，阿尼什納比族很快地分裂成三群——奧吉布瓦族、渥太華族和波塔瓦托米族，走不同的路線，在五大湖區周邊尋找適合的家園。

波塔瓦托米族往南走，從南密西根一路到威斯康辛。正如先知所料，這幾批人經歷數個世代之後又在馬尼圖林島（Manitoulin Island）重逢，組成所謂「三火聯盟」，這聯盟至今還存在。在「第三火焰」時代，人們發現了預言提到的「水上長有食物的地方」，在有野米的郊野建立了新家園。人們受到楓樹和樺樹、鱘魚和河狸、老鷹和潛鳥的照顧，過了一段舒服的日子。靈性教導指引著人類，教人保持堅定，人類跟非人的親族相親相愛，建立起強盛的家園。

到了「第四火焰」年代，另一群人開始加入我們的行列。這時出現了兩個先知，預告會有白皮膚的人乘船東來，但他們對該怎麼做看法不一。做決定並不容易，畢竟未來的事很難說準。第一位先知說，假如這群境外民族成為我們的兄弟，他們會帶來很豐富的知識，若能跟阿尼什納比族的知識系統相結合，就會形成新的部落。但第二位先知發出了警告，說有人表面上跟你稱兄道弟，實際上卻在背後捅你一刀。這些新來的人剛開始可能真的有意要做朋友，但也說不定是覬覦我們的土地才來的。我們要怎麼知道哪副面孔才是真的？要是魚中了毒，水髒到不能喝，我們就會知道他們的居心。由於他們的所作所為，境外民族漸漸被看作是「*chimokman*」——帶著長刀的人。

預言最後都成了歷史。先知警告族人要注意穿著黑袍、拿著黑書的人，這群人滿口幸福和拯救的誓言。先知說，假如族人背棄了自己神聖的生活方式，跟著這群黑袍人走，就會世代受苦。的確，我們在「第五火焰」的時代親手埋葬了自己所受的靈性教誨，差點就要斬斷部落的能量圈。人們被迫遷到保留地，遠離家園，跟親族分離。孩子被強行拉走，以學習*zaagamaash*之道。法律禁止他們信奉自己的宗教，古老的智慧幾乎快被遺忘；他們不被允許說自己的語言，一整個認知系統就在一代之間消失。土地分崩離析，族人四分五裂，傳統的生活方式隨風逝去，連植物和動物都準備離開我們了。預言說，這會發生在孩子無視長輩的時候，人們會失去方向和目標。預言還說，到了「第六火焰」時代，「生命幾乎全化成苦。」不過，即使如此還是有什麼留了下來——星星煤火，尚未熄滅。很久以前還在第一火焰時，人們就知道精神生活才是強韌的關鍵。

聽說，有個先知出現，眼神詭異淡漠，這名年輕男子告訴眾人，到了「第七火焰」的時代，一個新民族將帶著神聖的目的崛起，但過程會很艱辛。他們正處在一個十字路口，必須非常堅強、非常有決心。祖先從遠方火光忽明忽暗處看向他們。這年頭，年輕人又回頭向長輩尋求教導，卻發現能傳授的人所剩無幾。但第七火焰的這群人沒有向前走，而是往源頭追溯前人的腳步，他們的神聖目標就是沿著祖先留下的紅路[56]往回走，收好路上散落的碎片：土地零星四散、語言支離破碎、各種歌曲、故事、令人崇敬的教誨剩下短簡殘篇——所有一路以來遺落的東西。老人家說，我們生活在第七火焰的世代，我們就是祖先們提過的那群人，會想辦法讓事情恢復原貌，再次點燃神聖之火，讓部族重獲新生。

值得一提的是，整個印第安地區有一群人正努力展開一場語言和文化的復興，他們大無畏地在生活裡實踐各種儀典、找人從頭開始教授以前的語言、種下各式種子、恢復舊有景觀，並把年輕人帶回土地上。第七火焰的人就在我們之間。他們用傳說提到的火把幫助人類恢復健康，讓人類再次繁盛，締造成就。

第七火焰的預言提出了我們這個時代的第二個前景，也就是地球上的眾人將會發現前方路線分岐，他們必須做出選擇，決定如何邁向未來。其中一條路柔軟又綠草如茵，可以赤腳

56 譯注：紅路（red road）在泛印第安文化中象徵生命的正途。

踩上去；另一條路則曬得焦黑硬實，還有煤渣割腳。倘若人們選擇了綠草路，日子就能舒服地過下去，但若選了煤渣路，人類對地球造成的傷害將回過頭來報應他們，招來苦難和死亡。

我們的確站在十字路口。科學證實我們已經逼近氣候變遷的臨界點，化石燃料即將耗盡，資源正在枯竭。生態學家估計，要維持現行的生活方式需要七個星球才辦得到。但那些失衡、不正義又粗暴的生活方式並沒有為我們帶來滿足，反而造成了各種滅絕，令我們痛失親族，無論我們想不想承認，來到十字路口，我們得做出選擇。

我沒有參透那些預言，也不太懂它們跟歷史的關係。但我知道用隱喻來告知真相，比起用科學資料來說更有效。當我閉上眼睛想像先祖們預見的十字路口，預言內容就像電影畫面在腦中自動播放起來。

兩條路的交叉口位在一座小山丘。左邊的路柔軟青綠，還綴著露珠，你會想赤腳走上去。右邊的路則是尋常的鋪面，剛走起來很平穩，但遠方朦朧處完全看不到路，地平線上的景物被熱氣拉扯變形，裂成一塊塊鋒利的碎片。

我在丘陵下方的谷地，見到第七火焰的人帶著沿路收集的東西走向十字路口。他們手上抱著的收納袋裡有些珍貴的種子，準備改變我們的世界觀。這不是說他們有機會回到某種原始烏托邦，而是發現了一些工具，能引導我們走向未來。有很多事被遺忘，但跟大地所承受的失落比起來是小巫見大巫，而且我們已經培養了態度謙虛、又有能力傾聽跟學習的人，這些人也不寂寞，沿路上都有非人類族群相助。

人們忘記的知識，土地都還記得，其他生命也想活下去。世界上的各種人排排站在這條路上，跟藥輪的四種顏色一樣——紅、白、黑、黃——他們都清楚前方必須做選擇、都懂得尊敬和互惠，也願意和人類以外的世界做朋友。男人負責火，女人負責水，以此重新找到平衡，讓世界脫胎換骨。所有的朋友和盟友齊步排成一列長隊，準備赤腳上路。他們帶著白樺茸燈籠，在光明中追溯來時之徑。

但當然還有另一條路。從高地向下望，我看見那條路上的人往前呼嘯加速，身後揚起塵土，人也醉醺醺的。他們開得很快，沿路橫衝直撞，根本沒在看差點撞到誰，也絲毫不在意身邊經過的綠色大地有多美。小混混大搖大擺地走在路上，手上拿著一罐汽油和一支點燃的火把。我很擔心誰會先抵達十字路口，為所有人的做決定。我認得那條瀝青融化、佈滿煤渣的路，以前我曾經見過。

我想起某個晚上，五歲大的女兒因為雷聲驚醒。我抱著她，整個人清醒過來後，才想到為什麼一月會打雷。她窗外的光不是星星，而是搖搖擺擺的橘光，空氣跟著跳動的火焰不停震動。

我衝去把寶寶抱離幼兒床，帶領所有人包好毯子向外移動。著火的其實是天空，不是房子。熱浪滾過冬天光禿禿的原野，像一道沙漠風。地平線上，大火燒得四周都亮了起來，各種念頭在我腦中打轉：墜機嗎？核爆？我匆匆把兩個女兒推進小貨卡，跑回家找鑰匙，一心想把她們帶離開這裡，從河邊逃走。我盡可能用平靜悠閒的音調講話，假裝穿著睡衣逃離火海沒什麼好恐慌的。急衝下山的路上，我手肘邊響起小小的聲音：「媽媽？妳很害怕嗎？」「沒事，親愛的，安啦！」但她可不好唬弄，「不然為什麼媽媽妳講話要這麼小聲？」

我們安全抵達十英里外的朋友家，大半夜敲門尋求庇護。從他們家後方門廊看過去，火光暗了些，但還閃著詭異的光。我們靠熱可可把小孩哄睡，順便幫自己倒了杯威士忌，轉開新聞台。我們農場不到一英里外的一條天然氣管線爆炸了，人員目前疏散中，正準備滅火。幾天之後情況好轉，我們開車回到現場。稻草田變成一個大坑，兩座馬廄燒得精光，原本的路融到剩一條小徑，上面佈滿尖銳的煤渣。

⁂

我當了一晚的氣候難民，但已經夠了。我們現在因為氣候變遷所感受到的熱浪，還沒像那晚鋪天蓋地那般將我們搖醒，當然這些熱浪也帶來許多災難。那晚我壓根沒想過如果房子著火了該救什麼東西出來。其實在氣候變遷年代，我們都必須面對這個問題：什麼是你所珍愛、不可失去的事物？你打算救誰、救什麼？

現在我不會對女兒撒謊了。我很害怕。今天的我跟那天一樣害怕，擔心我的孩子，也擔心這美好的自然世界。我們不可能隨口安慰自己能真的能放心，我們需要第七火焰的人收納袋裡的東西。我們沒辦法逃到鄰居家避難，也沒法小聲說話。

我們一家隔天還可以回去，但那些因為白令海海平面上升而被硬生生淹沒的阿拉斯加城鎮該怎麼辦？孟加拉農夫的農地氾濫成災，又當如何？波斯灣的油田大火呢？舉目所見之處無一倖免。海水溫度上升導致珊瑚礁死亡、亞馬遜雨林野火、天寒地凍的俄羅斯針葉林儲存萬年的碳隨著大火蒸發……這些都是那條焦土路上出現過的火。別讓它成為第七火焰吧，我祈禱，希望我們還沒有通過那個岔路口。

第七火焰的人重新走回祖先的路，拾回被遺忘的從前，是什麼意思？我們要怎麼辨別哪些事物該尋回、哪些又危險得必須捨棄？哪些靈藥能讓地球更加生氣蓬勃，什麼又是害人沉淪的毒物？沒有人能逐一分辨，更別說全部佔有。我們需要彼此的幫忙，把一首歌、一句話、一個故事、一樣工具、一種儀式，放進我們的收納袋，不為自己，而為那些尚未出世的所有人，為我們所有的羈絆。我們一起匯聚過去的智慧，勾勒未來的願景，形成一種共存共榮的世界觀。

我們的靈性導師認為這個預言是要人類在兩種選擇中二擇一：一邊是危害土地和人、追求物質主義的絕命之路；另一邊是代表智慧、包容和互惠的坦途，這些教誨從第一火焰的時代便傳承了下來。聽說要是人類選擇了自然的路，萬物都會同心前進，點亮第八火焰和象徵和睦友好的最後一道火焰，建立從前預言裡說的偉大部族。

如果我們真能挽救頹勢，選擇那條自然的路，要怎樣才能點燃第八火焰？我不知道，但我們族人和火相識已久，或許好好生起一堆火就能教給我們很多東西，那些道理都是第七火焰時期努力拼湊回來的。火不會自己生起，自然提供了材料和熱力學定律，但人類必須負責動手、貢獻知識，還要發揮智慧，善用火的力量。星星之火本就難以捉摸，但我們從以前就知道想成功把火點燃，火絨、意念、跟助燃的技術缺一不可。

火要生得好，植物何其重要。兩塊雪松，一塊當底板，一塊當鑽桿，那是配合彼此特製、同一棵樹出身的公棒母板。條紋楓柔韌的嫩枝當弓，勻稱的握把上綳著夾竹桃纖維搓製成的弓弦。拉去拉回，拉去拉回，鑽桿快速旋轉，順著紋理漸漸下探，跟燒開的凹槽相互迎合。

身體姿勢何其重要。每個關節必須來到正確的角度，左手臂環繞著膝蓋，抵住脛骨，左腿彎曲，腰背挺直，肩膀固定不動，左前臂向下壓，右臂流暢地推拉牽引，但又不會磨破直立的小腿正面。

結構何其重要，身體形成的三維空間先求得穩定，第四維則要靠動作的流暢度。

鑽桿和底板相接觸的方式何其重要。如此，動作才會構成摩擦。溫度越來越高，鑽子飛快轉呀轉，往下伸進槽口，燒開一個黑色發亮的凹洞。速度逐漸加快，繼續加壓，木頭上開始出現冒煙的細粉末，持續累積熱能。木屑碳化後，因為重量順著底板的缺口向下落，掉在等待多時的火絨上。

火絨何其重要。香蒲絨毛的飛絮、雪松樹皮的柔軟內層經過雙手揉搓後，纖維鬆了開來，上頭混沾著木屑、切成絲狀的黃樺樹皮猶如五彩碎紙。把所有東西揉成球，看起來就像個鷥巢，鬆鬆散散的，這個火鳥的巢會被放進一點煤屑，整團用樺樹皮包起來，末端留個開口，讓空氣流動進出。

過去我曾一次次來到這一步，木頭的溫度已達燃點，起火的雪松凹槽在我面前吹送出煙。快了，我想著，快了，然後手一滑，鑽子飛出去，煤裂開來，火熄了！我的手臂也瘆得要命。我和弓鑽的纏鬥也可說是為了達成互利互惠所作的掙扎，想找到讓知識、身體、心智和精神和諧共存的方法，好好利用人類天賦送給天地一份禮物。不過，真正缺的不是工具——所有工具都在，但還少了一些東西。第七火焰的教導又在我耳畔響起：回頭沿著路走，撿起掉在路上的東西。

於是我想起了白樺茸，看顧火的真菌堅守著不可熄滅的火花。我回到智慧所在的森林，誠心請求幫忙。我放下手中的禮物，用來回敬沿路所得到的一切，然後重新生火。火花何其重要，它被一首歌給點燃，在白樺茸裡漸漸長大。空氣何其重要，氣流在火絨巢間流通，要足供燃燒但又不至於強到吹熄星火，要像風輕輕拂過，不像人那樣大力吹。將整個巢體左右甩動，讓造物主的呼吸穿透它。火光漸漸壯大，包起的樹皮和火屑熱度漸漸升高，氧氣再加把勁助燃，最後縷縷輕煙飄出了芳香的氣味，光芒爆發，火就出現在你手上。

⁕

看第七火焰的人走在祖先走過的路上，我們也應該跟著尋找能守住火花永不滅的白樺茸。沿路我們不斷發現這群火的守護者，並向它們表達我們感恩和敬佩的心情：不管條件多麼困難，它們都努力守好餘燼，等待被注入生命。無論我們要找的是森林裡還是靈性上的白樺茸，都得張大眼睛、清空腦袋、敞開心靈，好好擁抱我們非人類的親族，心悅誠服迎向那些不屬於我們的智慧。要相信綠色大地許我們這份禮物的慷慨心意，也要相信人類會知恩圖報。

我不曉得第八火焰將會怎麼點燃。但我知道我們可以收集助燃的火媒，也可以效法白樺茸把火守護好，如同火被妥善交給我們一樣。燃起火焰如斯，豈不神聖？火花何其重要。

擊退溫迪戈
Defeating Windigo

春日裡，我穿過草地走向藥草森林，那裡的植物毫無保留地獻出自己的天賦。我跟這藥草森林的關係並非來自契約，而是建立在關心照料上。我已經來到這兒跟它們相處了幾十年，在此聆聽、學習、採集。

森林地表長著一片白色延齡草，雪雖已經化開，卻依然能感受到寒意。不過光線有點不同。我越過山脊，身後印著好些先前冬日暴風雪留下的難辨足跡。我應該知道這些痕跡屬於誰，不過現在它們上面被壓上卡車的深深車痕，一路印過原野。花依稀是老樣子，但樹不見了。我的鄰居在冬天找了伐木工來。

尊重環境的採集方法有很多種，但他卻反其道而行，只留下對磨坊沒用的生病山毛櫸和一些老鐵杉。延齡草、血根草、獐耳細辛、桔梗科、山慈姑、薑、野韭菜，在春天暖陽下露出最後的微笑，夏天來臨時，沒樹的森林就會害它們被豔陽曬死。它們相信會有楓樹，但楓樹不見了。明年這裡會長滿黑莓灌木——蔥芥和鼠李，跟著溫迪戈的腳印而來的入侵物種。

我擔心禮物構築成的世界和商品構築成的世界無法同時存在。我擔心我無力保護所愛免於溫迪戈的魔爪。

傳說人們都很懼怕溫迪戈，於是想出各種方法要擊退它們。當代普遍的溫迪戈心態，對環境造成大肆的破壞，我很好奇古老傳說裡的智慧，能不能給今日的我們些許指點。

我們可能使出各種排擠手段，企圖孤立破壞者成為社會邊緣人，如此就可以跟那些人撇得乾乾淨淨的。溺水殺人、縱火、謀殺招式層出不窮，但溫迪戈總會捲土重來。有無數故事提到勇者踏著雪鞋，奮力突破風雪前進，到處尋找溫迪戈，想要在它再次出來擄掠之前先殺掉它，但這隻怪獸幾乎總有辦法在風雪裡溜走。

有些人認為我們什麼也不用做——貪婪、經濟發展和碳的邪惡組合，讓世界變得很熱，能夠一舉融化溫迪戈的心；氣候變遷絕對會摧毀需索無度卻沒有回報的經濟體。但溫迪戈還沒死，我們心愛的無數事物就會先消失了。我們可以坐任氣候變遷讓世界天翻地覆，等溫迪戈化成一灘染紅的融化雪水，我們也可以穿上雪鞋主動出擊，追查他的行蹤。

傳說說道，人類發現自己沒有辦法獨力征服溫迪戈，便請求他們的戰士納納伯周，化為對抗黑暗的光，變成一首歌來跟溫迪戈的尖叫相抗衡。阿尼什納比族的長者巴索．強斯頓講過一場史詩級戰鬥的故事：大批將士在英雄指揮下戰了幾天幾夜，戰況非常激烈，武器和詐術盡出，想包圍這隻野獸的巢穴也需要不少膽識。但我發現這個故事的場景跟之前聽過的溫迪戈傳說不太一樣：這次你可以聞到花香；沒有雪、沒有風暴，唯一的冰只在溫迪戈的心裡。納納伯周打算在夏天追捕溫迪戈。將士們划船穿越不會結冰的湖，來到溫迪戈夏天避暑的小島。溫迪戈在飢餓的冬季最有威力，因此溫暖的風一吹來，他的力量就減弱了。

夏天，用我們的語言來說叫作 *niibin*——豐產的季節——納納伯周制服了溫迪戈。有一支箭令這隻過度進食的怪獸變得衰弱，一帖藥將頑疾治好，它的名字是：富有。正是在冬天資源最稀缺的時候，溫迪戈才會到處肆虐，但是當豐盛當道，飢餓感消退，怪獸的力量也就跟著消失了。

人類學家薩林斯（Marshall Sahlins）的論文中談到，狩獵採集民族雖然所有物很少，卻是個原始的富足社會，反倒當代資本主義社會，無論本身條件有多得天獨厚，注定要面對「匱乏」的課題。缺乏經濟手段，是成為世界上最富有民族的關鍵。所謂稀缺，指的不是擁有多少物質財富，而是這些物質財富如何交換和流通。市場體系刻意阻斷源頭和消費者之間的連結以創造匱乏感：有人快要餓死，卻只因為他們付不出錢來買，穀物就被放爛在倉庫，導致饑荒；而某些人卻因為過剩而疾病纏身。哺育我們的地球正受到破壞，繼續催化種種不公。市場經濟把企業體當作人來看待，卻不承認人類之外其他生物的人格地位——這就是溫迪戈式的經濟。

有其他的替代方案嗎？該採取什麼行動？我沒什麼頭緒，但我相信答案就在我們熟悉的「一碗一湯匙」教導裡：自然給我們的禮物都集中在一個碗裡，但只能用一根湯匙來取用。這是「共有經濟」的觀點，水、土地、森林，以上種種關乎我們身心安康的根本資源，都是共同持有，不是可買賣的商品。只要能妥善管理，共有模式就能維持富饒，不致匱乏。當代其他經濟模式也強烈呼應原住民的世界觀，地球不屬私人財產，而是萬物共有同享，為了眾生的幸福，應當懷抱著尊敬和互助的心意來照顧它。

不過，摸索出非破壞性的經濟模式固然重要，但還不夠。除了調整作為，還要調整心態。匱乏和富有既是經濟方面的品質，也是心智和靈性上的。感恩能創造豐盛。

我們每個人的先祖，都曾經是土地上的原住民。你我應該重拾感恩文化，恢復跟自然的往日情誼。秉持感恩的心，能解溫迪戈精神病的毒。若能意識到地球賜予我們什麼，還有彼此之間如何慷慨付出，便如服下良藥。常練習感恩，就會把行銷人員的糾纏，看成溫迪戈的肚子在咕嚕咕嚕叫。常懷感謝心，便是在宣揚持續互惠的文化。財富代表有足夠的東西能夠分享，富有與否，則端視我們建立起多少對彼此有助益的關係。更要緊的，感恩的確讓我們快樂。

懂得感謝地球賜予的一切，將為我們帶來勇氣，轉身面對跟蹤騷擾我們的溫迪戈，拒絕加入那種會摧毀親愛的土地、滿足他人貪欲的經濟體制。我們需要一套能夠扶持生命的經濟模式，而非令生命處處碰壁。寫來很容易，要做到很難。

我跌坐在地，捶地痛心我的藥草森林竟遭橫禍。我不知要怎麼擊退那隻野獸。我沒有軍火庫、沒有跟著納納伯周的大批將士，也不會打仗。我是在草莓堆裡長大的，腳邊有些草莓正萌芽，還有紫羅蘭和蓍草。紫菀和一枝黃花剛長出來，茅香草的葉片在陽光下閃閃發亮，那一刻我知道自己並不孤獨。我躺在草地上，身邊有植物軍團陪伴。我不一定知道要做什麼，但它們知道，它們一如往常獻出草藥大禮來供養這個世界。面對溫迪戈，我們才不是無能為力。它們說，要記得我們已經擁有所需的一切。所以呢——一起來想辦法。

我起身時，納納伯周帶著堅毅的眼神和老謀深算的笑容出現在我身旁，「想要打敗怪獸，你必須用他的方式思考。」他說，「先要知己知彼。」他以眼神示意，要我看向森林邊的濃密灌叢，「然後以彼之道還施彼身。」他詭秘地笑著，然後走進灰色的小樹叢，人不見了，笑聲還迴盪著。

我從沒採過鼠李這種莓果，它的藍黑色汁液沾上我的手指。我本來想避開它，但還是閃躲不了。在受過擾動的地區，入侵種鼠李猖獗地佔領了整片森林，排擠其他植物的光和空間。鼠李也對土壤造成污染、阻礙其他物種生長，造成一片植物沙漠。你得承認，它就是自由市場的贏家，一個靠著效率、獨佔、創造他人匱乏而成功的故事。它從原生種手上竊取土地，展現了某種植物帝國主義。

我整個夏天都在採集，跟每個活出自己使命的物種朝夕相處，並且聆聽、學習它們的天賦。我一向會在感冒時泡個茶或製作擦皮膚的軟膏，但從沒有用植物入藥，這是一份神聖的責任，不能等閒視之。我家燈下掛著各種乾燥植物，櫃子擺滿一罐罐的根莖和葉片。等待冬天。

冬天來臨時，我穿著雪鞋走進森林，留下一條明顯的返家路徑。家門上掛著一條茅香草辮，三股柔亮的草絲象徵心智、身體、精神三者合一，人因此而完整。溫迪戈身上的辮子是散開來的，正是這種病讓他走向滅亡。那條辮子提醒我，當我們為大地之母編髮，要想想她賜給我們的一切，我們有責任照顧這些禮物，以作為回報。如此禮物才會得到支持，眾生靈方得飽足，誰都不會餓著。

昨晚，我家盡是美食和好友，笑語燈光溢滿到屋外的雪上。我覺得看到了他經過窗邊，飢腸轆轆地向內張望。但今晚我是獨自一人，而且起風了。我舉起鑄鐵壺，將它放到爐上等水滾，這是我手上最大的一個壺。我加進一大把乾莓果，然後再一把。莓果融進楓糖汁液裡，藍黑如墨。我想起納納伯周的建議，禱告了一番，然後把罐裡的東西都加進去。

第二壺，我倒了一整罐純淨的泉水，再從罐裡取出一小把花瓣，另一個罐裡取點樹皮碎片，撒在水面上。樣樣都是精心挑選，每一樣都有目的。我加了一段根、一把葉子、一湯匙莓果到金色的茶湯裡，帶著一點玫瑰粉色。準備就緒後，就坐在火邊等水慢慢燒開。雪嘶嘶拍打著窗戶，風在樹裡嗚咽。他真的來了，跟著足跡來到我家。我就知道他會來。我把茅香草塞進口袋，深吸一口氣打開門。這麼做令我很害怕，但我更怕不這麼做，接下來不知會發生什麼事。

他陰森森地逼近，臉上的白霜襯得血紅的眼睛更紅，對我露出黃色尖牙，伸出皮包骨的手。我遞過去一杯滾燙的鼠李茶，還戳到他沾著血的手指，嚇得我手抖個不停。他立刻咕嘟咕嘟喝完，嚎叫想要更多——他飽受空虛之苦，總是欲求不滿。他把整個鐵壺拉走，大口大口喝下裡面的東西，楓糖漿在下巴滴成黑色的冰柱。喝光後，他丟開空壺再度向我走來，但就在他的手指快要能夠掐住我的脖子之前，他突然在門邊轉身，踉蹌後退出了門，回到雪地裡去。

我看他痛苦地彎下腰猛烈地乾嘔，呼吸噴出的腐肉腥氣混雜著糞便的臭味，鼠李正在發揮效果疏通他的腸子。小劑量的鼠李可以潤腸通便，大劑量是瀉藥，而整壺就是催吐劑了。溫迪戈從第一滴到最後一滴都不想放過——那是他的本性。此刻他吐出了硬幣、煤漿、森林裡一團團的鋸木屑、焦油砂凝塊、鳥的小骨頭，最後還嘔噴出蘇威公司的廢棄物跟一大片浮油。吐完後，他的腸胃還在噁心，但湧上來的只剩稀稀的液體，名為寂寞。

他精疲力竭躺在雪上像一具發臭的屍體，但要是此刻的空白再被飢餓填滿，他又會變得危險。我衝回房裡提起第二壺茶走向他，他身邊的雪已經融了。他的眼神明亮，但肚子咕咕叫，於是我把杯子遞到他的嘴巴前。他別過頭去，好像那杯裡裝著什麼毒藥。我輕啜了一口給他看，而且他也不是唯一一個需要我這樣掛保證的。我感覺藥草的力量支持著我。然後他小口小口啜飲起粉金色的茶，茶裡的柳樹能平息躁動的慾望，草莓則能修補內心。辛辣的野韭菜泡在菜園三姊妹營養的高湯裡，這味藥終於進入他的血液中：白松木的合一、核桃的公平、雲杉根的謙虛。他喝下金縷梅的惻隱之心、雪松的一視同仁、銀鐘花的殷殷祝福，搭配楓樹的感恩更顯香甜。你得先認出禮物，才會懂得互惠。在眾草樹的力量面前，他顯得渺小無助。

他向後仰頭，沒再動那個還滿著的杯子，接著閉上了眼睛。藥效還差臨門一腳。我不再害怕了，於是到他身邊坐下，地上的草剛綠。「跟你講一個故事。」我說，此時冰漸漸融開，「她像楓樹種子那樣落下，從秋天的天空裡飛旋而來。」

後記——禮尚往來
Epilogue: Returning the Gift

紅配綠，夏日午後的覆盆子像珠子點綴在樹叢間。站在對面的藍色松鴉正啄著不停，嘴喙染得跟我的手指一樣紅。其實我送進嘴巴的果子跟放進碗裡的數量差不多。我伸手探進黑莓灌木底下，想看看能不能摸到垂下來的果串，斑斑樹影中有一隻咧嘴笑的烏龜，腿埋在落果中，伸長脖子想再多吃一點。我會幫牠實現心願。地球豐饒慷慨，對我們毫不吝嗇，綠色大地上盡是她送來的禮物：草莓、覆盆子、藍莓、櫻桃、紅醋栗——都能填飽肚子。*Niibin*，波塔瓦托米語的意思是夏天，另一個意思是「豐產的季節」，也是我們舉行部落聚會、powwow 慶典和各種儀式的時節。

紅配綠，棚架下的草地上有幾張毯子鋪開來，上頭堆著各種禮物：籃球、收攏的雨傘、串珠鑰匙圈和裝著野米的夾鏈袋。大夥排成一排準備選禮物，主人站在旁邊眉開眼笑。青少年被打發去幫坐在圈內的老人家提東西，要突破重重人牆太為難老人家了。*Megwech*、*Megwech*——一直有人說著謝謝、謝謝。我前方有個還在學步的小孩，東西抓了滿手，她媽媽彎身在她耳畔輕聲說了幾句話，她站起來遲疑了一下，然後全部放回地上，只留一把螢光黃的水槍。

然後我們跳舞。餽贈歌的鼓聲奏起，大夥加入圓圈，搖擺的流蘇、顫動的羽毛、彩虹披肩、T恤、牛仔褲，各式盛裝。大地跟著鹿皮軟鞋起落的腳步共振。每次當歌來到禮敬拍[57]，我們就會在原地繼續跳，把禮物高舉過頭，搖動著項鍊、籃子、動物玩偶，向禮物本身和賜給我們禮物的對象歡呼致敬，

這是我們傳統的贈予形式，*minidewak* 是一種深受族人鍾愛的舊儀式，也是 powwow 慶典常見的特色。在外面的世界，經歷重要生命階段的人可能會收到別人祝福的禮物，而在波塔瓦托米文化中，這種期待完全顛倒過來——是由被祝福的那個人來送禮物。毯子被鋪得高高的，象徵把好運分享給圈圈裡的每個人。

通常如果只是個人之間的小小贈予，禮物都會是手作的。有時可能整個部落忙了一整年，只為了幫那些他們根本不認識的客人親手製作禮物。如果是規模較大的跨部落聚會，人數多達上百人，毯子就有可能變成一塊藍色塑膠布，再撒上沃爾瑪超市的促銷花車裡東撿西撿來的東西。無論禮物是什麼，不管是一個黑梣木編的籃子還是防熱鍋夾，要傳達的感情都一樣。儀式性的贈予反映了我們最古老的教導。

在道德面和物質面，慷慨至關重要，尤其對於循著大地生息的人來說，生活總是時而豐

富，時而捉襟見肘，個人的安樂和全體的安樂互為表裡。原住民的財富是根據能夠分享出去多少來衡量的。如果囤積禮物，我們就會因為財富變得遲鈍，被身外之物塞得全身臃腫，笨重到無法加入舞蹈。有時某個人、甚至有些家族不了解狀況，拿了太多，只好把戰利品堆在躺椅邊。然後他們不跳舞，只是孤零零坐在那邊守著一堆東西。

在感恩文化中，大家都知道禮物會順著互惠循環再度回到你身上，要怎麼收穫先怎麼栽，付出和收穫是一體兩面。地上的草被踏出一圈從感恩到互惠的環狀路。因為我們圍成圈圈跳舞，而不是站成一直線。舞畢，一個穿著草舞服的小男孩扔下他的新玩具卡車，他爸爸要他撿起來之後坐下。禮物跟買來的東西不一樣，其意義超越物質形象。你不應該對禮物不敬，禮物對你有期望，希望你照顧它，而且還不只這樣。

我不知道贈予行為的起源，但猜測應該是從觀察植物學來的，尤其像莓果總會獻上包裹著紅藍外皮的禮物。我們也許會忘記老師是誰，但語言記得：我們的語言裡表示贈予的字眼 *minidewak*，意思是「發自內心給出」，這個字中間的 *min*，是代表「禮物」的字根，也有「莓果」之意。我們的語言如此詩意，或許說 *minidewak* 能提醒你我要效法莓果的精神？

我們的各種典禮儀式上一定會出現莓果類。莓果被裝在木碗裡。一個大碗、一支大湯匙，

57 譯注：在印第安 powwow 慶典裡，人們透過擊鼓與舞蹈來表達對神靈的讚頌和感恩。通常歌曲中的重拍被稱為「禮敬拍」，舞者的動作和服裝會和鼓聲的拍點節奏互相應和。

在圓圈裡傳遞，每個人一嘗到那甜蜜的滋味，便會想起這份禮，然後說謝謝。他們秉承祖先的教導，認為土地憑著一個碗、一根湯匙，賜給我們各種恩物。大地之母為我們斟滿碗，用碗裡的東西餵養我們。重要的不只是莓果，還有碗。土地的禮物要能讓眾生共享，但禮物並非無窮無盡。大地很慷慨，但並非要你一網打盡。每個碗都會見底，空了就是空了。湯匙只有一根，人人都只有一口的份量。

要怎麼再把空碗裝滿？光靠感恩夠不夠？莓果教我們逆向思考。當莓果攤開它們的禮物毯，讓鳥或熊或小男孩之類嚐到甜蜜滋味，交易其實還沒結束。除了感激，我們身負更多的期待。莓果相信我們會信守諾言，把它們的種子灑播到其他地方生長，這樣做對莓果來說有好處，對男孩們也是。它們的教導言猶在耳：要想茁壯繁榮，必得共生共好。人類需要莓果，莓果也需要人類。只要善加照顧，它們就會帶來更多禮物；但若忽視它們，禮物的數量便會衰退。我們受互惠的盟約所約束，在共同責任的基礎上，誰支持我們，我們也要支持誰。如此，才能添滿那只空碗。

不過，隊伍裡的某些人早已經把莓果的教導拋諸腦後了。我們非但沒有播下更多機會的種子，反而一再剝奪各種未來的可能。遙望未來一片混沌，但語言或許可以指出一條明路。波塔瓦托米語的「土地」叫 *emingoyak*，意思是被給予我們的事物。英文裡的土地多被當作「自然資源」或「生態服務」，彷彿其他生命是我們的財產，彷彿整個大地不是一碗莓果，而是一座露天礦場，湯匙換成了鑿個不停的鏟子。

想像一下，鄰居正在舉辦送禮活動，某人卻闖進他們家裡任意搜刮，我們對這種違反道德的行為應該會非常憤慨吧！地球也是如此。地球免費奉送風、太陽和水，我們卻把大地開腸剖肚來獲取化石燃料。要是人類只取那些被給予的，要是我們禮尚往來，那麼就不用連呼吸空氣都感到害怕。

我們都受互惠的盟約所約束：植物的呼吸交換動物的呼吸、冬天和夏天、捕食者和獵物、草和火、日與夜、生與死。水知道、雲知道、土壤和石頭也知道自己在跳一支永不歇止的贈予之舞，土地形成、分解、再形成。老人家說，儀式是我們用來記得事物的方式。跳著贈予的舞蹈時，要記得地球是我們必須傳承的禮物，就如同它當初也以禮物的形式來到我們身邊。要是真的遺忘，剩下的舞蹈就只會有哀悼，悲悼北極熊逝去、鶴群沉默；哀痛河流之死、和一去不復返、只在記憶中存在的雪。

我閉上眼睛，等著心跳跟上鼓聲。我想像人類認出世界璀璨奪目的禮物，用新的眼光來看待它們——說不定對人類來說也是前所未有的經驗。這些禮物正面臨危急存亡之秋，亡羊補牢或許還來得及，也或許太晚了。禮物在草上鋪開，草色綠褐夾雜，人類終於懂得禮敬大地之母的贈予。苔蘚植被、羽毛衣袍、一籃籃玉米，小瓶的藥草。銀鮭、瑪瑙海灘、沙丘。雷雨雲、雪堆、木塊堆、麋鹿群。鬱金香。馬鈴薯。水青蛾、雪雁。還有莓果。此時此刻，我多希望風裡飄來一首感謝的歌，那首歌或許能拯救我們，然後在鼓聲響起時，我們會盛裝起舞，慶祝地球生生不息。高草原草穗搖曳，蝴蝶披肩飛旋，鷺鷥的雪白羽翼拍動時泛出磷光。當歌曲暫歇，來到禮敬拍時，我們會高舉禮物，一一高聲讚頌，敬魚兒閃亮，枝頭繁花盛開，夜晚星光燦爛。

互惠的誓言要我們為所有那些被給予我們的事物、和我們取用的事物擔起責任。現在是時候了，而且早該如此。讓我們為大地之母辦一場贈予儀式，攤開所有的毯子，把我們準備的禮物堆得高高的，想像各種書、畫、詩、聰明的機器、善心義舉、超凡的思想、完美的工具，全都疊加在一起。食人一口，還人一斗。心智、雙手、心靈、聲音、視力——大地已經給了我們各種天賦贈禮。不管我們得到什麼，都要把禮物獻出來，為世界的重生舞上一曲。

敬　呼吸這份恩典。

致謝
Acknowledgments

由衷感謝北美雲杉奶奶的一方眷顧，為我遮蔭的白柳，睡袋底下的香脂冷杉，還有凱瑟琳灣的那一小片藍莓田。謝謝北美喬松的歌哄我入睡，喚我起床；謝謝黃連茶；謝謝六月的野莓；謝謝在蘭花上停棲的鳥兒；謝謝妝點門楣的楓樹；謝謝秋天最後的覆盆子、春天萌發的新蔥；謝謝照料我身心的香蒲、白樺樹、雲杉根，還有令我思緒平靜的黑梣木；謝謝水仙、沁著露水的紫羅蘭；謝謝一枝黃花和紫菀，至今我仍為她們的美而屏息。

謝謝我此生遇見最好的人：我的父親羅伯特 *Wasay ankwat* 和母親派翠西亞 *Wawaskonesen* 沃爾，他們給我無盡的愛與鼓勵，點亮了我生命的火炬；謝謝我的女兒拉金．李．基爾默和琳登．李．蘭恩，她們是我的靈感之源，感謝她倆欣然讓我書寫她們的故事。無論我怎麼感謝，都無以回報澆灌我的關愛，是愛讓一切都變得可能。*Mgwech kine gego*（**感謝這一切**）。

我很幸運能受教於充滿智慧又寬厚的老師，這些老師對本書貢獻卓著，即便他們不一定知道。我要向他們的教導和以身作則說聲 *Chi Megwech*（**非常感謝**），包括阿尼什納比族

（Anishinaabe）的族人史都華・金、芭芭拉・沃爾、瓦力・梅西高德、吉姆・桑德、賈斯汀・尼力、凱文・芬妮、大熊強森、迪克強森，以及鴿子一家。*Nya wenha*（**感激**）我的長屋民族鄰居、朋友和同事：奧倫・里昂斯、爾文・包列斯、吉妮・仙納度、奧黛麗・仙納度、芙蕾達・賈克、湯姆・波特、丹・朗伯特、戴夫・阿奎特、諾亞・波音特、尼爾・派特森、鮑伯・史蒂文森、泰瑞莎・伯恩斯、萊昂內爾・拉克魯瓦，以及狄恩・喬治。還有一路上在會議、文人小聚、營火和餐桌邊的無數老師們，雖無法一一細數名字，他們的教導還歷歷在目：*igwien*（**衷心感謝**）。你們的言行就像種子落在沃土之上，我希望能夠以虔敬的心呵護滋養它們。本書所有的謬誤皆為我自身的責任，絕對是個人才疏學淺之故。

寫作是孤獨的，但寫作的路途上並不寂寞。我們的寫作社群彼此啟發，相互支持，用心諦聽，實在難能可貴。特別感謝凱思琳・迪恩摩爾、利比・羅德里克、查爾斯・古德里奇、艾莉森・霍桑・德明、凱洛琳・史非德、羅伯特・麥可・派爾、傑斯・福特、麥可・尼爾森、詹妮・迪貝斯、南・高德納、喬伊斯・霍曼、迪克・皮爾森、貝弗莉・亞當斯、理查・魏斯科普夫、哈席・李奧納德，以及其他曾經提供鼓勵或批評指教的人。給曾經鞭策我向前的家人朋友，你們的溫暖就寫在每一頁的書頁之中。另外要特別謝謝我親愛的學生，這些年來他們常常成為我的老師，給了我面對未來的信心。

這本書的許多篇章都是我在藍山藝術中心（Blue Mountain Center）、矽卡生態藝文中心（Sitka Center for Art and Ecology）和梅沙庇護所（Mesa Refuge）進行作家駐村期間，受到細心照料而完成的；部分章節則是受到「春溪計畫」（Spring Creek Project）和H. J. 安德魯實驗林（H. J. Andrews Experimental Forest）的「長期生態反思」（Long Term Ecological Reflections）駐村計畫的啟發。多謝讓這些隱居時光和支持得以發生的人們。

Waewaenen（**非常感謝**），一定要謝謝梅諾米尼民族學院（College of the Menominee Nation）熱情的東道主：麥可．道克利、梅麗莎．庫克、傑夫．格里尼翁，還有棒透了的學生們創造了一個激勵人心的環境，讓我得以完成這本書。

特別要感謝我的編輯湯瑪斯．派屈克，謝謝他對這部作品的信任，還有他從手稿到成書一路引導的過程中，對我的關照、進度拿捏和耐心。

附註
Notes

關於植物名稱

我們完全沒有想到人名應該大寫，或者像把「喬治・華盛頓」寫成「george washington」會剝奪身為人的特殊地位；把會飛的昆蟲「蚊子」寫成大寫的「Mosquito」看起來是很好笑，但若談的是一個船的品牌，就可以被接受。大寫代表了某種優越性，表示人類或他們創造出來的東西在萬物之中的位階更高。生物學家已經普遍接受動植物的俗名不用大寫的慣例，除非這些名稱有涵蓋到某個人類的名字或正式地名。春天的森林裡初開的花會寫成 bloodroot（血根草），加州林地裡的粉紅星星叫作 Kellogg's tiger lily（凱洛格卷丹百合）。這些看似瑣碎的文法規則其實傳達出「人類獨特論」這類根深蒂固的假設，也就是我們跟其他物種不太一樣，而且優於其他物種。不過，在原住民的認知裡，所有生物的人格地位都同樣重要，沒有階級高低，而是一個圓圈。所以，這本書也遵循我一貫的作風，不在文法上糾結，我想大寫就大寫，用 Maple（楓樹）、Heron（蒼鷺）、Wally（威利，常作人名）來指涉某個人，不管他是不是人類；然後用小寫的 maple、heron、human 來指涉某個類屬或概念。

關於原住民語言

波塔瓦托米和阿尼什納比的語言是土地和族群的一面鏡子，他們屬於口傳文化，雖然部族歷史悠久，但直到相當晚近才被書寫記錄下來。許多後來出現的書寫系統嘗試要以標準的拼寫方式來掌握這個語言，但這個語言分支眾多且持續使用當中，對於哪種變體比其他更勝一籌，各方還沒有定論。瓦塔瓦托米族的長輩史都華・金能夠流利地說這種語言，他也是我的老師，熱心幫我整理各種基礎用語、確認意義、提供意見讓拼字和用法前後一致。我很感謝他指導我認識語言和文化。阿尼什納比語多採用菲羅系統（Fiero system）[58]的雙母音拼字，但大多波塔瓦托米人都不用菲羅系統，他們習慣「省略母音」。為尊重不同語言的使用者和各種觀點的老師，我盡量以這些字詞原本被傳授給我的形式來使用它們。

58 譯注：指語言學家查爾斯・菲羅（Charles Fiero）提出的書寫系統，特色是以羅馬字書寫的雙母音系統，由於簡單易用，在美國和加拿大迅速流行。

關於原住民神話傳說

我是一個習於聆聽的人，從小聽遍身邊的各種故事，已經記不得是從什麼時候開始的了。我希望能把我的老師傳給我的故事繼續流傳下去，藉此向老師們致意。

有人說，故事也是活生生的生命，會生長、演化，而且有記憶能力，不僅內涵會變，外表也會。故事乃由土地、文化和說的人一同共享共造，同個故事可能在很多地方被講述，而且內容都不太一樣。有時視目的不同，只說了某一小段，而那僅是故事眾多面向的其中之一。這本書提到的故事也是同樣的道理。

神話傳說是一個民族共同的珍寶，因此不太容易在文獻引用時標註單一來源，而且也不見得每個故事都可以公開論述，這些我便沒有納入；但許多傳說還是可以自由傳播，以發揮它們在廣大世界裡的功能。這類傳說可能存在很多版本，我選擇引用的都是公開出版的資料，也藉此確保我在本書裡分享的版本沒有經過一堆道聽塗說而被加油添醋。另外還有些口耳相傳聽來的故事，我不知道是否有已出版品。非常感謝所有說故事的人。

參考資料
Sources

- Allen, Paula Gunn. *Grandmothers of the Light: A Medicine Woman's Sourcebook*. Boston: Beacon Press, 1991.
- Awiakta, Marilou. *Selu: Seeking the Corn- Mother's Wisdom*. Golden: Fulcrum, 1993.
- Benton- Banai, Edward. *The Mishomis Book*: The Voice of the Ojibway. Red School House, 1988.
- Berkes, Fikret. Sacred Ecology, 2nd ed. New York: Routledge, 2008.
- Caduto, Michael J. and Joseph Bruchac. *Keepers of Life: Discovering Plants through Native American Stories and Earth Activities for Children*. Golden: Fulcrum, 1995.
- Cajete, Gregory. Look to the Mountain: *An Ecology of Indigenous Education*. Asheville: Kivaki Press, 1994.
- Hyde, Lewis. *The Gift: Imagination and the Erotic Life of Property*. New York: Random House, 1979.
- Johnston, Basil. *The Manitous: The Spiritual World of the Ojibway*. Saint Paul: Minnesota Historical Society, 2001.
- LaDuke, Winona. *Recovering the Sacred: The Power of Naming and Claiming*. Cambridge: South End Press, 2005.
- Macy, Joanna. *World as Lover, World as Self: Courage for Global Justice and Ecological Renewal*. Berkeley: Parallax Press, 2007.
- Moore, Kathleen Dean and Michael P. Nelson, eds. *Moral Ground: Ethical Action for a Planet in Peril*. San Antonio: Trinity University Press, 2011.
- Nelson, Melissa K., ed. *Original Instructions: Indigenous Teachings for a Sustainable Future*. Rochester: Bear and Company, 2008.
- Porter, Tom. *Kanatsiohareke: Traditional Mohawk Indians Return to Their Ancestral Homeland*. Greenfield Center: Bowman Books, 1998.
- Ritzenthaler, R. E. and P. Ritzenthaler. *The Woodland Indians of the Western Great Lakes*. Prospect Heights, IL: Waveland Press, 1983.
- Shenandoah, Joanne and Douglas M. George. *Skywoman: Legends of the Iroquois*. Santa Fe: Clear Light Publishers, 1988.
- Stewart, Hilary and Bill Reid. *Cedar: Tree of Life to the Northwest Coast Indians*. Douglas and MacIntyre, Ltd., 2003.
- Stokes, John and Kanawahienton. *Thanksgiving Address: Greetings to the Natural World*. Six Nations Indian Museum and The Tracking Project, 1993.
- Suzuki, David and Peter Knudtson. *Wisdom of the Elders: Sacred Native Stories of Nature*. New York: Bantam Books, 1992.
- Treuer, Anton S. *Living Our Language: Ojibwe Tales and Oral Histories: A Bilingual Anthology*. Saint Paul: Minnesota Historical Society, 2001.

編織聖草

Braiding Sweetgrass： Indigenous Wisdom, Scientific Knowledge and the Teachings of Plants.

作　　者　羅賓‧沃爾‧基默爾 (Robin Wall Kimmerer)
譯　　者　賴彥如
專業校定　楊玉鳳
封面設計　羅心梅
內頁排版　高巧怡
行銷企劃　蕭浩仰、江紫涓
行銷統籌　駱漢琦
業務發行　邱紹溢
營運顧問　郭其彬
責任編輯　李嘉琪
總 編 輯　李亞南
出　　版　漫遊者文化事業股份有限公司
地　　址　台北市大同區重慶北路二段88號2樓之6
電　　話　(02) 2715-2022
傳　　真　(02) 2715-2021
服務信箱　service@azothbooks.com
網路書店　www.azothbooks.com
臉　　書　www.facebook.com/azothbooks.read
營運統籌　大雁文化事業股份有限公司
地　　址　新北市新店區北新路三段207-3號5樓
劃撥帳號　50022001
戶　　名　漫遊者文化事業股份有限公司
初版一刷　2023年1月
初版二刷　2023年11月
定　　價　台幣580元

Originally published in the English language in the United States of America.
Milkweed Editions, 1011 Washington Avenue South, Suite 300, Minneapolis, Minnesota 55415
Milkweed.org

國家圖書館出版品預行編目 (CIP) 資料

編織聖草/ 羅賓. 沃爾. 基默爾(Robin Wall Kimmerer) 著 ; 賴彥如譯. -- 初版. -- 臺北市 : 漫遊者文化事業股份有限公司出版 : 大雁文化事業股份有限公司發行, 2023.01
面 ; 公分
譯　自 : Braiding sweetgrass : indigenous wisdom, scientific knowledge and the teachings of plants
ISBN 978-986-489-734-6(平裝)
1.CST: 基默爾(Kimmerer, Robin Wall.) 2.CST: 植物學 3.CST: 人類生態學 4.CST: 印第安族 5.CST: 民族文化
370　　111019070

ISBN　978-986-489-7346